Colección Armas y América

LAS ARMAS BLANCAS EN ESPAÑA E INDIAS

ORDENAMIENTO JURÍDICO

Director coordinador: José Andrés-Gallego
Director de Colección: Miguel Alonso Baquer
Diseño de cubierta: José Crespo

© 1992, Rafael Martínez del Peral
© 1992, Fundación MAPFRE América
© 1992, Editorial MAPFRE, S. A.
Paseo de Recoletos, 25 – 28004 Madrid
ISBN: 84-7100-327-9 (rústica)
ISBN: 84-7100-328-7 (cartoné)
Depósito legal: M. 15687-1992
Impreso en los talleres de Mateu Cromo Artes Gráficas, S. A.
Carretera de Pinto a Fuenlabrada, s/n, km 20,800 (Madrid)
Impreso en España – Printed in Spain

RAFAEL MARTÍNEZ DEL PERAL

LAS ARMAS BLANCAS EN ESPAÑA E INDIAS

ORDENAMIENTO JURÍDICO

EDITORIAL
MAPFRE

ÍNDICE

Anexo

Apéndices

PRÓLOGO

Asisten al autor de este libro sobre las *armas blancas* tan singulares caracterizaciones, y al libro tan esforzada investigación, tan ordenada y rigurosa, que a quien cupiera el honor de ponerle prólogo le asaltaría por fuerza la aterradora dificultad de atravesar, impune, por la clásica oposición entre Scila y Caribdis.

Efectivamente, el autor del libro, don Rafael Martínez del Peral y Fortón, ostenta todos los rasgos del clásico humanista. Una figura por desdicha infrecuente hoy, pero no por ello menos valorable y digna de imitación, o, de manera particularmente precisa, de admiración y estima. Si a sus lauros en materia jurídica, a su perfil de hombre de Leyes —por la Universidad de Zaragoza— añadimos su condición de comunicólogo, hablando en general, o de experto en Ciencias de la Comunicación, en particular, aún no habríamos descrito sino una parte de su capacitación científica, procurando no dejar en el tintero el dato de que sus estudios se rematan hasta la totalidad del Doctorado, fatiga y alta prueba esta última a la que no todos los ya laureados se enfrentan. Sin entrar en mayores comentarios y para justificar la doctoral referencia, cabe señalar que en tierras de Castilla hay una ya larga costumbre lingüística de llamar doctores a los miembros de determinada profesión, a carga cerrada y aun cuando no lo sean en rigor, mientras al resto de los profesionales se les denomina sin particular precisión por el nombre de su oficio en forma genérica. Y así debe quedar apuntado, no en vano al autor de este libro, a don Rafael, le gusta el completo y perfecto acabado de la obra emprendida. Salvo en el caso de este prólogo, dicho quede como al paso, pues viene a cuento.

El humanista de universal preocupación se evidencia si a lo dicho se añade su condición de pintor, y de pintor laureado. No es cuestión de entrar aquí en mayores precisiones, pero el tenaz cultivador del arte de los Goya o los Velázquez ha visto coronada con éxito —exposición, crítica y ventas— su obra, que posiblemente no pasa de ser divertimento de horas libres y que, no obstante, logra también su absoluto acabado a alto nivel, sabiendo nosotros, sus buenos amigos, cómo este libro de gran riesgo y empeño se remata a la vez que su espléndida recuperación pictórica de un duque de Rivas en edad avanzada, tan cabal a la vez que tan original y recreada.

Martínez del Peral es miembro de la Academia Libre de Artes y Letras de San Antón. Si repasamos la historia de esa adscripción aclamada, podría parecer que se debe a su éxito con el óleo y los pinceles, pero es la vastedad de sus preocupaciones, su amplio y dilatado mundo interior que él siempre exterioriza a fragmentos, como con tímida osadía, con el alto estilo que le es propio, con el encanto de la aportación modesta, un factor —todo ello— decisivo en la conformación de esa aureola peculiar que obliga casi, a las colectividades, a no poder prescindir de una personalidad tan ricamente dotada.

Además ha cultivado el mundo de la diplomática, el de heráldica, es uno de los más sabios coleccionistas —y como él dice— colecciona hasta «donde puede» en un ramo de la materia y especialidad sobre la que versa este nuevo libro acerca del arma blanca. Reclamada su especial pericia, y siendo él objeto de consulta, por propios y extraños, ya ha vertido su amplio saber en esta estricta rama de los usos y costumbres, en una serie de publicaciones, de pequeño y de gran calado, entre unas y otras, que sería ocioso querer reflejar aquí.

Solicitado pues, como experto, lo es igualmente como conferenciante; miembro de la Academia Libre de Artes y Letras de San Antón, lo es de otras altas corporaciones de diversa naturaleza, que cargan sobre sus hombros —poderosos por cierto— diferentes y muy comprometidas obligaciones de diferente índole y nivel.

Conferenciante, publicista, pintor, estudioso que prosigue abriéndose cada día nuevos horizontes en todo tipo de saberes humanos, en nada ajeno a cuanto constituya expresión de lo «humano eterno», o, para decirlo con el clásico, profesando aquel *humanum nihil a me alienum esse puto*, siempre cabría una pregunta, legítima por cierto, al lector de estas líneas. Y es que de dónde saca el tiempo el autor de este libro para tanto. O si es que tiene el día libre.

Y nada de eso. El autor de este libro presta sus servicios en un importante organismo de la vida nacional, uno de los grandes organismos y no un servicio cualquiera, del que un directivo puede acaso una y muchas veces liberarse. Desde hace ya muchos años el autor de este libro, al que asiste un completo dominio si no de todos, sí de los principales idiomas extranjeros, es, de ese organismo, el embajador fiel, sin tacha ni tropiezo, que hoy está en Roma, mañana en Bruselas, pasado en Checoeslovaquia, al otro en el continente africano y así sucesivamente. De un servicio de esa naturaleza no hay nadie que se libre, y su cumplimiento queda a todas luces reflejado. No sólo en el aspecto global de que se hizo, sino en el más comprometido de la calidad y buen éxito del cumplimiento. Es decir, un buen esfuerzo, por lo continuo y por lo comprometido.

De suerte que para los amigos más próximos esta obtención de virtualidades al día fugitivo constituye un grave enigma, y el secreto del cómo se consigue otro enigma, esta vez codiciable.

Se atribuye a su perfecta planificación de los minutos; se estima que está en vela toda la noche. Que lee los libros a dos páginas cada vez, como se decía de Menéndez Pelayo. Que tiene el arte de pasar de una ocupación a otra de manera instantánea. En definitiva, donde hay conjeturas no hay certeza. Lo cual es decir, con el debido disimulo, que no se sabe.

Dominados, y no poco turbados, por esta envidiosa ignorancia, afrontemos el tema principal, este libro, las páginas que siguen.

Una lectura de corrido, como la que ha hecho el prologuista —este «grave error» de prologuista— da como resultado las siguientes consideraciones.

Primera. Que hasta donde es posible, y respetando los vacíos informativos, que ya casi se pueden dar por definitivos y absolutos, el autor ha realizado una labor básica de investigación a todas luces honrada. Lo aclara él mismo con muy buen criterio desde las primeras líneas, pues así son los hechos, y después podría echarse en falta en las aparentes lagunas, que lo son, pero no por parte del investigador concienzudo. De suerte que por ese aspecto la elección de la firma del señor Martínez del Peral para tratar este tema y aspecto en la amplia colección de que forma parte constituye un acierto absoluto.

En segundo lugar, el autor ha realizado, también desde las primeras líneas, unas aclaraciones cuidadosas acerca de la metodología que ha ido siguiendo. Cumple decir, sin ánimo de crítica, que acaso debieran haber sido más amplias. Por la duración del uso del *arma blanca*, y las diversas y muy diferentes épocas sociológicas por las que atraviesa. Es decir, la metodología tiene que cambiar más de una vez, sin duda. Para aclararme con un ejemplo muy visible no haré sino aludir a momentos del *arma blanca* tan diferentes como son la Baja Edad Media, en su plenitud, y la Edad Contemporánea, avanzada, donde el arma blanca sigue estando ahí, pero ya es absolutamente otra cosa de lo que en tiempos pretéritos había sido. Es preciso, no obstante, aclarar, que al llegar a los tiempos contemporáneos el autor, si el lector bien se fija, cambia de registro en el tratamiento, es decir, ha cambiado el método, y lo mismo ha hecho, esta vez de manera casi insensible, a partir de la generalización del uso de la pólvora y del uso, que sólo muy lentamente se generaliza hasta la utilización individual de las armas a las que llamamos habitualmente *de fuego*. Salvando, como el autor lo hace, con muy buen tino, tales dificultades, permitiéndonos ver el problema como un telón de fondo, sin dejar nunca de mantener los focos puestos en lo que es objeto específico de su investigación, y haciendo avanzar tal como realmente fue lo uno y lo otro, la evolución pareja, queda finalmente en perfecta adecuación óptica y el objeto final se consigue sin perder el rigor desde el principio planteado.

Nos hemos fijado en el binomio *arma blanca versus arma de fuego*. Pero hemos de comprender a la vez que el autor ha de enfrentarse con la enorme variedad de las armas blancas en sí mismas, sobre todo en su tiempo áureo —que el prologuista adjudicaría a la Baja Edad Media resueltamente—, si bien se van produciendo novedades enriquecedoras en instantes posteriores, lo cual no es sino enriquecimiento de la técnica y, con una diversificación de la tipología y usos sociales, una razonable especificación de la demanda. Pero lo que apunto no es objeción, sino que desea ser comentario razonable. El éxito de la ballesta, que no es en sí arma blanca, pero que el autor tiene en cuenta, es la que conduce al herrero y sus operarios a la fabricación del rallón. Pero el rallón no es, en efecto, sino una modalidad, y por eso, sin alusión a la ballesta, es por lo que el Fuero de Guipúzcoa considera que debe prohibirse. Y en ese «paquete», como se dice, hoy, de prohibiciones, va con las *armas blancas*.

De suerte que, con muy buen criterio, entiendo, el autor ha realizado diferenciaciones incluso a partir de la diferenciación lingüística, o verbal de origen. Acaso un observador desprevenido no diferenciase, de entrada, la pica del espontón. Y de alguna forma tendría razón, pues son variedades del mismo tipo de arma enastada, pero con intención bien precisa por parte del armero. La pica es para los infantes, y el espontón para los oficiales, sólo que en este caso se pronuncia más la punta.

Y en esta serie de diferenciaciones el autor, de manera muy precisa y densa, deja todo ajustado con breves palabras, a veces echando mano de la definición que sólo el experto puede hacer, pero en la forma del vocabulario explicativo; a veces en cambio con muy precisas alusiones dentro del mismo texto, pero con alta precisión siempre, de suerte que incluso para el poco o nada conocedor de tales extremos, las cosas quedan siempre claramente especificadas, y sin posibilidad de equívoco. De esa forma, por seguir con el ejemplo usado anteriormente, deja aclarada la peculiaridad, entre las armas enastadas, de la partesana, y, sin vacilaciones, enmarca en esa serie al chuzo, dejando en su situación híbrida el arma blanca ideada en Bayona hacia la segunda mitad del XVII y que por su lugar de origen se denominó bayoneta, cuyo perfeccionamiento final no parece lograrse hasta los primeros años del XVIII.

Se comprende que no ha sido floja tarea la del autor del libro al englobar inteligiblemente las diferentes variedades, pero lo consigue. Otro caso interesante es su puntualización acerca de la daga y de la almarada, pues de ésta nos aclara que sólo hiere de punta; pero ¿y la daga? La daga, dice Martínez del Peral, «sirve principalmente para ser clavada». Casi lo mismo, pero no, pues la daga es un arma corta, de doble filo, y, sobre todo, ha admitido multiplicidad de formas que deben al menos describirse, y el autor lo hace. Así la daga de mano izquierda es «más larga que la común, llevando una guarnición para proteger la mano y gavilanes para los quites del contrario»; pero además hay dagas de orejas, hay estilete, misericordia, partepuntas, etc. No de otro modo cabría la precipitada identificación, en plan maximalista, entre la navaja y el cuchillo, pues ambas son armas blancas, puntiagudas y afiladas por un solo lado. El autor gasta el mínimo de palabras al introducir el hecho del mecanismo especial que permite a la navaja girar sobre el mango para dejar a la hoja empotrada entre las dos cachas por la parte afilada.

Más difícil, y se nota, ha sido para el autor poner orden en el ámbito global de las armas para diferenciar con éxito a las ofensivas de las defensivas. Es otro ejemplo del buen hacer del autor, que tiene de continuo ante los ojos el amplio repertorio de nuestro ordenamiento jurídico, pero sabe preguntarse si mil veces las armas que por su naturaleza son defensivas no funcionan, ya en la liza, como ofensivas, o bien se puede utilizar el remate puntiagudo de un yelmo como arma ofensiva, como ocurrió no pocas veces en la guerra de los Treinta Años, bien que determinados yelmos ya no lo eran tanto cuanto cascos de guerra del futuro que se anunciaba. De manera que Martínez del Peral, pese a haber analizado la totalidad de los textos legislativos, se queda, en principio con la valoración pasiva, es decir, defensiva, desde el yelmo, celada, casco, morrión, bacinete, capacete, etc., hasta la rodillera, escarpes, rodela, adarga, broquel y pavés, por citar —dice— las más frecuentemente mencionadas por los textos jurídicos; considerando en cambio activas, es decir, ofensivas, las armas blancas, enastadas o no, las arrojadizas y las contundentes. Las dificultades del analista han sido grandes. En efecto, las prohibiciones por parte del rey de España a los negros de América sobre el uso de *armas defensivas* está claro que no se refiere al uso de armadura, que no iban a llevar por los caminos. Análoga situación se produce con los estatutos de la Universidad de Valladolid (que también prohíben el uso en ella de armas defensivas) y así un largo etcétera.

El autor resuelve la dificultad pensando que el legislador «al hablar de armas defensivas se está refiriendo preferentemente a las de pequeño tamaño, a las fácilmente ocultables, a las armas que pueden sorprender sin ser vistas previamente».

Y se nos representa como un acierto, un acierto importante, pues sin tales aclaraciones previas, determinadas disposiciones jurídicas del tiempo y posteriores se nos representarían como ininteligibles. El autor lo tiene muy en cuenta al contemplar a Felipe III determinando que nadie, después de las primeras oraciones, lleve armas ofensivas ni defensivas, sino tan sólo una espada; al ver a Felipe IV y a Carlos II, en tiempos de guerra con Francia, al prohibir a los súbditos franceses residentes en España que tengan armas defensivas. Pues, en el caso de Felipe III, al hacer tal prohibición, y sólo permitir el uso de la espada, cabría preguntar ¿en qué quedamos?

La espada. El *ius gladii ferendi* es asunto capital en este libro. Derecho a llevar espada. De manera reiterada es la cuestión que aparece y vuelve a aparecer. Y como quiera que el propio autor reconoce que es «tema nuclear de este libro» (cap. III, ap. I) acude a la historia más remota para encontrar el origen y el motivo del derecho a llevar espada, aunque posteriormente se puntualice incluso su figura, como cuando la Real Crida de 14 de febrero de 1628 insista en la prohibición de espadas sobredimensionadas en su longitud o alargables al accionar con ellas. En cualquier caso, el autor del libro, a nuestro entender, ha tenido que hacer un recorrido como por una selva virgen, abriéndose paso en medio de la maleza, pues son varios los momentos en que la legislación nueva se produce en torno del arma blanca, porque han aparecido modelos y variantes diferentes. Así con la Pragmática de 1568, cuando la prohibición se refiere a dagas o puñales «con punta en forma de grano de ordio o de diamante o de aguja, ni puñales, ganivetes, espadas, estoques o cualquier otra arma con punta semejante a la de las agujas esparteras que por su hechura y formato se ve con claridad que han sido fabricadas para dañar o matar a sus próximos y no para el servicio necessario». La misma Real Crida antes citada prohíbe otro conjunto muy particular de armas blancas, como «las espadas de hoja cuadrada en sus dos tercios aunque luego terminen sólo en dos filos, o en "fulla de olivera" o en cualquier otra forma». La prohibición alcanzará a los puñales de Chelva, los terciados, machinets, puñales o cuchillos triangulares, etc.

En todo caso, Martínez del Peral sigue con atenta minuciosidad, y en los apartados dedicados al «ámbito caballeresco» de los diferentes capítulos, la preferente serie de privilegios y ventajas que en parte la costumbre inveterada y en parte la tradición legal y positiva otorgaban a la nobleza. Con idéntica minuciosidad sigue la estirpe y uso de las armas cortas, desde el cuchillo de trabajo, eventualmente convertible en arma, hasta las «navajas de birola» que el Conde del Carpio, alcalde —léase corregidor— de Madrid en 1781 castiga con la broma, para clases humildes, de veinte ducados enteros.

Empero, la navaja es, de entre las armas blancas cortas, aquella que más se había de generalizar en España. Como ya se ha dicho, desde principios del XVII ya aparece ese tipo de arma blanca en su definitiva figura, plenamente especificable. Luego vendrán las múltiples, infinitas variantes, que nuestro autor considera se producen con la mayor abundancia de modelos en que la hoja, a diferencia del cuchillo, es casi siempre algo curva. Es esencial, también, el que la fijeza de la hoja al mango fuese absoluta, pues de otro modo podría volverse contra su usuario en términos de la mayor severidad.

Un modelo peculiar, las navajas con muelle, que se fabrican ya fuera de España, son prohibidas por Felipe V, pues, como producto de importación, circulaban por el país.

Pero no nos prolonguemos.

Mérito, por todo lo dicho a guisa de botones de muestra, y mérito singular del autor y del libro es haber tratado con orden y haber instalado en un campo inteligible la multitud de elementos y aspectos que el orbe de las armas blancas supone.

Por una parte es variedad y multiplicidad de creaciones. Por otra parte son aspectos que dificultarían la plena inteligibilidad de la exposición total. Es verdad que ayuda lo que constituye, muy precisamente, el aspecto formal del estudio, a saber, el ordenamiento jurídico. Los textos legales otorgan al lector la enumeración completa de cuanto en cada época constituía la forma del vivir, las concretas armas y utillaje, los peligros que podrían añadirse en el uso (como la propensión a «embeodarse» de los negros americanos) y así una gama amplia de variaciones vitales conforme al ambiente.

Pero todo ha sido seleccionado con gran tino por el autor, y los fragmentos de los legisladores han sido expuestos de modo que se clarifican las circunstancias con el ritmo mismo de la lectura. Hay prohibiciones para todo el día, pero hay prohibiciones nocturnas. Y estas últimas admiten la excepción de que el usuario viandante lleve «lumbre encendida», con objeto de que pueda por la autoridad ser fácilmente identificado.

Y de esa manera el lector, que desea comprensión completa, va obteniéndola de la pluma sucinta siempre, pero también de la sabia exposición del autor que ha sabido enhebrar textos, situaciones y épocas con verdadera maestría, y con leve apunte al que podríamos llamar «pictórico». Pinceladas breves, en todo caso, pero suficientes. Lo escueto, así, se convierte en virtud cierta, sin las fatigas de lo acumulativo.

Estábamos en el segundo plano de las consideraciones. Debemos acudir con presteza al tercero.

Un tercer plano que debe ser, en teoría, el último. Gracias a esta comprensión plena de especialista, Martínez del Peral ha podido construir un esquema que al contemplar, sin haber leído todavía el libro, su formalización en *Índice* puede parecer monótono, pero que es la clave interpretativa de una serie de aciertos.

En primer lugar ha seleccionado el ámbito penal, conforme de los textos legislativos se desprende. Veamos, por vía de ejemplo, el caso del siglo XVIII. Cuanto ofenda a la conciencia colectiva, o individual, dice el autor, sin duda es delictivo, pero eso, que es cierto en principio, tiene «en aras de la seguridad jurídica» una versión exacta según la cual «no puede considerarse como delito más que aquellas acciones que están previa y específicamente tipificadas como tales por la ley». Y la legislación penal, por todo, es muy abundante en esta centuria, si bien diseminada en leyes, reglamentos, pragmáticas, cartas, cédulas, estatutos, decretos, etc. Pues bien, la primera con que el autor se encuentra, apenas comienza el siglo XVIII es con la referente a rejones y giferos, que como explica el mismo texto son puñales o cuchillos. Es una prohibición que se repite cuatro años más tarde, introduciendo condenas por el simple hecho «de la prehensión con estas armas». Para mayor firmeza, la pena se proporciona: «si noble, seis años de presidio, si plebeyo a seis de galeras». Y las prohibiciones siguen, ahora para los cuchilleros y prenderos, vedando en su raíz la posibilidad respectiva de fabricar y vender. Los alcaldes, con sus ministriles, en el otro extremo, harán la recogida de cuanto hay. La real Pragmática de Carlos III de 1761 excluirá de todo contrato, asiento o arrendamiento que se haga con la Real Hacienda toda presencia de armas blancas, aunque acepte, por excepción, algunas otras. Además no cabrá fuero alguno, ni aun el de la Inquisición, que justifique la tenencia de armas. El tono verbal es ya expresivo por sí mismo: «imponiendo irremisiblemente las penas... para los que usan semejantes armas... delito exceptuado de cualquiera indulto... ni conmutación de pena...».

Parece el final del arma blanca en España. En los bandos aparecen los modelos concretos, puñal y rejón, ya dichos antes, gifero, almarada, navaja de muelle o virola, daga, cuchillo de punta fina o grande, aun el de cocina, y también el cuchillo de faltriquera. En 1771 y en 1780 vuelven a publicarse los bandos prohibitivos, en forma cada vez más concreta. Se incluyen las bayonetas fuera del fusil, sables, cuchillos de monte o de caza menores de cuatro palmos incluida la empuñadura...

Y el autor del libro, con brevísimo trazo, nos sitúa en la verdad de la época. Las armas blancas sólo estaban sirviendo —considera el legislador— para «executar muertes alevosas con gravissimo daño de la quietud pública». Otra pincelada nos dibuja de lleno el cambio epocal, con nueva alusión a la quietud pública, pues... «los malhechores... unidos en numerosas cuadrillas... viven entregados al robo y al contrabando, cometiendo muertes y violencias, sin perdonar ni a lo más sagrado...».

El autor, pues, plantea cada tema con una gran densidad, objetivo que logra haciendo una impresionante economía de palabras. Nada hay superfluo, nada que no sea puntual y exacto. Y con tal austeridad en la exposición consigue un efecto mayor. Ahora bien, el entramado que casi homogéneamente se reitera en cada capítulo responde a esta misma austeridad, pero constituye una trama, una vertebración completa.

Tras lo que hemos visto, una vez más como muestreo, cabe efectivamente preguntarse si en el mundo de la milicia, si en el ámbito militar no serían las cosas diferentes. Es obvio, siempre. El mundo militar tiene, respecto del armamento, una relación distinta del resto de la sociedad. Y con este apartado, debidamente investigado, el autor da respuesta plena a esa inquietud del lector.

Pero hay una nueva faceta: el «ámbito caballeresco». También en esta materia, seguimos con el siglo XVIII, la muestra elegida, Martínez del Peral nos advierte de un cambio importante: «un tanto a caballo entre el mundo caballeresco y el penal está el duelo».

Ya nuestro autor había tratado en capítulos iniciales este aspecto. Ahora resume la totalidad de las prohibiciones, incluyendo obviamente las eclesiásticas. En el medievo, los epígrafes o apartados del capítulo son los mismos, y hay un «ámbito caballeresco». Sobre este asunto hemos de volver más tarde, a causa precisamente de la condición «caballeresca» y de los matices que le son intrínsecos. Desde el Descubrimiento no falta, en estos capítulos, un apartado, siempre importante, que versa sobre el «ámbito indiano», que da sentido y completa la visión histórica del arma blanca. Pero resta un aspecto que se entrevera con los anteriores: es el «ámbito económico». En efecto, las prohibiciones colapsarían un tipo de industrias, al debilitar su consumo. Nada de eso. El análisis de Martínez del Peral pone las cosas en claro, yéndose al mundo de las aduanas y verificando los comportamientos.

Las excepciones son estudiadas en el apartado «ámbito personal». Era imprescindible. Es el caso de los ganaderos, el caso de los colonos alemanes y flamencos del «Fuero de Población de Sierra Morena»; es el caso de los carniceros (cortadores, entonces) que se trasladan; o el de los comerciantes a quienes se permite el uso de espada de por vida.

Pero también están ahí los cuchillos flamencos que suelen usar a bordo las gentes del mar. Cabría plantear aquí un etcétera. No, prosigamos. Los cocheros, postillones, criados de librea, habían abusado no poco en el orden de la tenencia de armas por razón de los riesgos del oficio. Igualmente necesitan armas los grupos civiles que a modo de tropa perseguían a los bandoleros. Otro caso es el de los responsables de la Renta del Tabaco, que constituía uno de los pilares de la Real Hacienda. Es similar el caso de los ministros de la Renta General de Lanas de los «Reynos de Aragón, Castilla y León». Y luego las peculiaridades, a veces étnicas —los gitanos— a veces territoriales —Navarra— a veces institucionales —universidades—. El capítulo se cierra con el estudio del «ámbito judicial», donde ya la aplicación de las leyes completa y remata la cabal exposición en todo momento procurada, y espléndidamente conseguida.

Este tipo de entramado o estructura de cada capítulo puede resultar extraño para el lector apenas contempla el índice: la homogeneidad verbal —los titulares— de ese entramado no pueden ser a primera vista menos sugerentes, en cambio su entraña es rica, y su desarrollo sabio.

Quede dicho todo esto en alabanza del libro, de su concepción y contenido, de su rigor verbal y expositivo. Pero aquí propiamente hablando, concluye el canto de las excelencias. Seguramente el autor puede felicitarse ante los resultados de su esfuerzo.

Resta una consideración general, un tanto atrevida.

Partiendo de que todo libro tiene vivo y dinámico, en sus muertas páginas, el espíritu del autor, y para que muestre su dinamicidad no hay que hacer sino leerlo, cabe afirmar a renglón seguido varias cosas. La primera, el don de inmortalidad concedido ya para siempre al autor, mientras el libro físicamente dure y haya un lector —cuándo y dónde sea— de sus páginas. Esa resurrección de la letra muerta será un hecho, y ese destello, el de esa inmortalidad condensada, se verificará indefinidamente una y mil veces. Por ello, en segundo lugar habrá todavía otro segundo efecto, y en él nos detendremos, pues es el que podría ser considerado como el efecto fecundador de toda y cualquier lectura. Pero de la presente lectura, de la de este libro, de manera muy específica.

Llamaríamos efecto fecundador al derivado de la fuerza entrañada en el tratamiento de los asuntos. Hay libros —digámoslo con palabras vulgares, o triviales— que informan siempre; pero hay libros que hacen soñar. Esta expresión podría parecer especialmente apropiada para quien lee novelas, y, cualquier otro producto de fantasía, o de «vaga y amena literatura», como diría uno de nuestros clásicos. No es ese el sentido de la expresión «efecto fecundador», que hemos usado. Es mucho más riguroso.

Y es que se refiere no sólo a cuanto un libro dice, y el lector aprende, o «aprehende». El efecto fecundador, si la lectura se realiza con el razonable interés y la vitalidad presumible, es cuanto esa misma lectura sugiere, invoca, suscita. Y sobre todo, obliga. Obliga a la crítica, pero obliga siempre a pensar, y a pensar más. El gran catalizador, que también es —entre tantas otras cosas— una lectura verdadera, tiene la fuerza de reagrupar de forma nueva y diferente de todas las anteriores, todo tipo de conocimientos previos que el lector tuviera. En esa reagrupación, u orden nuevo del saber, un tanto provisional, si se quiere, es donde se realiza el verdadero aprendizaje.

Porque todo cuanto la mente humana puede albergar se organiza a la manera de las grandes constelaciones, de las grandes galaxias. Si éstas se fijan —y ciertos elementos maestros suelen irse quedando fijados para siempre— el resultado será una cosmovisión determinada, una manera peculiar de entender e interpretar toda la vida, ya que la vida comporta todo el saber de la persona.

Hay en todas las lenguas una repercusión de tal fenómeno, y el español tiene su peculiar filosofía, y el alemán (una de las expresiones más acreditadas) suele referirse a la Weltanschauung... Pero esta ejemplificación nos remite a una totalidad vital, generalmente muy elaborada.

Ahora bien, toda lectura de una cosa nueva replantea, repitamos que acaso sólo provisionalmente, o más bien «genera» un replanteamiento, conforme a los límites propios de cada caso. Y en tal sentido, con las debidas fronteras o mojones, toda lectura de fuste comporta fecundación en el ánimo del lector atento.

Pues bien, el prologuista se siente obligado a subrayar que el presente estudio de Martínez del Peral comporta todos esos elementos vivificadores que hemos ido recordando, o viendo y repasando. El asunto es vivo, y está tratado con viveza; pero además, y eso sobre todo, es fecundante.

Quizá lo sea especialmente porque, desde el ángulo de la utilización de las armas —en este caso blancas— a veces ofensivas, defensivas en otras ocasiones, pero herramientas útiles en todo caso, va albergada una fracción importante —no, no, vitalísima— de la humana subsistencia en diferentes períodos evolutivos. Tal sea, acaso, el hondón secreto de donde proceda esa soterraña potencia que el libro tiene en cada uno de sus densos capítulos.

En efecto. El arma, el cuchillo mismo, está presagiado y como cantado en los sílex primeros cuaternarios. Si tomamos por cierta —y en múltiples aspectos todo recomienda esa aceptación— una visión evolutiva del ser humano, no parece que nos pueda caber duda de que la desaparición de las garras y el incipiente uso de la mano —ya una mano humana, o al menos humanoide— reclamó un complemento hiriente y cortante.

Y fue encontrado, conseguido. Inocente en multitud de sus utilizaciones, es imprescindible para muchas cosas —ni defensa ni ataque— que afectan a la supervivencia. Va a seguir siendo así, y en el libro de Martínez del Peral se tiene en cuenta a los forajidos, pero también a los carniceros, o «cortadores», y a los cuchillos de faltriquera. El estudiante del medievo puede llevar su cuchillo por si es atacado, pero también, y sobre todo, como cualquier viandante, para cortar el pan o el queso o el tasajo.

Para una mayoría de investigadores tales armas son complemento, a la manera dicha, pero también expresan el precio de la verticalidad del ser humano. Pues caminar verticalmente tiene no pocas desventajas, tanto biológicas como mecánicas, y de ahí científicos actuales derivan que la supervivencia tenía que ser asegurada con útiles y, cómo no, con armas. Algo que asiste a tales útiles —y se va a seguir manteniendo no pocos milenios, y acaso hasta hoy mismo— es la ya dicha condición ambivalente, una serie de aplicaciones prácticas, pero también una peligrosidad, su condición ofensiva, sin aludir a la razonable defensa en caso de ataque.

Convicción contemporánea es ver como muy razonable que tal utillaje —el primordial— condujo a una selección acelerada de movimientos y de razonamientos favorables al aumento de la capacidad cerebral. De suerte que el cuchillo paleolítico fue, y de inmediato, ingrediente fundamental en la evolución. Si tenemos en cuenta que su utilización está vinculada a la mano, o a las manos, conforme a cada caso, y admitimos las precisiones del profesor G. F. Debetz, sobre el empleo de la mano, tendremos que la aceleración intelectual del ser humano afecta, incluso, a la conformación del habla, a su origen mismo. Se vinculan las funciones, y una visión unitaria de lo complejo alza hasta grados de enorme nivel esta forzosa utilización de la mano en el manejo del cuchillo de piedra.

La cuestión se vincula a la propia fortuna del *homo sapiens* al emerger victorioso y resuelto a afrontar el futuro destacándose, desligándose del magma generalizado del *homo pre-sapiens*. Elementos singulares, u ocasionales, contribuyeron a esta victoria decisiva. Hay una corriente tradicional que consideran que esta avanzadilla se produjo con gran prontitud —la lentísima prontitud prehistórica, claro es— de suerte que los *Pithecanthropi* de Java y Pekín, pertenecientes al Pleistoceno Medio, son nada más que una rama colateral, ajena a la línea que produce al *pre-sapiens*. Otra corriente considera a los *Pithecanthropi* como un momento más de la evolución homogénea del *homo sapiens*. Y en esa evolución se incrustaría, todavía en el magma primordial y generalizado, el *Atlanthropus*, ese homínido que en la zona norteafricana ya fabricaba los útiles de mano, y llega hasta el logro no de un cuchillo primordial, sino incluso de un hacha.

No hace falta aludir a los más radicales estudiosos, que instalarían al *homo sapiens*, consecuencia global, convertido en especie distinta durante la última etapa interglacial. Y más todavía, que pudiera descender de los neardenthalienses. Empero, en esa línea de progreso, hubo ciertamente en etapas no sapientes, y del mayor primitivismo, una serie de utilizadores y preparadores de útiles de guijarro. Acaso el hombre de Olduvai fuera una rama fracasada; pero en el núcleo de estas apreciaciones hay que tener en cuenta el hallazgo del *Zinjanthropus*, que sin duda avalaría las opiniones más favorables a una aparición retrasada.

Si la aparición y la evolución misma del habla, ese definitivo descubrimiento del *homo sapiens* y plataforma suprema de toda evolución posterior es grande, un hecho decisivo de intercomunicación, se vincula como hoy se admite al ademán y al manejo de la mano, entonces la antes aludida intervinculación sitúa desde los orígenes, a los instrumentos manuales en una situación preeminente, singularísima. Y eso, todo eso, desde una condición remota, ancestral.

De suerte que el estudio y las investigaciones de Martínez del Peral comportan una referencia, y además, inexcusable, a uno de los que no podemos dejar de considerar como hecho fundamental en la historia de la evolución del hombre. Tal el poder evocador de una serie de referencias.

Pues en definitiva, no es el instrumento de sílex, el primitivo guijarro apropiado, sino el progenitor del espadín, la navaja, o el cuchillo. Y es mucho más que eso. Dagas y puñales se han convertido en un elemento más del grande utillaje humano, por obra de superposiciones culturales cada vez más y más complejas. Pero otrora fue principal y único, el gran complemento de la mano insuficiente, de la extremidad humana desvalida de la garra y la uña poderosa, capaz de sajar y desgarrar.

Ahora bien, esos guijarros tienen el color de la piedra. Y el estudio que nos ocupa tiene por objeto el *arma blanca*.

«Blanca». En este asunto calculamos que el autor no ha querido entrar, simplemente. De la misma manera que no ha querido entrar en el Alto Medievo, y entiende este prologuista que ha hecho bien, y que la justificación que puede esgrimir contra cualquier objetor resultaría convincente.

Aunque haya que regresar como en círculos concéntricos, digamos que estas dos concepciones son las últimas que nos asaltan, y a las que —moderadamente— se puede aludir en unas páginas introductorias como las presentes. De una parte la condición «blanca» del arma, que no es blanca en vano. De otra el mundo con que enlaza; aunque no sería esa la palabra más oportuna, no. Más que enlazar con un tipo de mundo, digamos que lo genera. En torno del arma blanca, en efecto, se crea todo un cosmos, de seguridades nuevas, usos o costumbres.

Que son, en un primer tiempo, usos y costumbres mágicas. El arma blanca en un primer tiempo ha creado en torno suyo una configuración celeste de otorgamiento y exigencia, y el arma blanca tuvo vida, porque la fe de los primeros usuarios se la otorgó. Alma y hasta un determinado grado de autonomía, fuerza celeste, presencia luminosa entre los hombres. El arma blanca fue guía, don, tuvo poder judicial, y la más perfecta de todas suponía la aniquilación del adversario, la abolición del mal, la desaparición de la tiniebla.

No hay que irse al ciclo bretón, donde una espada tiene nombre propio, identifica al verdadero rey —Artús—, se funde con la roca, y sólo el auténtico soberano puede romper dulcemente esa fusión del metal y la piedra, sacando a la espada de la entraña dura de la tierra como si ésta fuese una vaina de terciopelo. «Excalibur» es un símbolo, aunque acaso nada más, de lo que un arma blanca significó en tiempos pasados.

Pero estamos confundiendo dos etapas, y además muy distantes una respecto de otra en el tiempo.

La primera etapa es el arma blanca en el orden de su descubrimiento. Un descubrimiento que de inmediato generó un mundo fantástico en torno del origen de esa técnica. Dioses y cavernas, fuerzas telúricas de más allá de lo humano, poderes ctónicos que desencadenaban conforme a su iracundia sus disfavores y conforme a una benevolencia encrespada e hirsuta siempre, sus ocasionales apoyos.

Porque primero fue el bronce, un metal cuyo resultado no es la blancura. Ya había pórticos de piedra, puertas adinteladas, y otras admirables consecuciones —apolíneas todas— y el agricultor segaba todavía con una lasca de sílex atada a un madero, y en algún caso extremadamente favorable con «hoja» de barro cocido, más amplia. Tendían a hacer una y otra «dentada», por la facilidad que para el corte significaba el serrucho. El tiempo de esta clase de útiles fue largo, muy largo.

Y el hierro era conocido. Para cuando aparezca el arma blanca —y ya estamos en ello— era muy natural que se generara una confusa vinculación entre el *Dyaius* de la luz celeste, incluso de la nocturna, y el hierro: una vinculación confusa que luego se aclarará en figuras definidas, en mitos de suficiente contorno. Porque el hierro que se pudo ver por esta tierra había caído del cielo. Eran meteoritos, obviamente de tamaño variable.

El bronce, pues, de calidad oscura, precedido de un tiempo en que sólo el cobre pudo ser —además de conocido— fácilmente tratado, se consiguió y supuso toda una revolución y cambio de vida. La propuesta de los estudiosos de considerar una «edad del cobre», previa a la del bronce, condujo a no pocas dificultades, pues no doquier el uno se anticipó al otro, amén de otras varias confusiones. La consideración de un tiempo intermedio, en que el cobre se usa para pequeñeces, se respetan las incoincidencias cronológicas etc. ha prevalecido. Es el «calcolítico». Desde el final del neolítico el hombre buscaba, por los suelos y laderas de montañas, amén de piedras, cualquier material duro. Así va haciéndose cargo del cuarzo, la malaquita, el lapislázuli, o la turquesa, etc., donde lo había, lechos de río, cavernas. Y también descubre el oro, maleable. A todo el conjunto, que sepamos, por huellas posteriores, se le atribuye origen sobrehumano. En algunos lugares del mundo aparecieron ciertas piedras entre negro verdoso o verde púrpura. La técnica del golpeo y la pulimentación hizo descubrir debajo otro color. Era distinto del oro, era maleable, y la fascinación se generalizó. Se buscaron más y más piedras. Tal es el caso de los egipcios, del desierto al este del valle del Nilo hasta la XII dinastía, sin que ahora pensemos en otros lugares. La cadena montañosa que va del Este de Anatolia, por Armenia y Transcaucasia, hacia el Caspio, fue otro lugar de privilegio. Se sigue extendiendo hacia Jurasán y Bujaria. No antes del 1600 a. C. estos hombres logran reducir los minerales sulfúricos, con lo que consiguen mayores cantidades de cobre. Pero también hacia esas fechas, poco más tarde, consiguen la reducción de la casiterita, obteniendo así un estaño que seguidamente se funde con el cobre. El bronce está ahí. Las proporciones se van probando y verifican conforme al designio previsto. Y ya no se puede hablar de fechas, pues van a ser todas inciertas. De los yacimientos de Asia occidental no se puede obtener la cantidad de estaño que los tiempos requerían. Probablemente son los hombres del Argar los que aprovechan los yacimientos de estaño del noroeste español. Y los navegantes del Egeo acuden hasta ese extremo Mediterráneo para abastecerse de la preciosa sustancia que abría un tiempo nuevo para el hombre.

Después de esto es cuando llega el *arma blanca* propiamente dicha.

Para la mayoría de los autores es lo más probable que la fabricación del hierro comenzase en Egipto, con ocasión del tratamiento del oro, de su refinamiento, pues las arenas auríferas de Nubia son ricas en hierro; pero hubo de ser escaso, sólo a partir de la magnetita del residuo. El hierro, esa nueva etapa, contiene a su vez dos fases distintas. La primera es la de un hierro cuyo filo no dura mucho tiempo, tenerlo a punto requiere un tratamiento más difícil que el del bronce, y en definitiva es hierro blando. En otras palabras, la Edad del Hierro propiamente dicha no emerge hasta que el hombre descubre la aceración del hierro. El hierro fue metal tardío, en todo caso.

Y el proceso de aceración del hierro es descubrimiento y técnica que no se sabe donde comenzó. Muy probablemente, se estima hoy, en la región del Cáucaso. Dos hechos recomiendan la tesis. Una, la abundancia del metal en crudo. Otra, la tradición. Una referencia clásica que hace a los cálibes trabajadores primeros del acero. La tradición se fortifica si se tiene en cuenta que durante más de dos siglos tras el 1500 a. C. los grandes monopolizadores, o casi, del acero fueron los hititas, a quiénes tenían que acudir incluso los faraones.

No iba a ser así siempre. El Mediterráneo oriental consiguió romper de alguna forma ese dominio, y la técnica se extendió. Una línea llega a la Europa Central. Los hallazgos de Sjaelland y Bornholm consideran los arqueólogos que son atribuibles al s. xiv a. C. Por la ruta de los Balcanes el hierro llega hasta Nórica. Lo cual no significa que en Europa Central el hierro, en este caso ya el acero, se difundiera o generalizara. El secreto de la aceración del hierro debió ser en principio absolutamente azarosa, y su logro, por vía de reiteraciones no pocas veces fracasadas, en no pocos momentos fallidas.

Es decir, sólo en ciertas circunstancias del tratamiento el hierro mostraba unas cualidades nuevas y peculiarísimas, se convertía en una sustancia diferente.

De suerte que podemos contemplar a los primeros metalurgos llevando la barra hasta la entraña del fuego de leña, manteniendo el caldeamiento con un soplo de aire que no llegara hasta el núcleo central del fuego, y así, y conforme a la duración de ese arte completamente empírico, la carburación de la barra de hierro en su superficie exterior se iría haciendo más y más profunda.

Que esa fue la técnica, prueba a prueba, mejor o peor logrado todo, lo demuestran los útiles hallados, pues el contenido del carbono varía en la masa del objeto propuesto, y el changote ha sido acerado de manera irregular, con desigualdades. Las técnicas empiezan a enriquecerse, o a variar. La técnica del *palo* utiliza tal madera en la fragua de recipiente acaso para precipitar la separación entre el changote y la escoria. El palo al quemarse originaría una carburación suficiente. El método se perfeccionó, y a ese procedimiento pertenece la técnica de la fundición al *mimbre verde*, usado en Kent, en los bosques de Weald, y que los romanos descubren a su llegada. De la técnica de la corriente de aire —horno y fogón— y del primer abanico se pasa al soplete, que dispara la corriente de aire al punto convenido. Ese soplete —piensan algunos— da lugar a un signo específico en una tableta de Susa, de la cultura de Uruk. Pero el soplete se halla también en relieves egipcios del Reino Antiguo. Y en el Oriente Próximo se consigue un perfeccionamiento, el fuelle, originariamente de cuero, o más precisamente de piel de cabra. Se han hallado fuelles en Lagash, al mediodía de Sumer. En la xviii dinastía, en Egipto, el fuelle es de caja. El fuelle está referido en la *Ilíada* y a esa técnica pertenecen los descritos en Heródoto, los de la forja tegea que conoce el oráculo pitio. También se han identificado los primeros martillos de los forjadores, que fueron —los del tiempo del Bronce— obviamente de piedra, carentes de mango, como atestiguan relieves egipcios; pero en Ur han podido encontrarse martillos que son de hematites pulimentada.

Los primeros elementos que con esa técnica se produjeron fueron cuchillos. Lo segundo... No nos interesa aquí lo segundo. Hemos dicho cuchillos. El cuchillo es instrumento —pensemos en el primero— útil y fructífero para la paz; pero en el enfrentamiento ese cuchillo mismo, que no cambia de figura ni de mano, ya se ha transmutado, y pasa a ser daga, puñal, instrumento de muerte. Dicho de una manera breve y concisa, tras múltiples afanes y ensayos, ha nacido de una vez por todas el arma, y no una cualquiera, sino el *arma blanca*.

Pensando en los aspectos técnicos, épocas y lugares nos podemos referir a ella, como hasta ahora en las líneas que anteceden, con mentalidad contemporánea. Pero el nacimiento del *arma blanca* no fue así, de ninguna manera.

Porque el metal tenía un abolengo celeste. Porque durante un tiempo extremadamente largo, unas piezas resultaban bien, debidamente aceradas, y otras no, influjo sin duda de voluntades superiores, no de exactitudes técnicas, en la mentalidad de aquellas gentes. Y no en vano los hombres que se dedicaron a tales oficios, por razones múltiples, ninguna ocasional o azarosa, vivieron aparte y como marcados. Dura tarea la suya. La tierra, otra realidad remotamente divina, era su proveedora, y otras fuerzas superiores controlaban el precioso don. Hoy podemos conjeturar, con gran certidumbre, sin duda, que a los metalurgos primeros les importó grandemente guardar su secreto.

Pero su arte iba unido a una transmutación cuyo alcance no sabían precisar, sino únicamente sus resultados. Y una mentalidad prelógica, o resueltamente mágica, descubrió a la vez, en el crisol ardiente, la herrería y la alquimia. Una alquimia de alcance hoy no precisable, pero es muy sencillo de imaginar que en los múltiples ensayos e intentos otra larga serie de elementos fueron probados, verificados, fundidos o quemados. Una buena parte del esfuerzo empírico se fue perdiendo en el camino, larguísimo camino. De siempre las fulguritas, las piedras del rayo, habían sido manifestaciones del poder celeste. El metal, en este caso, lo era también. Los primeros cuchillos-dagas logrados también tenían poder y vida, y fuerza, por sí mismos. Además, la evolución en las fusiones podría ser interminable.

Una evolución resueltamente alquímica. Los minerales habían sido hallados en bruto, en la tierra, fundidos o unidos, a otros elementos. Vivos, esos minerales —como casi todo en ese tiempo— la metáfora de la unión iba a estar representada en la imagen del varón y la hembra apareados. Se habían producido las debidas separaciones y la primera *arma blanca*, viva, repitamos, era violenta, activamente dañina, rabiosa, sanguinaria, de activísima crueldad.

De igual modo, si en una remota, confusa noticia, ese primer metal había sido visto separándose del oro, sin duda en sucesivos apareamientos y fundición de metales y minerales varios, podría volverse a recuperar el primordial elemento.

En ese mundo interpretativo ciertamente el oro tuvo preeminencias sacrales, todavía no crematísticas en el sentido actual. Su color era el del sol, y el poder, por tanto, peculiar, sería la vivificación. Los micénicos hicieron de oro las máscaras funerarias, pero no sólo ellos, también en Egipto serían de oro las máscaras de momias. Cuando un rey o magnate reparte oro entre los suyos no reparte especialmente riqueza, reparte vida. Y así también la versión griega de las manzanas de oro de las Hespérides, pues es vida lo que transmiten.

En cambio el metal blanco se relaciona con la luna. Dispensa muerte. Muerte al cortar, al ir despedazando la madera —funciones, cabe fijarse en ello, de paz— pero mucho más en las acciones obviamente mortíferas. Y no era en vano. Su luz y reflejo eran típicamente lunares. Siendo la luna el primer muerto, el lugar natural de los muertos, la absorbedora de la sangre, daga, cuchillo, espada, eran suyos por excelencia, amén de otros elementos de la naturaleza.

De todo ello a la divinización del demiurgo no hay sino un paso, y naturalmente el paso se dio. Apenas se registrará un pueblo antiguo en que la función de la metalurgia, horno y desentrañamiento de cuanto naturalmente está unido, no se atribuya a una divinidad, de la que los humanos herreros son sólo hieródulos. Hefaistos es la poderosa divinidad ctónica del mundo heleno, y proseguirán sus prestigios en Vulcano; pero es también el caso indo y ario de Brahma, Agni e Indra; es el alto prestigio de Ea y Girru, de Loke y de Wieland. Si los herreros tienen, a los ojos del resto de la población un carácter sobrehumano, ese alto prestigio, o elevación, es en definitiva la de los telquinos en la cultura griega arcaica, de largo arrastre, y bastantemente definidos.

En esa candente unión de metalurgos-alquimistas, divinidades ctó- nicas y seres celestes, nace el *arma blanca*.

No antes. Tampoco después. Si tiene vida propia, bien está que ten- ga nombre también propio. Y ahí está la larga genealogía de armas blan- cas con vida y nombre personal: obviamente no todas han entrado en la historia escrita y divulgada, pero todo ello ha sido así alguna vez. Y es natural. En las etapas históricas cargadas de arcaísmo, las da- gas, espadas y armas blancas en general, con frecuencia han tenido esa vida propia y han actuado, y han sido las identificadoras de la rea- leza de mejor derecho, y han sido hostiles al usurpador, y han derra- mado cuanta sangre hiciera falta, pues para ello tenían virtualidades de más allá de lo humano, para ello era superior y como divino su origen.

Ante un libro que versa sobre el *arma blanca*, la disgresión del pro- loguista, su meditación al contraste de la lectura, no podía ir por otros caminos que los ya descritos, referidos a los orígenes. Es obvio que, mi- rando hacia el desarrollo y uso generalizado del *arma blanca*, nuestra mentalidad lógica advierte, repitamos que en el plano lógico, otras mu- chas cosas. Por ejemplo, el primer choque armado de gentes del bronce y gentes que ya poseyeran el acero. Es lo que hoy llamaríamos tecno- logía superior, y constituyó todo un acontecimiento. Por ejemplo, en el desarrollo de una cultura larga, y urbana, de *arma blanca*, como en el caso de los romanos, ya hay un tiempo que en la espada, la daga y el puñal han perdido su prestigio original, y han sido tratadas como uni- dades armamentísticas, a la manera de nuestros siglos modernos, los más próximos a nosotros. En cambio, los pueblos arcaicos que generan y conforman, desde unas variadas etnias el medievo europeo, por ar- caicos, están más cerca de la valoración mágica del *arma blanca*. Y su epos se carga de esas maravillas.

Martínez del Peral ha sido muy exacto, en eso como en todo, y ha actuado con ajustadísima prudencia, al iniciar su estudio a partir del Bajo Medievo. En efecto, este es el tiempo en que se produce la que suele denominarse «recepción europea del derecho romano». Antes, con no pocas vetas de romanidad, pues la tradición jurídica romana, como mostró plenamente Federico Carlos de Savigny, no desapareció del todo en el Alto Medievo, las costumbres jurídicas llevaban una carga tremen- da de goticismo. Lo advierte el autor en su referencia bajo-medieval al caso del riepto. En efecto, en sus orígenes, se trataba del típicamente gótico «juicio de Dios», en este caso no por el fuego, o el agua, sino por las armas blancas vencedoras.

Pero el autor de este libro es, entre tantos otros méritos, exacto y prudente. Y el prologuista, al no ser ni exacto ni prudente, se ha tomado la libertad de expresar algunas de aquellas cosas que la lectura del libro le han ido sugiriendo, por la vía ya dicha del poder fecundante de todo escrito vivo. Benévolo lector, si me has seguido, presento mis disculpas.

Pero un hecho resultará innegable.

En nuestra cultura, casi exclusivamente racional, con tan escaso huelgo para lo mítico, lo mágico y lo poético, el *arma blanca*, con su tradición milenaria y su vigencia innegable —pese a la eficacia del arma de fuego y otras— ha pasado a ser un simple útil, pieza que se compra o vende, que cualquiera puede tener, etcétera. Pero la contemplación de cualquier modelo, colección, nada se diga si de origen particularmente remoto, no puede dejar de golpearnos, en una zona muy sensible del espíritu, al tener presente su estirpe plurimilenaria, la unción y nobleza de su origen. Compañera eterna, descuidada acaso hoy, un *arma blanca*, cualquiera de ellas, no puede dejar de suscitar en nosotros, en el encuentro casi, casi personalizado, una muy alta y severa dosis de melancolía.

César Aguilera
de la Universidad Complutense

INTRODUCCIÓN

ÁMBITO DE ESTUDIO

El arma fue siempre algo consustancial al hombre. Para bien o para mal, el arma ha estado siempre al lado del ser humano. Las criaturas fueron creadas por el Supremo Hacedor con armas propias, integradas en su cuerpo, formando parte del mismo. El hombre ha tenido que fabricárselas para subsistir y, a veces, para destruir; para defenderse de la naturaleza, de los animales, de sus congéneres. No se concibe ninguna forma de vida en la que, de una u otra manera, no aparezcan las armas. Las armas han sido, a lo largo de la historia, destructoras y constructoras de culturas y civilizaciones; han estado al lado de la religión, primitiva, pagana, cristiana o musulmana. Desde Caín hasta hoy, desde el hacha de piedra hasta el misil, el arma ha sido algo inseparable de la vida de los pueblos. No hay más que ver el lugar principalísimo que ocupa en los libros de historia y hasta en la iconografía que ha quedado hasta nosotros: pinturas rupestres, dibujos, frescos, óleos representando a hombres que hicieron la historia, miniaturas bíblicas, capiteles monacales, esculturas conmemorativas, museos de historia, etcétera.

El arma es el instrumento del que el hombre se ha servido para defender su propia vida y la de su familia, sus bienes, su ciudad, su patria. Pero no voy ahora a someter a juicios de valor el buen o mal uso de las armas, su resultado final, no es ésta mi tarea; tan sólo quiero constatar una realidad innegable: que las armas están ahí, que han sido importantes, y que su comentario y exégesis es, en gran medida, la historia de la humanidad.

Conviene, antes de seguir adelante, definir cuál va a ser el ámbito de estudio de este libro, pues no todas las armas, en tanto que instrumentos destinados para atacar o defenderse, van a ser objeto de consideración. Se va a contemplar tan sólo el arma blanca —nunca la de fuego— tanto si es corta como si lo es larga, es decir, se hablará esencialmente del puñal, la daga, el cuchillo, la navaja, la espada, el sable, el espadín, el machete, el hacha, la lanza, la pica, la alabarda, el espontón, la partesana, la bayoneta, el chuzo y algunas de sus múltiples variantes.

Pero este estudio, tal y como se afirma y aclara en el subtítulo, se concibe y desarrolla desde el punto de vista jurídico, es decir, contemplado exclusivamente a través de la óptica legal, bajo el principio ordenador del *ius gladii ferendi*.

El Derecho, en tanto que ordenador de la vida en común, es la vida misma; y si algo se regula es porque existe un hecho o una actitud social previa que precisa de esta regulación. Por ello, estudiar la normativa jurídica española de las armas blancas a través de los tiempos lleva consigo, como secuela inevitable, la contemplación de la evolución de la historia política y social de España y de muchas de sus instituciones.

Sin embargo, este acotamiento legal precisa ser concretado todavía más. Se hace necesario señalar unos límites temporales y unos lindes geográficos. En efecto, no se va a comentar la evolución del ordenamiento jurídico español de las armas blancas desde los primeros tiempos en que la Península estaba poblada por iberos, tartesios o celtas, sino mucho después, desde el momento en que sus habitantes tuvieron plena conciencia de formar parte de una nación. Nuestro estudio arranca de los años en que, tras las primeras conquistas del territorio ocupado por los árabes, se empiezan a dictar normas de convivencia social, por el rey, el señor o los propios múnicipes, al mismo tiempo que se consiguen de la corona ciertos privilegios como compensación a la repoblación y asentamiento. Es el siglo XI, el comienzo de la Baja Edad Media; son los años de los fueros municipales, las cartas pueblas, los ordenamientos y las ordenanzas municipales.

Como parte importantísima de este recorrido legal por la historia de España, está América, América española, las Indias, pues ellas fueron auténticamente parte integrante de nuestro país desde su descubrimiento hasta 1822 aproximadamente, en que se produce realmente su independencia. A ellas me referiré de forma principal, no tanto en lo que su regulación tiene de común con el Derecho de Castilla sino, al contrario, en lo que le diferencia e identifica.

Finalmente, señalaré que no se incluye en este libro la normativa gremial referida a espaderos, cuchilleros y armeros por haber sido ya objeto de tratamiento *in extenso* en otra publicación reciente [1]. Solamente se enumerará las ordenanzas de estos artífices durante la época gremial y recogerá un breve resumen de la misma.

Delimitación conceptual: tipología

La primera dificultad que he encontrado al redactar estas páginas ha sido la delimitación conceptual de los propios elementos materiales que van a ser objeto de consideración. Los libros especializados que existen sobre la materia, los artículos de investigación histórica, artística o militar, los catálogos de museos de armas, los glosarios de voces de armería y los propios documentos legales existentes, utilizan una terminología no siempre coincidente al referirse a determinadas armas. Con frecuencia cada autor, facultativo o conservador de un museo, coleccionista o investigador califica las armas de acuerdo con su propio criterio, y por ello, la uniformidad en la denominación —que es fundamental para el estudio— es a veces inexistente.

Por lo expuesto, a fin de evitar erróneas interpretaciones, se recogen al final de este apartado —con un criterio que desearía acertado pero que en todo caso resulta uniforme— breves conceptos sobre las armas más mencionadas por la legislación española y americana.

La primera cuestión que se plantea es la de qué se entiende por armas blancas. Sobre algo tan fundamental como es esto, no están en absoluto de acuerdo los autores, sin que nos sirvan conceptos tan simplistas y generales como el de que arma blanca es «toda la que no es arma de fuego». Por ello, se considerará arma blanca el arma ofensiva, con corte o punta, o ambas cosas, manejada con la mano, empleada en

---

[1] R. Martínez del Peral Fortón, «Aportaciones al estudio del gremio de cuchilleros», *Gladius*, t. XVII, 1986, pp. 67-128.

la lucha cuerpo a cuerpo y cuya denominación de principios del siglo XVIII, parece proceder del brillo del acero de que está hecha.

Así pues, dentro de las armas blancas, consideramos como tales a las enumeradas en el tercer párrafo de este capítulo, entre las que se incluyen las enastadas —lanza, pica, alabarda, espontón, partesana, bayoneta y chuzo— por considerar que, en realidad, éstas no son más que un prolongamiento de la daga por medio de un astil o mango largo de madera.

De las armas contundentes —porra, maza, clava— y de las arrojadizas —arco, ballesta, estólica, tiradera, boleadora y honda— sólo se pondrá atención en ellas cuando estén en relación directa con las blancas y en tanto en cuanto sea imprescindible para la recta y completa comprensión de la causa, contenido y consecuencias de la norma jurídica.

Una cuestión que a mi juicio sigue sin resolverse es la distinción entre armas ofensivas y armas defensivas. Nuestro ordenamiento jurídico utiliza esta diferenciación continuamente, y de ahí la imperiosa necesidad de saber exactamente qué es lo que el legislador quiere decir, a qué armas se refiere concretamente.

Estudiado el tema con el rigor que merece esta repetidísima distinción legal, se llega a la conclusión de que armas ofensivas son las que sirven para atacar al contrario, es decir, las blancas (incluidas las enastadas), las arrojadizas y las contundentes; y, defensivas las que sirven para defenderse de los ataques del contrario, cubrirse y evitar sus golpes y heridas, siendo generalmente de metal o materiales muy consistentes. Estas últimas son todas las que componen la armadura, a saber: el yelmo, celada, casco, morrión, bacinete, capacete, barbera, coraza, peto, espaldar, camisote, coselete, loriga, escaupil, brazal, escarcela, guantelete, manopla, quijote, muslera, rodillera, escarpes, rodela, adarga, broquel y pavés, por citar tan solo las más frecuentemente mencionadas por los textos jurídicos.

Sin embargo, esta distinción que hemos aceptado no puede ser llevada a las últimas consecuencias, pues en realidad todas las armas son ofensivas, las blancas, arrojadizas y contundentes tanto como las que acompañan a la armadura, pues nadie se pone un casco, coraza o camisote si no es porque va decididamente a atacar o de alguna manera prevé que se verá obligado a pelear. Y por otra parte, las armas que se consideran ofensivas (espada, daga, navaja, etc.) se convierten de hecho en defensivas cuando el que las porta se ve repentinamente atacado y hace uso de ellas. Por ello, en gran medida, la consideración de ofensivas o defensivas es más consecuencia de la actitud personal y de la voluntad imperante en cada momento que del tipo de arma en sí.

Por otra parte, la calificación de armas defensivas sólo a las de la armadura resulta un tanto forzada, dado que no parece lógico que cuando los monarcas españoles prohíben que a los negros de América se les de licencia para llevar armas defensivas se está pensando en la celada, los brazales o las musleras; o que cuando los estatutos de la Universidad de Valladolid prohíben que se lleven armas defensivas se piense en el yelmo, o la adarga; o que cuando Felipe III ordena que ninguna persona, después de las primeras oraciones, lleve armas ofensivas ni defensivas, sino tan sólo una espada, se esté refiriendo también al morrión, quijote o rodela. Y lo mismo se podría seguir diciendo de las múltiples disposiciones de Felipe IV y de Carlos II cuando en períodos de guerra con Francia prohíben la simple tenencia de armas defensivas a los súbditos del país vecino residentes en España; o cuando las ordenanzas de Toledo castigan a quien entre en el Ayuntamiento con armas defensivas (y ofensivas); o cuando el último Rey Austria obliga a los gitanos a declarar las armas defensivas (y ofensivas) que tuvieran en sus casas, fuera de ellas, o dado a guardar.

Todo esto nos lleva a pensar que el legislador —por lo menos en épocas post-medievales— al hablar de armas defensivas se está refiriendo preferentemente a las de pequeño tamaño, a las fácilmente ocultables, a las armas que pueden sorprender sin ser vistas previamente. Una prueba bastante convincente de esta teoría es la *Pragmática* de Felipe II dada en Alcalá de Henares el 28 de febrero de 1566 en la que textualmente se dice:

> por quanto muchas personas en estos nuestros reynos conforme a las leyes dellos que lo permiten, acostumbran a traer y traen daga o puñal sin traer espada de lo qual por esperiencia se ha visto resultar y resultan muchos inconvenientes e delitos por ser dichas dagas y puñales... armas ocultas delas quales los hombres no pueden prevenirse ni apercibirse delo qual nace hazerse con ellas muchas muertes y heridas sobre seguro, y de mala manera: por ende... ordenamos y mandamos que ninguna persona de qualquier estado preeminencia o calidad, que sea, trayga daga ni puñal si no fuere trayendo espada juntamente, so pena...

En conclusión, que además de las armas que hemos considerado típicamente defensivas, habría que incluir también circunstancialmente en este concepto, durante la Edad Moderna, a las dagas, puñales, cuchillos, almaradas, navajas, estiletes u otras semejantes, dada su facilidad para llevarlas ocultas entre la vestimenta, a no ser que se porte otra arma larga al mismo tiempo que permita a los demás percatarse de que la otra persona viene armada.

Veamos ahora algunas breves definiciones de interés:

Daga: arma blanca corta de dos filos que sirve principalmente para ser clavada. Existen muchos tipos de dagas, tales como: de mano izquierda (más larga que la común, llevando una guarnición para proteger la mano y gavilanes para los quites del contrario), de orejas, estilete, misericordia, partepuntas, etcétera.

Puñal: arma blanca corta, de acero, de unos 20 a 30 centímetros de longitud, con cruz, que hiere de punta y por corte.

Cuchillo: arma blanca corta, con punta y filo por un solo lado.

Navaja: arma blanca corta usada en España desde principios del siglo XVII, cuya hoja, afilada por un solo lado, puntiaguda y casi siempre algo curva, queda sujeta al cabo por medio de un mecanismo especial que permite hacerla girar sobre el mango, para que el filo quede alojado entre las dos cachas.

Almarada: arma blanca corta, de sección triangular y lados rebajados en forma cóncava, con un botón muy saliente en la empuñadura, que sólo hiere de punta.

Montante: espadón grande de dos manos.

Espadín: espada de hoja corta y muy estrecha, montada en una empuñadura más o menos adornada, que se usa como prenda de ciertos uniformes.

Sable: arma blanca de hoja curva muy larga, con un solo filo, destinada a la caballería en la que el jinete, afianzado en los estribos, puede alcanzar al contrario.

Machete: arma blanca corta de hoja ancha y larga, mucho peso y con un solo filo.

Estoque: arma blanca larga semejante a la espada aún que más angosta, muy aguzada en el extremo que solo hiere de punta. A veces va oculta en un bastón (bastón de estoque).

Verdugo o verduguillo: estoque muy delgado y más corto, con bordes cortantes, produciendo heridas (agujeros) de sección muy pequeña.

Pica: arma enastada de la infantería, con punta metálica cortante por ambos lados, más corta que la lanza.

Alabarda: arma enastada en la que el hierro tiene una cruz con punta y los costados sobresalientes, uno en forma de hacha y el otro en punta. Era el arma usada por los sargentos.

Espontón: arma enastada semejante a la pica aunque de punta más pronunciada, usada por los oficiales.

Partesana: arma enastada semejante al espontón pero con la base de la hoja más ancha, generalmente en forma de media luna, usada por los cabos.

Bayoneta: arma blanca en forma de cuchilla muy larga que se acopla en el extremo del cañón del fusil. Fue ideada en Bayona a partir de la segunda mitad del siglo XVII, y se usaba introduciéndola en la boca del cañón. Se perfeccionó su acoplamiento en 1703 al dejar libre el cañón y permitir sucesivos disparos.

Chuzo: arma enastada a base de un palo armado con un pincho de hierro.

PRECEDENTES CIENTÍFICOS

Sobre las armas blancas españolas se ha escrito bastante, aunque no tanto ni tan en profundidad como en otros países europeos, pero siempre referido a aspectos ajenos a nuestra óptica jurídica. Existen algunos catálogos de museos —hoy perfectamente obsoletos—, glosarios de voces, bellos trabajos literarios, descripciones de ciertas armas de personajes históricos, serios estudios sobre armas reglamentarias del ejército español, investigaciones técnico-industriales e incluso meritorios trabajos de investigación histórica [2], pero ningún estudio monográfico serio que contemple las armas blancas desde la óptica de su regulación jurídica a lo largo de los tiempos, ni siquiera circunscribiéndose a una determinada arma, período histórico o lugar geográfico. Para tratar de llenar esta laguna se escribe este libro.

Por lo expuesto, por su carácter inédito, se comprenderá lo arduo —aunque siempre apasionante— de su elaboración, sobre todo en su primera fase de acopio de material y búsqueda de datos, con dificultades que sólo los investigadores saben hasta qué punto son frecuentes [3].

DOCUMENTACIÓN

Ante la carencia absoluta de estudios anteriores sobre la materia, y sobre todo, por tratarse de un estudio de investigación histórica, había que partir *ab initio*, bebiendo en las fuentes originales, las recopilaciones, colecciones facticias, libros registro, etc., buscando la información allí donde estuviera, incluso de forma individualizada en las pragmáticas, cédulas, cartas, bulas, fueros, actas, órdenes, bandos, ordenanzas, provisiones, autos acordados, decretos, en todo documento que de una u otra forma, por una u otra razón, tratase del *ius gladii ferendi*; todo ello en centros e instituciones como el Archivo General de Simancas, el Archivo del Reino de Valencia, el Archivo de la Universidad de Valencia, el Archivo Histórico Nacional, el de Indias de Sevilla, la Biblioteca del Colegio de Abogados de Madrid, la Biblioteca del Departamento de Historia del Derecho de la Facultad de Derecho de la Universidad Complutense, la Biblioteca del Museo Naval de Madrid, del Senado, del Banco de España, la privada de Bartolomé March, etc.

La extensión de las materias tratadas: civil, judicial, penal, municipal, militar, económico-comercial, personal, fiscal, gubernativa, aduanera, caballeresca y religiosa principalmente, y ello tanto en la Península como en América, y su manifiesta complejidad —desde las órdenes

---

[2]   En esta vertiente de investigación histórica, los trabajos que venía publicando el Instituto de Estudios sobre Armas Antiguas del C.S.I.C., de Jaraiz de la Vera, Cáceres, eran muy meritorios y dignos de reconocimiento.

[3]   La obtención del A.H.N. de seis fotocopias de un mismo documento tardó tres meses y medio en conseguirse (factura n.º 1661/86, que conservamos).

militares hasta la Inquisición, pasando por el mundo árabe, el señorial, estudiantil, artesanal, de la Mesta, etc.— han dado como resultado la recopilación y estudio de cerca de seiscientas normas jurídicas, que, creo sinceramente, dan una visión global y al mismo tiempo suficientemente detallada, como para que se pueda conocer en cada época histórica, no sólo cuáles eran las armas permitidas y cuáles no y las razones para ello, sino también contar con una panorámica de la historia de España desde el prisma del arma blanca, absolutamente desconocida hasta el momento.

METODOLOGÍA

En un trabajo de esta índole, en que todas las piezas están desperdigadas por infinitos y recónditos lugares, había que elegir un método que permitiera seleccionar los temas considerados como cruciales y a través de ellos, y siguiendo su curso histórico, sin dejar de beber en las fuentes legales vigentes en cada momento, lograr, en una concatenación lógica, una visión completa del ordenamiento jurídico aplicado a las armas blancas.

Lamentablemente, esta hermenéutica legal no puede ser completa, pues pese a denodados esfuerzos, no siempre fue posible dar con aquella disposición que en principio se consideraba crucial y aclaratoria, porque se perdió, porque el investigador no fue suficientemente hábil o tenaz, o porque quizás no existió nunca.

Pese a todos los vacíos legales con que me he encontrado, que naturalmente han sido muchos por tratarse de tiempos pasados, llegué a la conclusión de que lo más científico en un trabajo histórico-jurídico era seguir un criterio cronológico-empírico-temático para, dentro de cada período elegido, analizar los datos de que se disponía, compararlos entre sí, agruparlos temáticamente y sacar las conclusiones pertinentes. Con ello se conseguía no sólo reunir conjuntamente las diversas normas que el legislador ha promulgado a lo largo de diez centurias —labor no realizada hasta ahora— sino, y esto es más importante, penetrar en la auténtica *ratio iuris*.

El libro se halla dividido en una serie de capítulos esenciales; su comienzo tiene, naturalmente, un carácter introductorio, definidor de límites y de exposición de motivos. En el primero, que abarca la Baja

Edad Media, se aprecia cómo la virtud, el honor y la lealtad son los polos totalizadores de la cultura medieval y de sus modos de vida, en los que tanto cuentan las armas. El capítulo segundo comprende los siglos XVI y XVII, centurias clave de este libro, pues a lo que España significa en sí misma y en Europa hay que añadir todo lo que su presencia en las Indias representa, su conquista territorial, la conversión religiosa y el asentamiento social, injertándose fructíferamente en unas culturas diferentes como añadiría Julián Marías. El siglo XVIII —capítulo III— es la época de la llegada de los borbones a España, de la Ilustración, del espíritu liberal y revolucionario, y todo ello se verá reflejado en el ordenamiento jurídico peninsular y de las posesiones en América. El capítulo IV, que se circunscribe a los avatares del siglo XIX —invasión napoleónica, Cortes de Cádiz, períodos absolutistas, guerras carlistas, pérdida de las colonias— contiene unas disposiciones controladoras y sancionadoras sobre las armas blancas que le identifican y diferencian de los siglos anteriores. El último capítulo, el V, a manera de apéndice, representa, en la praxis y en los textos legales, la decadencia del arma blanca y su creciente sustitución por otras no tan nobles pero, eso sí, mucho más mortíferas.

Propósito

Es ya un tópico decir, cuando se publica un trabajo de investigación, que lo que de verdad se pretende con ello es que lo escrito sirva de incentivo y punto de partida para que otros completen y perfeccionen la labor realizada. Quizás ello sea un tópico, pero éste es mi caso. Es imposible, por lo disperso de la materia objeto de estudio, que lo recogido en este libro tenga un carácter exhaustivo. Pero sí he pretendido, y espero que logrado en gran medida, recoger las normas jurídicas más importantes que directa o indirectamente han regulado el *ius gladii ferendi*.

Mi talante investigador se vería ciertamente complacido sabiendo que las muchas horas de fatiga —y fruición— dedicadas a las armas blancas y sus leyes consiguieran con esta publicación una aportación positiva al conocimiento y aprecio de las mismas.

Capítulo I

LA BAJA EDAD MEDIA

Los años que abarca este período histórico, siglos XI al XV, están presididos por unos ideales y creencias que necesariamente habían de impregnar los modos de vida y comportamientos del hombre de esta época. El cristianismo como concepción suprema y el *virtus-peccatum*, el honor y la lealtad como secuelas inmediatas de aquél, inspiraron todo el acontecer de este dilatado período histórico.

En el siglo XI, España, que todavía no utilizaba este nombre para referirse a sí misma, vive dividida en dos grandes mitades: la mayor, del sur, ocupada por los árabes con hasta 23 reinos de taifas, y la norte, cristiana, también dividida en varios reinos: León, Navarra, Aragón y los condados catalanes, con intereses políticos no siempre coincidentes. Es la época de Almanzor, el Cid y el románico con sus sólidas catedrales.

El siglo XII es la continuidad del XI. Es el siglo de los fueros y cartas pueblas, de la invasión almohade, de la fundación de la Escuela de Traductores de Toledo, del monasterio de Poblet y de las órdenes militares de Santiago y Alcántara, de la composición del *Cantar de Mío Cid*, de la construcción de la Giralda de Sevilla y del nacimiento del primer poeta español de nombre conocido: Gonzalo de Berceo.

El siglo XIII es el siglo de las catedrales góticas, con sus líneas verticales de «plegaria petrificada», de las universidades de Palencia y Salamanca, de los autos sacramentales, del nacimiento de los gremios, de Dante, Marco Polo, Santo Tomás y Alfonso X el Sabio.

A las épocas crecidas suelen seguir tiempos menguados; de estos últimos participa el siglo XIV. La peste, la «peste negra» como se la llamó, de mediados de esta centuria, acabó con un tercio de la población española —y también de Europa occidental— y supuso una nefasta ruptura en el crecimiento de nuestro país en todos los órdenes. Don Juan Manuel y el Canciller Lope de Ayala son las figuras señeras del mundo literario de entonces.

El siglo xv marca un hito trascendental en la historia de España, pues no es sólo que en su seno aparecieran figuras tan significativas como Nebrija, Jorge Manrique, Cisneros y Don Álvaro de Luna, sino que en esas mismas décadas tuvieron lugar acontecimientos tan importantes como la aparición de la imprenta, la publicación de *La Celestina*, la conquista de Granada, el descubrimiento del Nuevo Mundo y la trastocación de todos los valores ante una nueva concepción del mundo y del hombre gracias al Renacimiento.

He enumerado brevísimamente estos hechos históricos por considerar que sólo dentro de su marco se puede entender las decisiones —tan dispares— que los concejos, los señores, la Iglesia o la Corona dictaron en cada momento para reglar la tenencia de armas y su uso.

ÁMBITO PENAL

Es el ámbito penal el que, con mucho, ha sido objeto de una mayor dedicación en los textos jurídicos de la época, quizás porque hablar de armas blancas es hablar de unos instrumentos que si no son usados física y éticamente de forma correcta pueden ocasionar daños, heridas graves, perjuicios económicos e incluso la muerte, y todos estos actos violentos son materia principal del derecho punitivo. Por otro lado, el menor desarrollo social y vivencial de la época, al no gozar el ciudadano medieval de las múltiples posibilidades de que dispone el hombre de hoy, de estar informado, interrelacionarse y desenvolverse en el mundo complejo y cambiante en que está ínsito, hace que otros campos del derecho como el administrativo, internacional, mercantil, procesal, fiscal o laboral no fueran objeto de tanta atención por el legislador.

Dentro del ámbito penal existe una serie de actos realizados con armas blancas que están plenamente tipificados como delitos en el derecho medieval, y que para su estudio, se pueden agrupar en los siguientes grandes apartados: simple tenencia de armas, delitos contra las personas, contra la propiedad, contra el orden público y otros delitos menores. Veamos ahora el primero de ellos.

Figura 1.   Escena de torneo a espada (dibujo de E. Duverger).

El hombre de la Baja Edad Media, dadas las circunstancias de la época, sin una guardia ciudadana y rural suficiente que asegurase en todo momento la paz y el orden, precisaba de las armas blancas para protegerse de los posibles ataques a su persona y sus bienes, y es por ello por lo que se hacía acompañar con un cierto orgullo de su cuchillo, puñal o daga, sintiéndose así más seguro en el discurrir de las horas, trabajos y lugares; pues los bajos instintos arrastraban, en ocasiones, al hombre de entonces —como al de ahora— a hacer un mal uso de las armas a su disposición. Por ello, hasta la misma tenencia en la vía pública, el simple hecho de llevarla —*traxerit, portar, traya, troguiere, trujere*, son las expresiones más usadas— estaba prohibido y penado. Mucho más grave todavía era sacar airadamente el arma, aun sin herir, como veremos después.

En el Fuero de Alba de Tormes, en el apartado de las «armas uedadas» se dice: «quilas armas troguiere peche I morauedi alos alcaldes», y después «E si los alcalles dixieren: descubrete que ueer queremos si tienes cuchielo o si non, e si non se quisiere descobrir, peche II mara$u$edis» a no ser que jurara que venía de fuera y todavía no había entrado en su casa para poder dejar las armas.

El Fuero de Badajoz dice textualmente: «Todo home que trujere cuchiello en villa o en villar peche de caloña tres maravedis». El Fuero de Cáceres insiste en esto mismo, y añade que en la casa donde hubiere huéspedes, el mesonero debe advertirles que dejen allí el cuchillo; si no se lo dijere deberá pagar una multa de dos maravedís; y si los huéspedes no quisieran dejar el duchillo en el mesón deberá comunicarlo a los alcaldes; también se establece que si el cuchillo se llevare escondido la multa será del doble; y, finalmente, que el que saliere de la ciudad y desease llevar consigo un cuchillo, tendrá que hacerlo llevándolo en la mano y sólo lo podrá·poner en el cinto cuando hubiere salido. Estas mismas normas, con ligeras variantes, se contienen en los Fueros y Ordenanzas de Coria, Usagre, Castellón de la Plana, Almansa [1], en el de Escalona (en el que se determina que cuando se fuere a trabajar más allá del casco urbano, mientras se estuviera dentro, se deberá llevar el cuchillo o el arma «vedada» en la mano y en alto), en el de Logroño (donde se castiga la simple tenencia con la pérdida del puño), en el de Madrid que dice textualmente:

> cualquier hombre que traiga cuchillo puntiagudo o lanza o espada o porra o armas de hierro o bohordo con punta afilada al coso o al arrabal o a la Villa... pague...;

el de Salamanca especifica que se tiene que tratar de cuchillo con punta y tener más de un palmo de hoja. Las Ordenanzas municipales de Ezcaray y las de Almansa, castigan la tenencia ilícita de armas (espadas, puñales y otras prohibidas), señalando que las armas recogidas al portador deberan ser rotas y puestas en la picota para que sirva de escarmiento. En el Libro de Acuerdos del Concejo Madrileño se puede leer:

> ninguna persona de ningún estado que sea non traiga armas defensivas nin ofensivas de noche ni de dia, so pena quel cavallero o persona de bien, que esta ley quebrantare, sea desterrado por dos meses e la otra persona de otra suerte que los este los dichos dos meses en la carcel y pierda las dichas armas [2].

---

[1] Esta norma de Almansa, acordada el 4 de octubre de 1461, fue confirmada el 1.º de noviembre de 1462. Ordenanzas del Concejo sobre el llevar de las armas y otros aspectos. Archivo municipal de Almansa. Libro municipal de cuentas y ordenanzas del siglo XV. Fols. 58-59 y 65.

[2] Madrid, 13 de junio de 1492; otros acuerdos semejantes se tomaron el 2 de enero de 1493 y el 19 de octubre de 1501.

En las Ordenanzas de Chinchilla se advierte que nadie sea tan osado como para llevar armas de noche ni de día, tanto ofensivas como defensivas, dentro de la ciudad y en sus arrabales, yendo a pie o a caballo, pues si así lo hicieren se les podrán quitar y ser vendidas en pública almoneda, a no ser que se tratase de personas que iban a trabajar a sus tierras, del alcaide del castillo, sus comensales y continos, los alcaldes ordinarios, el merino y el alguacil de la ciudad, así como los hombres que los acompañaren para el cumplimiento de sus cargos municipales; también estaban autorizados para llevar armas los alcaides de las fortalezas del marqués de Villena y de su padre, maestre de Santiago[3].

Las prohibiciones de llevar armas no sólo se materializaron en disposiciones legislativas de carácter local como los fueros y las ordenanzas municipales, sino que aparecen también de forma más individualizada como, por ejemplo, en las cartas enviadas directamente por la Corona a los corregidores y autoridades municipales. Así, el rey Enrique IV se dirige a los alcaides de los reales alcázares y de las puertas y puentes de Toledo diciendo:

> vos mando que de aqui adelante no consintades ni dedes lugar que los dichos vuestros ombres ni algunos dellos traigan armas por la dicha ciudad salvo quien con vosotros fuere[4].

Los Reyes Católicos mandan al corregidor de Trujillo, Álvaro de Cottas, que aplique con rigurosidad la prohibición de llevar armas, no obstante, la posesión de licencias especiales, incluso reales, pues algunos de ellos pertenecen a bandos y ello podría dar lugar a que otras personas de otros bandos hicieran lo mismo[5]. También en tiempos de los Reyes Católicos un moro vecino de Málaga, llamado Alí Merchant, esclavo de la Corona y dado a Hurtado de Mendoza, corregidor de Éci-

---

[3] Ordenanza promulgada el 12 de junio de 1469. Archivo Histórico Provincial de Albacete. Libro de ordenanzas de Chinchilla. Fol. 54.

[4] Carta de 16 de octubre de 1472. Ayuntamiento de Toledo, Archivo secreto, Caja 1.ª, leg. 8.°, n.° 9.

[5] Trujillo era una de las ciudades de Castilla más tiranizada por la existencia de bandos en esta época; en esta documentación se citan concretamente a Cristóbal Pizarro, Cristóbal Altamirano y Álvaro Losayla (o Losyla). Barcelona, 16 de enero de 1493, en Registro General del Sello, enero 1493, fol. 150, Archivo General de Simancas.

ja y consejero real, es detenido, cumpliendo lo mandado por los reyes, en esta ciudad por llevar escondidas en el coje de la silla de su caballo ciertos hierros de azagayas y lanzas [6].

Dentro de la normativa de aplicación general, los católicos reyes Fernando e Isabel dispusieron:

> Mandamos que en los lugares donde estuvieren vedadas las armas generalmente so pena que sean perdidas, si alguno fuere contra el dicho vedamiento, i fuere tomado con armas ofensivas, i defensivas, las unas, i las otras las ha de perder [7].

Obsérvese que se trata siempre de tener las armas en la vía pública, no en los domicilios particulares.

No obstante, lo expuesto al terminar el período histórico que contemplamos, una nueva orientación iba a aparecer en esta materia de la tenencia de armas [8]. Los Reyes Católicos serían los iniciadores de este movimiento liberalizador, pues razones para ello no iban a faltarles, sobre todo de índole política, militar y de orden público, y así, en la exposición de motivos de la Pragmática de 18 de septiembre de 1495, dada en Tarazona, Don Fernando y Doña Isabel declaran que tras la paz conseguida, unos deshicieron las armas, otros las vendieron y los más las perdieron, de forma que cuando hay necesidad de perseguir a los malhechores o ayudar a la justicia, salen las gentes desarmadas con mucho peligro y deshonra, y si esto continuase «se nos podría recrecer mucho deservicio i a nuestros Reinos daño» siendo por ello conveniente que «todas las gentes estuviesen aparejadas de armas, para ofender, i facer la guerra à quien procurasse facer daño a estos nuestros Reinos».

En el capítulo I de la parte dispositiva se dice que todos los súbditos y naturales de cualquier ley, estado y condición que sean, deberán tener de ahora en adelante, en sus casas, las armas ofensivas y defen-

---

[6] Toledo, 14 de abril de 1480, en Registro General del Sello, abril 1480, fol. 17, Archivo General de Simancas.

[7] Toledo, 1480, l. 100.

[8] Alguna excepción a la prohibición general existió ya en épocas anteriores como es el caso del Fuero de Avilés que textualmente decía: «... et si portar espada nuda de iuso su manto, ó in sua vaina é no la sacar, non aia í calumpnia».

sivas adecuadas a su situación. El capítulo II obliga a los más importantes y ricos de las poblaciones a tener, aparte de ciertas piezas de la armadura, lanza larga de 24 palmos, espada y puñal. A los «hombres de mediano estado y hacienda ayan de tener» espada, puñal, lanza larga de igual medida o lanza común y menor número de piezas de la armadura (capítulo III). «Los demás que fueren de menor estado i hacienda» deberán tener espada y lanza larga o mediana, casquete, medio pavés y escudo (capítulo IV). Estas armas deberán estar en poder de los interesados lo más tarde el 25 de febrero de 1496, a excepción de los clérigos que están exentos (capítulo V). Las armas en cuestión no podrán ser vendidas, empeñadas, enajenadas ni prestadas por más tiempo de diez días, aunque se permite su permuta y venta a los armeros (capítulo VI). Las armas deberán ser distribuidas entre todas las personas en proporción a las cargas impositivas atendidas por los que las reciben (capítulo VII). En todas las ciudades, villas y lugares de cien o más vecinos se hará alarde dos veces al año (capítulo X). Finalmente, establecen los Reyes Católicos que los gobernadores, alcaldes mayores y corregidores de Galicia, Asturias, Vizcaya, Guipúzcoa y Álava deberán tomar las medidas que consideren precisas para que

> se fagan muchas armas de fuste, i de hierro, i acero, i las trayan à vender à estos nuestros Reinos i Señorios, para que cada uno compre las que oviere menester, i Nos mandarémos que los precios de las dichas armas sean moderados...» (capítulo XII).

Si bien en esta Pragmática de Tarazona se aprecia a lo largo del articulado el deseo de la Corona de contar con un país armado, preparado y dispuesto para acudir a la llamada de los Reyes a defender el país, mantener el orden público y ayudar a la justicia, siempre lo hace de forma reglamentada y evitando licencias que puedan debilitar la paz y la tranquilidad tan costosamente ganada. Dicho de otra forma, los ciudadanos, todos, han de tener armas, pero en sus casas. Una vez ha quedado claro esto, sin embargo, teniendo en cuenta que la vida real de entonces ofrecía una variada casuística, es lógico se autorizase, con carácter excepcional, el llevar consigo un arma ante situaciones peligrosas, concretas y atípicas. Ya Pedro III en su Pragmática de 1361 establece que el rey puede dar licencia para llevar armas con tal que los beneficiados no sobrepasen los límites establecidos [9], y en el Libro de los Acuerdos del Concejo Madrileño, concretamente, en el tomado el 19 de octubre de 1501, tras establecer la prohibición general dice

> eçebto si tiene liçençia para ello de sua Altezas o del dicho señor corregidor en su nombre o si fuere regidor.

En el Registro General del Sello del Archivo General de Simancas se recogen muchos casos de autorización especial por los Reyes Católicos, algunos de los cuales resumiré muy brevemente, en apoyo de la tesis expuesta.

En Olmedo, el 4 de diciembre de 1492, los Reyes ratifican a las autoridades de Salamanca, Valladolid, Medina del Campo y otros lugares la autorización concedida a Alonso de Bustamante, carpintero, para poder llevar armas defensivas y ofensivas al haber sido amenazado por Gonzalo de Villanueva, vecino también de Salamanca, durante un año y debidamente garantizado por fiadores llanos, legos y abonados [10].

En Barcelona, el 11 de octubre de 1493, los Reyes Católicos autorizan al corregidor de Burgos a conceder a Alonso de Salazar, procurador de Miranda de Ebro, permiso para llevar armas «para defensyon de su persona», si consideran justa su solicitud, durante dos años, dada la enemistad del conde de Salinas, con quien tiene pleitos el municipio de Miranda [11].

En Sevilla, el 17 de marzo de 1491, los Reyes mandan a las autoridades que investiguen la solicitud de Rodrigo de Sopuerta, escudero de pie de la Reina, para llevar armas para su defensa, y en el caso de que no se encuentren razones que lo desaconsejen le autoricen a él y a dos hombres suyos, mediante las acostumbradas fianzas [12].

En Valladolid, el 23 de julio de 1492, Don Fernando y Doña Isabel autorizan a los alcaldes de casa y corte para que den permiso a Cris-

---

[9] Pragmáticas y altres drets de Cathalunya compilats en virtut del cap. de cort XXIV de las Corts per la S.C. y Reyal Maiestat del Rey Don Philip Nostre Senyor celebradas en la vila de Montso Any MDLXXXV.

[10] Registro General del Sello, diciembre 1492, fol. 131, Archivo General de Simancas.

[11] Registro General del Sello, octubre 1493, fol. 15, Archivo General de Simancas.

[12] Registro General del Sello, marzo 1491, fol. 5, Archivo General de Simancas.

tóbal Zapata, repostero de Corte, para que lleve armas por el tiempo de siete años [13] y con las debidas fianzas, como consecuencia de una refriega callejera a puñaladas con Alonso de Villarejo, criado del cardenal de España, en Vitoria [14].

En Tordesillas, el 2 de septiembre de 1476, los Reyes ordenan a todas las autoridades de Castilla, etc., que permitan a Juan de Inhiesta lleve armas («todas las armas que quisiere... para defensa y amparo de su persona») durante cinco años, no obstante cualquier prohibición vigente sobre ello; en respuesta a su petición por haber perdido la autorización que tenía de Enrique IV, concedida por su actuación en contra del maestre de Calatrava, Pedro Girón, cuando tenía ocupadas Baeza y Úbeda [15].

En Valladolid, el 22 de enero de 1485, los Monarcas mandan al corregidor de Logroño y a otras autoridades que dejen al obispo de Calahorra, Pedro de Aranda, sus familiares y criados llevar armas durante los seis meses siguientes, con motivo del ataque de Fernando de Soria, en diciembre de 1484, al cura de San Salvador de Logroño, en violación de una carta real de protección y seguro [16].

En Medina del Campo, el 14 de marzo de 1486, los Reyes ordenan a Pedro Vaca, maestresala y gobernador del marquesado de Villena, que investigue la solicitud de Alonso Ruiz de Córdoba, vecino de Albacete, para llevar «armas de defensa de su persona» para él y dos acompañantes, por temor a ciertos enemigos suyos, y si la investigación resultase «merecida», lo conceda previa las fianzas acostumbradas [17].

En el Real sobre Baza, el 16 de septiembre de 1489, el Rey notifica a las autoridades de Córdoba, Madrid y otros lugares la autorización concedida al licenciado Diego de Proaño, alcalde de corte, y a sus criados, para llevar armas, sin las cuales viene a ser imposible ejercer su oficio [18].

---

[13] Debe ser un error del copista; probablemente se trata de un año.
[14] Registro General del Sello, julio 1492, fol. 2, Archivo General de Simancas.
[15] Registro General del Sello, septiembre 1476, fol. 599, Archivo General de Simancas.
[16] Registro General del Sello, enero 1485, fol. 11 r.°, Archivo General de Simancas.
[17] Registro General del Sello, marzo 1486, fol. 5, Archivo General de Simancas.
[18] Registro General del Sello, septiembre 1489, fol. 303, Archivo General de Simancas.

En Valladolid, el 21 de enero de 1494, los Reyes autorizan al corregidor de Carmona para dar permiso a Diego Díaz y Francisco de Toledo para que puedan llevar armas, si considera justa su solicitud, por el tiempo que estime, siempre que no exceda de un año, a causa del asesinato de un familiar [19].

En Valladolid, el 8 de febrero de 1494, los Reyes notifican a las autoridades de la corte, Burgos, Valladolid, Medina del Campo y otros lugares, el permiso dado a Francisco de Riaño, vecino de Burgos y a dos hombres que le puedan acompañar, para llevar armas, con motivo de las enemistades originadas en el ejercicio de su oficio de alguacil de la corte [20].

En Madrid, el 12 de marzo de 1495, los Reyes mandan a Pedro de Castilla, corregidor de Toledo, que dé permiso a Diego López de Toledo para llevar armas, con las garantías acostumbradas, ante las muchas enemistades que tiene en la ciudad de Toledo [21].

Los textos legales bajomedievales que contemplan la utilización de las armas blancas esgrimiéndolas en tono de amenaza, hiriendo, causando lesiones, matando o defendiéndose, no en acciones bélicas sino de forma privada y particular, son abundantes y, sobre todo, de una casuística tan diferenciada y pormenorizada que se hace muy difícil de clasificar y resumir. Ello no obstante, precisamente en este apartado que es sin duda el que ha sido objeto por el legislador de un tratamiento más extenso, desde el punto de vista del Derecho escrito, trataré de sintetizarlo al máximo dejando de lado muchos aspectos, que si tienen un interés manifiesto para los estudiosos del Derecho Penal histórico y para la historia del Derecho en general, no lo es tanto para nosotros, que, sólo nos vamos a fijar en las normas legales en tanto en cuanto incidan directamente en la utilización concreta de las armas blancas.

Después de la simple tenencia, quizás la acción inmediatamente más grave sea la de sacar el cuchillo, el puñal o la espada de su vaina, con objeto de amedrentar al contrario. En realidad, esta acción, si no llega a más, si no hiere o causa cualquier otro tipo de daño, aunque en el Derecho bajomedieval está tipificada como una figura delictiva in-

[19]   Registro General del Sello, enero 1494, fol. 6, Archivo General de Simancas.
[20]   Registro General del Sello, febrero 1494, fol. 138, Archivo General de Simancas.
[21]   Registro General del Sello, marzo 1495, fol. 32, Archivo General de Simancas.

dependiente, realmente, estamos ante un delito en grado de tentativa. En todo caso, esta actitud jactanciosa y bravucona del español de entonces debió ser tan frecuente que los reyes, los señores y los propios miembros del concejo no tuvieron más remedio que incluirla entre las normas penales reguladoras de la vida social.

Así pues, la norma general es que se castigue el hecho de sacar airadamente, en actitud amenazante, con ira, el arma blanca; algunas modalidades de esta acción —no todas pues, repito, son numerosísimas— las iremos viendo en cada caso.

El Fuero de Avilés castiga a quien esgrima «armas esmoludas vel espadas nudas», y añade que si ello fuere ante un hombre de fuera de la ciudad «non aia i calumpnia». El Fuero de Baeza concreta: «maguer con ellas non fiera, peche...». Los Fueros de Béjar, Calatayud, Cuenca, Huete, Jaca, Plasencia, San Sebastián, Treviño, Úbeda, Viana y Zamora y las Ordenanzas de Ezcaray y las Costumbres de Tortosa y las de Lérida, así como el Fuero Juzgo dicen lo mismo. El Fuero de Brihuega habla del que «sacare cuchiello maguer non fiera», el de Estella se refiere concretamente a «lança o espada o maça o cotel», el de Castellón de la Plana dice que está prohibido sacar las armas en el caso de una disputa sino es para separar a los contendientes. El Fuero de Guadalajara contempla también el caso de quien arrojare el arma aunque no hiera; lo mismo hace el Fuero Juzgo y los Usatges de Barcelona, diciendo este último que el autor deberá repararle con la mitad de lo que se le daría si se hubiese producido daño. En el Fuero de Madrid se puede leer algo tremendo:

> Cualquiera que sacare cuchillo contra un vecino o hijo de vecino o bien amenazare con ello peche dos maravedís, si no los tuviera córtenle la mano;

no vale la pena insistir en el hecho de que la sola carencia de dos maravedís podía ser motivo suficiente para que le cortaran a uno la mano. El Fuero de Miranda castiga igualmente de forma cruel, pues el autor será «condenado a pagar la pena de homicidio para librarse de perder el puño como castigo». El Fuero de Molina «...peche XX marauedís, et si non ouiere onde los peche, tallenle el punno». El Fuero de Santiago «si echare mano al puñal en la Iglesia de Santiago, sin perjuicio de la pena canónica que le imponga el Deán o el Arcediano, deberá...», El Fuero de Santo Domingo de Silos: «qui a traxerit de domo contra vicinum suum ad male faciendum pecctet abbati sessaginta solidos». Las Ordenanzas Reales de Castilla o de Montalvo mencionan el caso de desenvainar el arma blanca en la corte, en cuyo caso, se le cortará la mano. Con la misma pena castiga Alfonso XI en Madrid en 1329 y Enrique II en Toro en 1369 al establecer que «...qualquier que sacare cuchillo o espada en la nuestra Corte para reñir o pelear con otro, que le corten la mano por ello». Finalmente, las Ordenanzas del concejo para el mantenimiento del Orden Público de Almansa de 4 de octubre de 1461 castigan al «que sacare armas contra qual quier ofiçial syn causa...».

Se va a estudiar a continuación el caso del hombre medieval que no sólo desenvaina las armas sino que hiere o mata. Entre estas dos posiciones extremas, herir o matar, caben diversas posturas intermedias que muy someramente se van a distinguir ahora.

Los Fueros de Alfama, Alcalá de Henares, Baeza, Coria, Guadalajara, Ledesma, Madrid, Molina de Aragón, Plasencia, Santiago, Soria, Teruel, Úbeda, Zorita de los Canes y las Leyes Nuevas de Alfonso X el Sabio hablan en sus textos de los que «firieren con armas devedadas», y algunos establecen concretamente la pena condenatoria como los Fueros de Béjar y Cuenca al decir «cortenle la mano diestra», o el Fuero Juzgo que establece que «de que venga a feridas, maguer el rey non sea delante, muera por ello», o el Fuero de Escalona que dispone que «qui firiere con cuchillo, o con espada o con bulón o con espedo o con fierro...o con otra arma qual fuere...». Los Usatges de Barcelona, al igual que el Fuero de Padrón, recogen el caso de quien lanzara criminalmente un arma blanca y causara heridas, diciendo concretamente: «si algu gitara a degu hom lança o sageta o altre linage de armas, si'l nafrara...».

Dentro de este capítulo, en que no sólo existe la intención de atacar, sino que de hecho se hiere, son muy curiosas las situaciones que se plantean según los diferentes resultados causados por la herida. Veamos. Si se hiere pero no se causan lesiones graves («si firiere e liuores non fiziere») la pena es, naturalmente, menor (Fueros de Baeza, Béjar, Cuenca, Brihuega, Huete, Madrid, Medinaceli —«et si ficiere cardeno peche per cada pulgada del cardeno I mencal»—, Plasencia, Úbeda y Zorita de los Canes). Pero si «firiere e fiziere liuores» la pena es mayor según determinan los Fueros de Béjar, Cuenca, Brihuega,

Huete, Llanes, Madrid, Plasencia, Sepúlveda, Úbeda y Zorita de los Canes.

Son variables las penas impuestas según la herida sea en la cara (Fueros de Alcalá de Henares y de Sepúlveda), si sangra (Fuero de Jaca: «si fieri asi que isca sangre» debe pagar D ss. o la mano derecha), si hay pérdida de un miembro del cuerpo o no lo hay (Fuero de Alba de Tormes), si existiera rotura del hueso («si huesso quebrare»: Fueros de Baeza, Béjar, Cuenca, Úbeda o el Fuero Real que distingue entre «ferida que rompa el cuero e llegue al hueso», «si rompiere el cuero e non llegare al hueso» y «sil sacaren hueso de la ferida, por cada hueso...») o «si huesso non saliere» (Fuero de Palencia).

Cuando la herida causada con la espada, el cuchillo, el puñal, la lanza u otra arma prohibida no atraviesa el cuerpo («si non pasare de una parte a la otra») los Fueros de Alcalá de Henares y Palencia castigan menos duramente que cuando la herida atraviesa el cuerpo. También el Fuero de Medinaceli recoge esta circunstancia («si pasare peche...») así como el de Viguera y Val de Funes («et si fiere uno a otro con lança o con fierro amolado si'l passare de part en part de XX ss.»).

En el caso de que sean varios los que hieran a otro y no se supiese quien le hirió o huyere «los que sacaren cuchiellos para ferir pechenla» (Fuero de Briviesca).

El lugar donde se utiliza el arma blanca también tiene su trascendencia, pues no es lo mismo ocasionar la herida en una calle o plaza cualquiera de la ciudad que en el concejo (Fuero de Brihuega), o ante la puerta de la casa del juez o en la cámara de los alcaldes (Fuero de Huete), o en la corte (Ordenanzas Reales de Castilla o de Montalvo: «...qualquier que en la nuestra Corte, ò en el nuestro rastro firiere o matare, que muera por ello, salvo si fuere en su defension...»), o en la Iglesia (Fuero de Santiago), o en las casas de juego (Ordenamiento de las Tafurerías: «el que firiere de punta de cuchiello...» «...e si diere del cuchiello...»). El Fuero de Alcalá de Henares recoge igualmente el caso de que sea un vecino de otra ciudad quien hiera a otro forastero («firiere con armas vedadas o con lanza o con espada o con cuchiello o con azcona o con aguijon, de que non muera...»).

Los tiempos que aquí y ahora se contemplan no sobresalieron precisamente por su espíritu democrático e igualitario. La no distinción de los ciudadanos por razón de nacimiento, sexo, religión o raza no fueron precisamente principios inspiradores de las leyes de entonces. Así, se establecen continuamente distinciones según la condición de la persona, su situación económica, su pertenencia a uno u otro estamento social y su residencia habitual. Por ejemplo, en el caso de herir con arma blanca las penas impuestas variaban si se fuese o no postero (Fuero de Alba de Tormes), si se era o no propietario (Fuero de Madrid), si se era «valadí o viviere en alberguería» (Fuero de Alba de Tormes), si se fuere criado —«hombre que morara en casa y a costa de vecino de la Villa»— deberá pagar dos maravedís, no al criado herido injustamente sino «a su señor» o si se fuese clérigo (Fuero de Salamanca).

Cuando la utilización del arma blanca era causante de la muerte, instantánea o subsiguiente por las heridas causadas, a tenor de la crueldad de entonces, el castigo era muy superior. La legislación de la época se hace eco de ello, y así lo atestiguan los Fueros de Alfama, Jaca, Llanes, Pontevedra, Teruel, Úbeda, Usagre, Cuenca (que castiga nada menos que diciendo «sea soterrado bivo so el muerto»), al igual que el de Plasencia («metanlo vivo so el muerto»), los Fueros de Cáceres, Coria, Ledesma y Salamanca (que dicen taxativamente: «enforquenlo»), el de Molina de Aragón («el forastero que con arma matare a hombre de Molina nadie lo defienda, ni la Iglesia, y debera ser ajusticiado») y, finalmente, el Especulo que dice que «quien sacare arma contra alguno e matare, muera por ello, e pierda la meatad de lo que oviere e sea del rey».

Dentro de las figuras delictivas más frecuentes en esta época hay tres dignas de mención: la de herir al messeguero (guardián de las mieses y los panes), encerrar a un hombre o mujer en una casa contra su voluntad utilizando las armas, y arrojar armas prohibidas desde una casa causando heridas o daño a alguien. En el caso del messeguero, prácticamente todos los textos consultados señalan que además de la multa impuesta por el concejo por infracción de las ordenanzas rurales se le castigará con tal o cual multa o pena corporal (Fueros de Baeza, Béjar, Cuenca, Huete —«sobre los pennos peche la calonna que fisiere doblada...»— Plasencia, Soria, Teruel, Úbeda y Zorita de los Canes). Por lo que al encerramiento, ayudado de la fuerza coactiva de las armas, se refiere, los Fueros de Béjar, Cuenca, Huete, Teruel, Úbeda y Zorita de los Canes vienen a decir que «todo omme que a otro con armas devedadas ençerrare peche CCC ss. et quantos ommes ençerrare tantos CCC ss. peche» como dice textualmente el de Plasencia. Los Fueros de Brihuega, Huete, Teruel, Úbeda y Zorita de los Canes castigan a quien desde su casa arrojare armas que causen daño a alguna persona que camina por la calle o que se encuentre dentro de otro edificio.

Pero no siempre el que iniciaba una acción delictiva lograba consumarla, pues podía ocurrir que el atacado reaccionara rápida y eficazmente e hiriese e incluso matase con sus armas al agresor. De la legítima defensa se ocuparon textos legales como el Fuero de Béjar («e si el ferido lo firiere o lo matare non peche calonna ninguna, ni exca por enemigo»), de Cuenca («tornare sobre si e firiere o matare»), de Úbeda («... firiere o matare al malfechor non peche calonna njn salga enemigo»), el Fuero Juzgo que contempla tres casos:

> Tod omne que quiere ferir á otri... con arma... si aquel á quien el quiere ferir lo firiere ante, o lo matare, non peche por ende omicilio, ni aya ninguna pena, ca meior es el omne que mientra que vive que se defienda, que lexar que lo venguen despues de su muerte; el siervo o la sierva que firiere con arma al sennor y este se quier defender matando al siervo ó sierva, non deve ser tenudo del omezilio,

igualmente le ocurre al ladrón que se defiende con armas, que si alguien lo mata no es culpable de homicidio. Finalmente, la Partida VII libera de culpabilidad al que matare, cuando dice:

> [...] fueras ende si lo matasse en defendiendose viniendo el otro contra el trayendo en mano cuchillo sacado o espada [...]

Un aspecto importante dentro del ámbito penal es el que se refiere a los delitos cometidos contra la propiedad o a propósito de ella, sirviéndose de las armas blancas. En este sentido, la normativa jurídica bajomedieval contempla de manera especial el robo de espigas y el allanamiento de morada. Con relación al primero, el Fuero de Zorita habla de espigas (de cereales o leguminosas) pero otros fueros como el de Béjar o Baeza utilizan la palabra granna [22] («aquel que con foce o con cuchiello o en otra manera grannas cogiere... peche I maravedí»). El allanamiento de morada, violentamente, haciendo uso de las armas, viene

---

[22] Especie de semillas redondas y coloradas, llamadas también cochinilla, de cuyo interior salen unos gusanos rojos que una vez crecidos y tratados después, sirven como excelente materia para teñir las sedas (*Tesoro de la Lengua Castellana o Española* de Cobarrubias, Ediciones Turner, 1984).

recogido en los Fueros de Plasencia, Teruel, Úbeda y Zorita de los Canes, pero su verdadero concepto histórico-jurídico lo encontramos en los ordenamientos legales: de Huete: «...quebrantar casa es quien con voluntad de ferir o de matar entrare en ella con armas vedadas yradamente maguer que non fiera, o aquel que contra vedamiento del sennor entrare»; de Ledesma: «todo omne que va acasa ayena con armas... por ferir o por desonrrar...»; de Madrid: «...penetrare insolentemente en la casa de un vecino durante el dia... con armas y matase en ella al dueño o dueña, hijo o alguno de sus parientes... peche cien maravedis, derriben sus casas, salga desterrado como enemigo publico y pague el homicidio,... si ocurriere de noche... cuelguenle»; las Costumbres de Tortosa: «comete allanamiento el que a la fuerza... ó arroja ó lanza contra ella cuchillo... o cualquier otro linage de armas»; y, el Fuero Juzgo: «El omne que entra en casa aiena por fuerza, el cuchelo sacado, ó con otra arma qual quier...».

En la Baja Edad Media, el mantenimiento del orden público, la paz y el orden era tan importante y necesario como lo es hoy en nuestra sociedad, por ello, el legislador persigue celoso e inflexiblemente cualquier movimiento que pueda perturbar esta paz pública.

Los textos legales vigentes en esta época hablan de «sacar armas a bueltas» o «a bolta», «qui fiziere bando» o promover «bolliços o roydos» o «facer ayuntamiento de gentes». En realidad, siempre se habla de una misma cosa: de un grupo de gentes armadas que promueve alboroto en la plaza pública, de protesta, reclamación o exigencia, que de no controlarse rápidamente puede originar un movimiento sedicioso o de rebelión. Tan preocupante resultaba esta violenta manifestación pública, que su castigo se recoge en la gran mayoría de cuerpos legales reguladores de la vida ciudadana. Así, los Fueros de Baeza (en el que se contempla el caso de realizarse con armas prohibidas en el concejo, en cuyo caso el responsable «peche las calonnas que fiziere todas dupladas el y todos sus aiudadores»), Béjar, Cáceres, Calatayud, Colmenar de Oreja, Coria, Guadalajara, Ledesma, Plasencia, Salamanca, Ubeda, Usagre, Zorita de los Canes y Zamora, en este último hasta tal punto se quiere evitar que la revuelta se extienda, que se ordena que si alguno viniese diciendo que ha aparecido un grupo de gentes en forma tumultuosa y armada, se le detenga y compruebe la veracidad de sus palabras, para que si ello fuera cierto se haga lo imposible por disolverlo, y si fuese falso, se le ahorque.

Más explícitos son algunos otros textos legales como el Ordenamiento de Alcalá que dice:

> Si algunos fiçieren ayuntamiento de gentes con armas... que los que fueren façedores del ayuntamiento, que sean desterrados por diez annos fuera de nuestro Sennorio;

las Ordenanzas del concejo de Valencia de Alcántara de 1489, que determina que

> Quando ruydos, bolliçios o escandalos remanescieren en la villa, no salgan a ellos en ayuda ni fauor de los que los hizieren e levantaren para les ayudar con armas...;

las Ordenanzas del concejo para el mantenimiento del orden público de Almansa de 4 de octubre de 1461, en las que se puede leer:

> qual quier que fuere causador e promouedor de qual quier roydo e sacare armas, el alguazil gelas tome e quiebre e las ponga en la picota...;

las Ordenanzas del concejo de Chinchilla de 12 de junio de 1469 en las que se especifica que si se produjesen «roydos» y se echare mano a las armas que nadie acuda allí con armas, pues les serán quitadas. Finalmente, la carta del marqués de Villena a las ciudades de Villena, Almansa, Yecla y Sax sobre los bandos que alteraban la vida de estas y otras poblaciones del Marquesado, de 1 de enero de 1472, que resumidamente venía a decir que los que organicen bandos de gente armada paguen 10.000 maravedís para los muros de Xequena y sean desterrados seis meses y los valedores y financiadores pierdan las armas.

De la lectura de la normativa jurídica de esta época se deduce la existencia de dos clases de armas: las propias de los caballeros, y las armas prohibidas. Las primeras son la lanza, la espada, el cuchillo, el yelmo, la loriga, las brafoneras y el escudo; las segundas son las llamadas por las leyes armas «vedadas», «devedadas» o «defendidas», y que concretamente son el «fierro», el palo («fust», «fuste» o «lenno»), la piedra y «cualquier otra cosa que pueda herir o matar». Esta distinción no tendría mayor interés si no fuera por que la utilización de las armas prohibidas otorga a los actos delictivos una especial gravedad o tipificación, y, sobre todo, porque en el ochenta por ciento de los delitos recogidos en el ordenamiento penal estudiado —no de otra índole, y esto es muy importante precisarlo— se hace siempre referencia a las armas prohibidas.

Ante esta situación anómala «prima facie», cabría preguntarse: ¿es que las gentes cuando se herían o mataban nunca utilizaban las armas propias de los caballeros? ¿acaso los caballeros cuando se enojaban gravemente no peleaban?, o cuando los caballeros peleaban ¿tan sólo utilizaban las armas «vedadas»? ¿es que las heridas, lesiones o muertes cuando se hacían con armas de los caballeros no estaban penadas y por ello no se recogían en los textos?

Naturalmente esto no podía suceder así y tenía que haber alguna explicación. Quizás aclare esta duda el hecho de que para atacar, herir o matar a un vecino o forastero, nadie se ponía el yelmo, la loriga, el escudo o cogía la lanza, armas propias del caballero; segundo, que para las ofensas graves, los caballeros tenían sus propias vías, que veremos después, debidamente regladas hasta los más mínimos detalles, y que dichos lances no tenían cabida dentro del ámbito penal; y, tercero, y mucho más aclaratorio, que dentro del concepto «hierro» o «fierro» se incluía, además de cualquier instrumento con punta o filo, el puñal, la daga y la espada. Sólo estas razones explicarían la continuada mención de las armas prohibidas como elementos decisivos a la hora de establecer los castigos en las leyes penales.

ÁMBITO MILITAR

En la Baja Edad Media —como en el mundo de hoy— la posesión de armas era algo de capital importancia para mantener el orden, asegurar la independencia y conservar el poder, tanto en el interior como frente al exterior. Por ello, los monarcas españoles de esta época trataron siempre de afianzar la paz, la independencia y el poderío, obligando a sus súbditos a mantener lo que entonces eran los instrumentos más valiosos para imponerse, para hacer la guerra: el caballo y las armas.

Alfonso XI, en las Cortes de Alcalá de Henares, había ordenado que todos los habitantes que tuvieran un capital de 8.000 maravedís, sin contar la casa donde habitaban, estaban obligados a mantener caballo y armas. Sin embargo, al resultar esta cuantía demasiado reducida a juicio de los residentes en el Reino de Murcia, solicitaron del rey Pedro I les fuera elevado el tope a la suma de 12.000 maravedís. El Rey se decidió por una solución intermedia y ordenó que todo el que tuviera una cuantía de 10.000 maravedís, sin contar la casa en que moraba, debía mantener caballo y armas [23].

Este mismo Rey, nueve años después, envía una carta al concejo de Cartagena y a todas las villas y lugares del obispado, ordenando den a Juan Rodríguez de Valladolid informe de quienes, con arreglo a lo mandado, tienen obligación de mantener armas, que concretamente son: «fojas, baçinete e adarga»; y se añade que quien estando obligado a ello no los tuviera, deberá comprarlas en el plazo máximo de cuatro meses, y quien no cumpliese lo ordenado en esta carta, dice el Rey, «mandaría fazer justiçia muy cruel» [24].

Una de las cuestiones mas discutidas por los ciudadanos acomodados de esta época era la suma fijada por los reyes de los bienes que si se poseían, quedaba su propietario obligado a mantener armas. La tendencia de la autoridad —quizás por razones de inflación— fue ir subiendo esta cifra cada vez más, y así el marqués de Villena, a la ciudad de su título, elevó la cifra a 15.000 maravedís [25]. Los Reyes Católicos confirman la provisión de Enrique IV, y establecen que todo vecino de Jaén con más de 20.000 maravedís debe mantener armas [26]. Estos mismos reyes, en 1484, mandan al gobernador de Chinchilla y a todo el marquesado de Villena que aquellos que sean propietarios de una hacienda de 100.000 maravedís o más, deberán mantener armas para servir a la guerra de Granada (el límite anterior de 80.000 maravedís había provocado protestas); como compensación serían los únicos

[23]   Provisión de Pedro I al adelantado del Reino de Murcia de 20 de abril de 1354, expedida en Castrojeriz. A.M.M., C.R., 1348-1354, fol. 87 v.º; en *Colección de documentos para la Historia del Reino de Murcia*, VII, edición de A. L. Molina Molina.
[24]   Carta de Pedro I al concejo de Cartagena dada en Elche el 2 de diciembre de 1364. A.M.M., A., Cap. 1364-1365, fol 83 r.º-v.º; en A. L. Molina, *op. cit.*
[25]   A.M.M., A.C., 1374, fol. 113 r.º-v.º; en F. Veas Arteseros, *Documentos del siglo XIV*.
[26]   Valladolid, 23 de marzo de 1475; Registro General del Sello, marzo 1475, fol. 318, 2.ª, Archivo General de Simancas.

elegibles para oficios públicos [27]. Una Pragmática de los Reyes Católicos de 1492 dada para todas las provincias de Andalucía, reorganiza y precisa toda esta materia de los caballeros «de quantía» y «de premia» confirmando la cifra de 100.000 maravedís para poder exigir la tenencia de armas. En realidad, esta exigencia armamentística de Fernando e Isabel no era sino un aspecto más de su política general de pacificación y consolidación, que formaba parte de su nueva concepción de la seguridad del estado que tres años después iba a materializarse legalmente con la promulgación de la Pragmática de Tarazona, fundamental a nuestro respecto, que se ha recogido en el apartado anterior.

Durante la Baja Edad Media, y en los siglos que le sucedieron, existió una práctica más o menos institucionalizada, el alarde, de carácter militar y municipal que tenía como finalidad el comprobar y asegurar que las fuerzas paramilitares y los instrumentos y medios bélicos de que se disponía estuvieran en buenas condiciones para guerrear. Muchos fueros municipales hablan de esta actividad, pero quienes dan a esta institución una regulación realmente completa, clara y rigurosa son los Reyes Católicos. Así, en la Pragmática de Tarazona de 18 de septiembre de 1495 se dice en el capítulo X que

> Cada año en cada Ciudad, Villa o Lugar, que sea de cien vecinos, ò dende arriba, se faga alarde dos veces en el año ante los Alcaldes Ordinarios, i los Alcaldes de la Hermandad del tal Lugar, la una vez el postrimer Domingo del mes de Marzo, i la otra vez el postrimero Domingo del mes de Septiembre...i cada uno de los dichos alardes se ponga por escripto por ante Escrivano Público.

A los alardes se había de acudir con armas «vestidas y complidas»; y si éstas fueren recibidas en préstamo, manda la ley que el que las prestase las pierda, y el que hiciere alarde «pierda la tierra que de nos tuviere y pague quanto valían las armas» [28].

Los instrumentos auténticamente defensivos de carácter permanente en la Baja Edad Media eran los castillos, y éstos cobraban toda su

---

[27]   Agreda, 28 de febrero de 1484; Registro General del Sello, febrero 1484, fol. 85, Archivo General de Simancas.
[28]   Ordenanzas Reales de Castilla, Leyes X y XI, del Título III, Libro IV.

eficacia cuando estaban bien dotados de hombres y armas. El rey Sabio, en la Partida II dice:

> Armas muchas ha menester que aya en los castillos, para ser guarda-
> dos, e defendidos. Ca maguer sean bastecidos de omes e de viandas
> si no ouiesse bastecimiento de armas no seria todo nada... e el alcay-
> de deue y tener todas aquellas cosas, que son menester para adobar
> e endereçarlas, de guisa que se ayuden dellas, quando menester fuere.
> Ca el arma de que el ome non se puede ayudar, mas faze embargo,
> que pro... e deuen ser muy guardadas non tan solamente en non las
> dexar furtar, ni enajenar... mas a un en no las dexar dañar, ni per-
> der [29].

Este mismo rey Alfonso que todo lo previó en leyes, y por eso fue apellidado El Sabio, se ocupó igualmente de las armas que debían lle-var los navíos, y así, en la Partida II se puede leer:

> Ha menester que ayan para defenderse: lorigas, e lorigones, e pes-
> puntes, e coraças, e escudos, e yelmos... e deuen auer cuchillos, e pu-
> ñales, e ferraniles, e espadas, e fachas, e porras, e lanças, e estas con
> garauatos de fierro, para trauar de los omes e derribar [30].

A la hora de guerrear, en defensa de las tierras invadidas por el enemigo, los vasallos estaban obligados a acudir donde y cuando el rey los llamase, debidamente pertrechados de armas (*guisados de armas*), que generalmente eran, para los caballeros, la espada, la lanza, el es-cudo, el yelmo y la loriga, y para el peón, la lanza y el cuchillo [31]. De-bían conservar estas armas todo el tiempo, pues les estaba prohibido venderlas o empeñarlas; es más, no podían siquiera jugar (a los dados, tablas o dinero) comprometiendo las armas, pues el que las perdiere de-bía pagar de multa cien maravedís al alguacil, y el que ganase las debía devolver a su antiguo propietario [32].

En el curso de las batallas fácilmente se perdían las armas de los combatientes, y como éstas tenían un valor militar y económico mani-

---

[29]   Partida II, Título XVIII, Ley XI.
[30]   Título XXIII, Ley IX.
[31]   Fueros de Alcaraz, Alarcón, Cuenca, Teruel y Úbeda.
[32]   Ordenanzas Reales de Castilla, Libro IV, Título III, Leyes VIII y IX.

fiesto, las leyes de la guerra establecieron que si ello era posible se les debía restituir o indemnizar: «las armas que en batalla campal fueren perdidas sean erechadas» [33], sean tornadas [34], emendadas [35]; el Especulo considera que si las armas se perdieren por culpa propia «non es derecho que gelas erechen» [36].

El botín de guerra (ganados, caballerías, trajes, dinero, oro, plata y armas) era, sin duda, si no una motivación para emprender la guerra, sí una compensación al riesgo corrido y un premio a la victoria. Concretándonos a las armas blancas, las leyes ordenaban que había que entregar todos los objetos, para que, reunidos, se pudiera hacer la partición [37]. Se establece que el reparto de lo cobrado debe ser hecho en proporción a lo que cada uno hubiere aportado a la contienda en hombres, armas y bestias, y el criterio de partición se realiza con arreglo a una unidad de medida que en algunos textos se le llama «caballería»; así, al que llevare caballo, espada y lanza le corresponde una «caballería», por loriga con almofar una «caballería», por escudo y capiello una «caballería», por camisote y pespunte una «caballería», por brafoneras media «caballería», por lanza otra media «caballería» y así las demás piezas de la armadura [38].

Como primeros precedentes de lo que siglos más tarde sería el ejército en nuestro país, existieron al final de la Baja Edad Media varias instituciones de carácter paramilitar que tuvieron una vida efímera, pero que en determinados momentos y lugares cumplieron la misión para la que habían sido concebidas. Me refiero a las Tropas de Acostamientos, la Santa Hermandad y las Guardias Viejas de Castilla.

Las Tropas de Acostamientos fueron obra de los Reyes Católicos y consistieron esencialmente en unas milicias locales, uniformadas cada una de diversa manera, que se reunían anualmente y cuando las circunstancias así lo exigían. Estas tropas fueron decisivas en la conquista de Baza y Granada, y en las luchas contra Portugal. Estaban formadas

---

[33]   Fueros de Alcaraz y Úbeda.
[34]   Fueros de Alarcón, Cuenca y Zorita de los Canes.
[35]   Fuero de Teruel.
[36]   Libro III, Título VII, Ley XII.
[37]   Fueros de Béjar, Huete y Zorita de los Canes.
[38]   El Especulo, Libro III, Título VII, Ley XIV y la Partida II, Título XXVI, Ley XXVIII.

Figura 2. Daga de orejas nazarí con su vaina. Granada, finales del siglo xv. (Fotografía cedida y autorizada por el Patrimonio Nacional).

por unidades llamadas «capitanas», éstas a su vez reunidas en «batallas», y la agrupación de varias «batallas» formaban la «división». El grave inconveniente de estas milicias era que se disolvían una vez terminada la guerra. El arma de que disponían sus soldados era esencialmente la lanza.

Fue también obra de los Reyes Católicos la creación de la Santa Hermandad, pues si bien existían con anterioridad a ésta asociaciones regionales de carácter popular que luchaban, especialmente en el campo, contra los malhechores, la falta de medios económicos con que sostenerlas, su insuficiencia para cubrir todo el territorio patrio, hizo que poco a poco se fueran autodisolviendo, hasta que los Reyes, en su firme deseo de acabar definitivamente con el bandolerismo y la anarquía reinantes e incluso con el excesivo poder de cierto sector de la nobleza, partiendo de la experiencia de las hermandades anteriores, se decidieron por crear una Hermandad general de todas las ciudades y villas del reino, bajo la directa dependencia de la Corona, con capitalidad en Toledo. El gran artífice de su creación material fue el contador mayor Alonso de Quintanilla, ayudado muy de cerca del vicario general Juan Ortega, logrando que el 27 de abril de 1476 fueran definitivamente aprobadas las Ordenanzas de la Santa Hermandad.

En el capítulo X de estas Ordenanzas se especifica las armas que los hermanos han de llevar en los actos de servicio, y que resumidamente son: para el hombre de armas: caballo con su arnés completo, celada o almete y lanza; el jinete: caballo, capacete, barbera, coraza, brafoneras, quijotes y lanza; y, el peón y el lancero, aparte de ciertas piezas de la armadura, espada y lanza respectivamente.

Otra institución real fueron las Guardias Viejas de Castilla (año de 1493) en las que los 2.500 hombres que las compusieron disponían de lanzón, estoque, espada, puñal y algunas piezas de la armadura con que defender la real causa.

ÁMBITO CABALLERESCO

El *ius gladii ferendi*, objeto nuclear de este libro, ocupa en el ámbito señorial y caballeresco un lugar importantísimo, pues su origen histórico y fundamento legal primigenio se encuentra precisamente aquí, en la Baja Edad Media, exactamente en la Partida II, título XXI,

Ley IV del rey Alfonso. Esta puntualización es trascendental, pues es el origen de toda una normativa jurídica y unos comportamientos sociales que perdurarán en España prácticamente hasta bien entrado el siglo XIX.

Con frecuencia los autores, al hablar del uso de la espada, consideran que el mismo era algo exclusivo del estamento nobiliario y respaldan esta afirmación diciendo que ello es consecuencia de una costumbre inveterada aceptada unanimamente por el pueblo. Esta explicación, siendo realmente cierta, es insuficiente, pues su auténtico y sólido origen hay que situarlo en la mencionada ley de Las Partidas, que después de atribuir a la espada, como símbolo del caballero, las virtudes de cordura, fortaleza, mesura y justicia, dice:

> E por todas estas razones, establecieron los antiguos, que la traxiessen siempre consigo los nobles defensores, e que con ella recibiesen honrra de cavallería [39].

Muy interesante y minuciosa es toda la reglamentación de la investidura del caballero, a propósito de la cual son de destacar, a nuestros efectos, dos aspectos: primero, que sólo el rey es quien tiene potestad para armar caballeros [40] y, segunda, que el juramento debe hacerse con la espada desenvainada en la mano derecha, diciendo que se está dispuesto a morir, si fuese preciso, por su ley, por su señor natural y por su tierra [41].

En la legislación de la época son de destacar ciertas disposiciones como la que ordena que cuando los caballeros cabalguen lleven siempre la espada al cinto «que es assi como abito de caualleria»; o cuando estando en hueste o en la frontera vendiesen las armas, o las inutilizasen, o perdiesen a los dados, o las diesen a malas mujeres o las empeñasen en la taberna, perderán la condición de caballero, que es «la mayor abitança que puede recibir» [42].

---

[39] El texto continúa diciendo: «E con otra arma non, por que siempre les viniesse emiente destas quatro virtudes, que deven aver en si. Ca sin ellas, non podrian complidamente mantener el estado del defendimiento, para que son puestos».

[40] Juan II en Valladolid, 1442, pet. 23.

[41] Partida II, Título XXI, Ley XIV.

[42] Partida II, Título XXI, Leyes XVII y XXV.

Los caballeros, una vez armados como tales, para gozar de los privilegios inherentes a su condición deberán tener siempre consigo las armas que les son propias [43], y a la hora de acudir a la hueste irán pertrechados de espada, lanza y escudo [44], armas que deberán manejar a la perfección, así como conocer el arte de la guerra [45]. Si durante la batalla un caballero moviere contienda e hiriese a otro caballero de su bando, con cuchillo u otra arma o con el pie o con la mano «cortenle la mano o el pie con que firiere... e qui matare a otro, metanle so el muerto» para que sirva de escarmiento [46].

Con independencia de la prerrogativa de poder llevar espada, que era algo simbólico pero de gran trascendencia social, el caballero gozaba de otros derechos de índole distinta y de no menos interés, tales como: el no pagar determinados impuestos (pechos, pedidos, repartimientos o monedas) siempre y cuando se cumplieran los requisitos exigidos por su rango (tener lanza, espuelas, escudo, capiello y espada, entre otros) [47]; no podérsele embargar ni ejecutar en sus armas por motivos civiles —los más frecuentes eran deudas—, si bien esta exención, al parecer, no era tanto en atención a la dignidad caballeresca cuanto a la necesidad de que estuviera el país debidamente provisto de armas en caso de peligro («...esten apercibidos para quando los hayamos menester») [48]; el derecho a recuperar las armas que hubiera donado a su vasallo cuando este quisiere cambiar de señor [49]; y, cuando muere la mujer del caballero, éste podrá partir los bienes con sus hijos, pero recibirá «de mejoría... suas armas de fuste e de fierro», y cuando sea él quien muera, el primogénito recibirá en concepto de mejora las armas del finado [50].

[43]   Nueva Recopilación, Libro VI, Título I, Ley I.
[44]   Fueros de Cuenca y Zorita de los Canes.
[45]   Partida II, Leyes VIII, Título XXI y VIII, Título XXIII.
[46]   El Especulo, Libro III, Título VIII, Ley IV.
[47]   Fueros de Alcalá de Henares, Guadalajara, Molina de Aragón, Uclés y Villavicencio, Ordenanzas Reales de Castilla Libro IV, Título I, Ley IV y Nueva Recopilación Libro VI, Título I, Ley II.
[48]   Fueros del Reino de Aragón y de Vizcaya, Fuero Viejo de Castilla, Ordenamiento de Alcalá (Título XVIII, Ley IV), Ordenanzas Reales de Castilla (Libro IV, Título I, Ley XII) y Partida II, Título XXI, Ley XXIII.
[49]   Fuero Real, Libro III, Título XIII, Ley IV.
[50]   Fuero Viejo de Castilla, Libro V, Título I, Leyes V y VI.

La institución más característica de la Baja Edad Media que hace referencia al honor de los fijosdalgo es el riepto. Al parecer, en las legendarias Cortes de Nájera, los caballeros establecieron entre sí un pacto o concordia, en virtud del cual ninguno podía causar daño a otro caballero (herir, lesionar, perseguir o matar), sin antes haberle devuelto la fe y amistad existente entre ellos, denunciándole ante el tribunal del rey. El ofendido acusaba ante el rey y su corte de traición o aleve al reptado [51], y si éste negaba haber cometido tal acción, se podía demostrar la veracidad de la acusación, además de por otros medios pacíficos (testigos, documentos, investigaciones), por una lid entre el reptado y el reptador, siempre y cuando, no se hubiese podido conseguir la avenencia, el desafiado aceptase luchar y el rey lo autorizase. Sólo en este caso el monarca nombraría a los fieles —personas encargadas de velar por el exacto cumplimiento de las leyes de los rieptos—, les señalaría las armas que habrían de llevar en la lid —que en principio eran lanza, espada, cuchillo, yelmo, loriga, brafoneras y escudo— y fijaría el día y lugar de celebración del riepto. Tras velar las armas durante la noche y llevada a cabo la pelea durante el día, si ninguno de los dos era vencido, pasarían la noche incomunicados y en idénticas condiciones, y al día siguiente con las mismas armas del día anterior lucharían de nuevo. Si el reptado lograba defenderse durante tres días sin ser vencido, debería ser creído y desreptado igual que si hubiera vencido. Las armas de los que hubiesen muerto en la lid quedaban en poder de los herederos, y las de los alevosos iban al mayordomo real [52].

En las Ordinaciones de la Casa Real de Aragón recopiladas por Pedro IV se pone de manifiesto la importancia que daban los reyes a las armas, al observar el extremo cuidado que ponían en mantenerlas en perfectas condiciones y en el hecho de hacerse acompañar de ellas a todas horas. Así, se dice que deberán ser

> guardadas y tenidas galanas, bellas y enteras;... para la guarda de nuestras armas sea elegido un hombre suficiente y leal... llamado Armero para que las guarde limpias y aderezadas... y si se ovieren de aderezar

---

[51] «Riepto es acusamiento que faze un fidalgo a otro por corte profaçandolo de la traycion, o del aleve que le fizo» Partida VII, Título III, Ley I.

[52] Partida VII, Título IV y Fuero Real Libro IV, Título XXV.

forzosamente en casa del oficial... que sea no en lugar público sino en secreto por cuanto no conviene a nuestra autoridad que aquellas cosas que son para el servicio de nuestra persona vayan así publicamente por diversas manos... y ordenamos que para el servicio de nuestra persona tenga... siempre aparejadas armas las más cumplidas y las mejores... en las cuales haya algunas secretas... y sea el Armero obligado a tener inventario y hacer notamiento por escrito cuando mandásemos dar algunas armas a algunos... Asimismo entregaran cada noche a los escuderos de nuestra Cámara cumplimiento de armas... las cuales pongan... junto a Nos por los peligros que... puedan acaecer... y los ugers que duerman delante de nuestra Cámara... tengan a la cabecera de su cama cumplimiento de armas, y traigan sempre espada y otras armas, así secretas como manifiestas.

ÁMBITO MUNICIPAL

Se vio ya, en el apartado de lo penal, que existía una prohibición general de llevar ciertas armas, pero esta prohibición y sobre todo las consecuencias de su ilícita utilización variaron mucho, como sucede hoy, según el lugar donde se llevaran o delinquiera con ellas; no era lo mismo herir en lugar sagrado que en la calle, sacarlas provocadoramente en plena reunión del concejo que en despoblado, matar a alguien en su propia casa que en el mercado.

A este respecto, el Fuero de Alcalá de Henares establece que estando el «conceio plegado», quien hiriera a un vecino o simplemente sacara un cuchillo, espada o arma prohibida, aunque no hiriera a nadie, deberá pagar una determinada multa. Lo mismo vienen a decir los Fueros de Ayala y de Brihuega («con gladio o con arma vedada»).

Los Fueros de Avellaneda y el Viejo de las Encartaciones de Vizcaya precisan que estando reunida la Junta o simplemente delante del bedor, o su teniente, de los alcaldes, del prestamero o del merino cuando estuvieren ejerciendo funciones judiciales, si a alguno se le ocurriera desenvainar su arma blanca amenazadoramente, el castigo sería cortarle el puño de la mano derecha, y si llegara a matar, sería condenado a muerte («muera por ello»).

Los textos jurídicos bajomedievales, al hablar de cuáles son los casos en que el rey participa del importe de las multas («de las calonnas en que a parte palacio») se hace referencia a cuando se saquen armas prohibidas en el concejo y en el mercado (Fueros de Huete, Teruel y Úbeda). Este último supuesto es muy importante, y por ello son muchos los textos jurídicos que castigan tal infracción [53], y ello es debido a que el mercado, que se celebra una vez a la semana, es una especie de institución mercantil, popular y local a la que acuden gentes de otras partes y en donde la paz pública no debe ser perturbada, y esta ruptura se produce por el simple hecho de llevar espada aun sin desenvainarla. En algún caso se advierte que nadie lleve lanza, azcona o espada si no es para venderla, y en este caso, se deberá llevar a donde se expenden los astiles, pues en otro caso, cualquiera podría quitársela sin pena alguna [54].

La noche fue siempre una circunstancia que facilitó la ocultación de la personalidad y resultó un medio muy apto para cometer toda clase de actos ilícitos. Por ello, a lo largo de estos capítulos se verá lo frecuente que son las prohibiciones de llevar armas durante la noche, si no se es autoridad o se cumplen determinados requisitos. Así, en las Ordenanzas Antiguas de la Imperial Ciudad de Toledo se puede leer que

> algunas personas... andan de noche... con armas vedadas firiendo y matando y rrobando los omes en las calles y furtando en las casas y haciendo otros maleficios... (y por ello se manda) no anden de noche de aqui adelante con armas vedadas sin traer consigo lumbre encendida por que se puedan conocer quien son [55].

El rey Enrique IV considera el caso de las ciudades y villas en que exista un castillo o fortaleza y en el que la autoridad local hubiera prohibido llevar armas, mandando que

---

[53] Fueros de León, Estella, Santiago de Compostela y Pontevedra, entre otros.
[54] Fuero de Salamanca.
[55] Sigue diciendo el texto: «En otra manera si lo assi non fisiere y cumpliere y fueren tomados despues de la campana del ave maria tañida de la iglesia mayor de Santa María que pierdan las armas que trogieren y sean puestos en la prision del rey... y si se quisieren defender de la justicia del rrey non queriendo darse a prision que los puedan matar la justicia y los que con ellos fueren sin pena alguna... e si la justicia oviere menester ayuda... salgan todos con sus armas...» Año de 1400, fol. CXXXIIII r.°., capítulo LXV, Archivo Secreto de Toledo.

tal vedamiento se guarde, y ninguno sea osado de las traer, aunque sea amigo, ó allegado de los dichos Castillos, y fortalezas, salvo aquellos, que fueren familiares, y continos commensales de los tales Alcaides, que pueden traer armas quando salieren con los dichos Alcaldes por la tal Ciudad, ó Villa, y no en otra manera [56].

Finalmente, hay que reseñar cómo algunas normas jurídicas locales establecen que el juez de la ciudad debe tener siempre («esté guisado») caballo y armas de fuste y hierro así como lorigas de cuerpo para los apellidos y cabalgadas que puedan tener lugar [57].

ÁMBITO CIVIL

De la lectura de ciertos textos jurídicos bajomedievales se puede fácilmente sacar la impresión de que existió en su redacción, a menudo muy sintética, un cierto confusionismo entre dos instituciones muy distintas como la prenda [58] y el embargo [59], e incluso entre la ejecución de una y de otra. Pero en todo caso, el hecho de que las armas no pudieran ser objeto de una u otra figura jurídica, pone claramente de manifiesto la importancia que las armas tenían para los que dirigían los destinos del país y elaboraban las leyes que lo regían.

Cuán no sería la estima que se tenía por las armas blancas en cuanto medio para asegurar la paz y el orden, y mantener la autoridad y la independencia nacional, que las leyes las equiparan al oro, la plata y las piedras preciosas, y lo mismo que para con éstas, se establece que no pueden ser objeto de prenda [60]. En este mismo sentido, el Ordenamiento de Alcalá manda que

[56]   En Toledo, año de 1462, recogida después en la Nueva Recopilación, Libro VI, Título VI, Ley VI.

[57]   Fueros de Córdoba y Lorca.

[58]   Contrato y derecho real por los cuales una cosa mueble se constituye en garantía de una obligación, con entrega de la posesión al acreedor y el derecho de éste para enajenarla en caso de incumplimiento y hacerse pago con lo obtenido.

[59]   Retención de bienes ordenada por la autoridad administrativa o judicial como consecuencia de una deuda, falta o delito, para asegurar el pago de aquélla o la responsabilidad contraída en virtud de éstos.

[60]   Fueros de Baeza, Béjar, Huete, Plasencia, Teruel, Úbeda y Zorita de los Canes.

los caualleros, è otros qualesquier de las nuestras Cibdades, è Villas, è logares, que mantovieren cauallos, è armas, que les non sean peyndrados los cauallos, è armas de sus cuerpos [61].

Dentro de las normas que rigen el embargo, el Fuero de Guipúzcoa es muy explícito cuando dice:

> Por la situación topográfica de esta Provincia fronteriza de la Francia, y la circunstancia de hallarse siempre armados los habitantes para acudir con prontitud a los llamamientos de guerra, no podrán bajo ningún concepto ser embargadas ni ejecutadas judicialmente las armas defensivas ú ofensivas que posean [62],

y algo muy semejante sucede en Vizcaya pues

> por deuda alguna que no descienda de delicto vel casi ellos no pueden ser presos ni las ...armas executadas [63].

En Aragón, Juan II establece prácticamente lo mismo:

> Querientes dar orden a la defensión del Regno, è a la conservacion, è multiplicacion de las armas... statuymos que armas offensivas, è defensivas de qualquiere natura sian, no puedan seyer por deudas algunas presas, emparadas ò executadas [64];

y, los Reyes Católicos en su célebre Pragmática de Tarazona [65] prohiben que las armas puedan ser vendidas, empeñadas, enajenadas o prestadas por más tiempo de diez días. En las Costums de Tortosa de 1294 se dice:

---

[61]   Título XVIII, Ley IV.

[62]   Cuaderno de Ordenanzas de 1583, Título XXV, Ley 1.ª.

[63]   Fueros privilegios franquezas y libertades de los Caballeros hijosdalgo del señorío de Vizcaya: confirmadas por el emperador y Rey nuestro señor y de los Reyes sus predecesores, Título XVI, Ley IV, fol. XXIII.

[64]   Fueros y observancias del Reyno de Aragón, 1667, Libro VII «De armis multiplicandis».

[65]   18 de septiembre de 1495. Ya en 1480 los Reyes Católicos en Toledo habían ordenado que a los hijosdalgo no les fueran quitadas las armas por deudas contraídas y no satisfechas (Ley 65).

Nadie debe ser preso ni detenido... por quinto que deba dar a la Señoría, ni serle emparados sus vestidos, armas...

y en el Libre de Ordinacions de la Villa de Castelló de la Plana de 1497 se insiste en que las armas no pueden ser tomadas como garantía de la devolución del dinero prestado. Finalmente, el Rey Sabio en el Ordenamiento de las Tafurerías confirma la prohibición de prestar moneda con la garantía de las armas, pues los caballeros y escuderos, además de que «prescian» mucho sus armas, si las cediesen, cuando «avrian menester de las armas, e non las podrian aver, e por esta razon acaescerian grandes travajos entre ellos».

ÁMBITO ECONÓMICO

Las armas blancas, para los que las apreciamos y nos interesamos por su origen, evolución histórica, aspecto externo, formas, materiales de que están hechas, utilización, ejemplares existentes en los museos y colecciones privadas, significado histórico, etc., son, sin duda, un objeto precioso, pero para los que las poseían y llevaban consigo, eran, además, un elemento imprescindible para salvaguardar aquello que estimaban digno de ser conservado, como, por ejemplo, la integridad de la patria. Por ello, no sólo se prohibió que las armas pudiesen ser objeto de prenda, embargo, préstamo o garantía, como se ha visto en el epígrafe inmediatamente anterior, sino que se impidió bajo graves penas la simple venta al exterior de las mismas. Así lo dicen los Fueros de Teruel, Béjar («ni cristiano, ni moro, ni iudio, non saque armas de fuste o de fierro de la villa a vender»), Huete, Plasencia, Zorita de los Canes y el Libre de Ordinacions de la Villa de Castelló.

Sin embargo, dadas las circunstancias de la época, en constante guerra con la media luna hasta finales del siglo XV, el hecho de llevar o vender armas a los enemigos de la Cristiandad, era claramente un delito todavía más grave y las penas impuestas más rigurosas. A este respecto, el Fuero de Cáceres establece que si alguien se encontrara con el culpable, puede quitarle y quedarse con todo lo que llevare, sin que ello sea latrocinio, es más, el fuero pide que se lleve al delincuente ante el juez para que le juzgue, y pierda además todo lo que posea. Lo mismo más o menos vienen a decir los Fueros de Baeza, Córdoba, Cuenca (que lo condena a ser despeñado), Lorca, Plasencia («enforquenle, ho peche C maravedís»), Teruel, Úbeda, Usagre, Zorita de los Canes, las Costums de Tortosa, Pedro I al reino de Murcia [66], Juan II en Illescas («y el que lo sacare, que lo pierda, y mas la hacienda que tuviere, y que lo maten por justicia») [67], los Reyes Católicos al confirmar las leyes preexistentes aplicables a los que llevaren armas a tierras de infieles [68] y cuando reiteran a las autoridades de Guipúzcoa, Vizcaya, las Encartaciones y tierras colindantes con Francia, a las de Aragón, Navarra, Portugal y Granada el embargo existente a la exportación de armas, autorizando a los tribunales a premiar a quien ayude a la supresión de este tráfico con la donación de las armas confiscadas [69].

Los Reyes Católicos, conscientes en todo momento de lo mucho que les estaba costando conseguir y consolidar la unidad de España, tuvieron firme y esmerado cuidado en evitar que la tan ansiada unidad territorial, política y religiosa se les resquebrajara, y por ello adoptan todas las medidas conducentes a evitar cualquier levantamiento interior o agresión externa, y en este sentido se promulgan leyes y se dan órdenes, como las que se acaban de ver y otras con idéntica intención. Así, en la Carta real patente enviada a las autoridades de Guipúzcoa y Vizcaya el 17 de noviembre de 1488 se dice cómo los reyes conocen que ciertas gentes de esas tierras «han sacado é sacan para fuera de estos nuestros Reynos é Señoríos... ballestas, é saetas, é lanzas, é corazas, é pabeses, é capacetes, é celadas, é baneras é otras armas contra el defendimiento que Nos tenemos mandado...» y prohiben la repetición de tales envíos [70]. Con fecha 13 de abril de 1487, la reina Isabel comunica a las autoridades de Arévalo, Valladolid, etc. —para que sirva de escarmiento— las sentencias de los condenados por vender armas al protugués Gonzalo Rosende [71]; seis años más tarde, los Reyes insisten a

---

[66] Sevilla, 2 de octubre de 1350, en Molina M., A.L., *op. cit.* p. 20.

[67] Pragmática de 15 de febrero de 1427.

[68] Toledo 1480, Ley 86.

[69] Toledo, 29 de mayo de 1480, Registro General del Sello, mayo 1480, fol. 243, Archivo General de Simancas.

[70] Registro General del Sello, noviembre 1488, fol. 213, Archivo General de Simancas.

[71] Concretamente son: a Juan de la Malla y su mujer 10.000 maravedís, a Diego de Ocejuela 10.000 maravedís, a Alvar García y su mujer 10.000 maravedís, a Pedro de Porras 10.000 maravedís, a Martín de Rusol 5.000 maravedís, a Alonso Argüello 10.000

las autoridades de los puertos de mar y de tierra de la provincia de Guipúzcoa para que impidan la salida de lanzas con sus hierros, astas de lanzas, capacetes, baveras, corazas y dardos [72]; y, finalmente, como una prueba más del espíritu religioso de estos Reyes, está el perdón de Viernes Santo otorgado a Fernando de Olid, vecino de Baeza, condenado por haber suministrado armas a los moros de Granada [73].

Los reyes Fernando e Isabel, dentro del ámbito de su política exterior, dieron, en diversas ocasiones, instrucciones concretas para estar bien provistos de las armas que les eran necesarias para los fines bélicos y poder de esta manera cumplir con los compromisos a que las alianzas internacionales les obligaban. Así, en 1480, piden a las autoridades de Vizcaya, Guipúzcoa, Oñate, Vitoria y Alava, que tengan astas, hierros de lanzas, paveses, etc., a los maestros que saben fabricarlas y a los mercaderes que las tienen que vender, que se les suministren a Diego de Soria, alcalde y regidor de Burgos, que tiene el encargo de pertrechar las fortalezas de Sicilia y una armada contra los turcos [74]. Ocho años más tarde, los Reyes Católicos mandan a las autoridades de Guipúzcoa y Vizcaya que soliciten de los maestros armeros la terminación del encargo hecho por Sancho Ibáñez de Mallea de lanzas, ballestas, saetas, corazas, capacetes, celadas, paveses, etc., destinados a la campaña de Sicilia, y pospongan otros trabajos que puedan tener contratados [75]; de la misma fecha, 7 de septiembre de 1489, son dos mandatos de los Reyes, uno a las autoridades de Sevilla para que atiendan cualquier petición de armas del rey de Portugal para la defensa de la isla Graciosa contra el rey de Fez [76], y otra por la que, pese a las prohibiciones existentes, se autoriza a Diego de Castillo, portugués, a llevar a su país, cua-

maravedís, hasta aquí todos vecinos de Valladolid, y a Alí Copete, moro vecino de Arévalo 10.000 maravedís; Registro General del Sello, abril 1487, fol. 169, Archivo General de Simancas.

[72]   Zaragoza, 11 de diciembre de 1493, Registro General del Sello, diciembre 1493, fol. 31, Archivo General de Simancas.

[73]   Cáceres, 28 de abril de 1479, Registro General del Sello, abril 1479, fol. 5, Archivo General de Simancas.

[74]   Medina del Campo, 16 de diciembre de 1480, Registro General del Sello, diciembre de 1480, fol. 131, Archivo General de Simancas.

[75]   Valladolid, 19 de noviembre de 1488, Registro General del Sello, noviembre de 1488, fol. 212, Archivo General de Simancas.

[76]   Registro General del Sello, septiembre de 1489, fol. 5, Archivo General de Simancas.

tro cargas de armas de la gineta [77]. Por lo que a provisión de armas se refiere, existe una última Carta de los Reyes Católicos, de 1494, en la que se encarga a Pedro de Hontañón, contino de casa, la compra de una serie de armas en el norte de España para pertrechar una armada que se está formando [78].

Por razones exclusivamente económicas, los reyes de España [79] tomaron una serie de medidas dirigidas a evitar el despilfarro y lujo inútil y, por ello, dentro siempre del mundo de las armas blancas, en la Nueva Recopilación, en su título XXIV se puede leer:

> Mandamos, i defendemos que ningun Platero, ni Dorador, ni otra persona alguna no sean ossados de dorar, ni doren ni plateen sobre hierro, ni sobre cobre ni latón espada, ni puñal... ni lo trayan de fuera de estos nuestros Reinos, salvo si lo truxeren de allende la mar de tierra de Moros,

condenando al reincidente por segunda vez a la pérdida de lo que hubiere dorado o plateado y de la mitad de sus bienes, siendo desterrado por el tiempo de un año. Algo muy semejante establecen los Fueros, observancias y actos de corte del reino de Aragón al decir que nadie podrá llevar espada, daga o puñal dorado, salvo que se trate de justas o torneos u otros ejercicios militares semejantes, como era costumbre hacer hasta entonces.

ÁMBITO PERSONAL

Al hablar de ámbito personal me estoy refiriendo, en este epígrafe y en los que siguen con el mismo nombre, a aquel sector social o núcleo de personas —el mundo estudiantil, la Mesta, los gitanos, clérigos, procuradores a Cortes, cazadores y monteros, judios, moros, artesanos, ex-

---

[77] Registro General del Sello, septiembre de 1489, fol 14, Archivo General de Simancas.

[78] Madrid, 3 de diciembre de 1494, Registro General del Sello, diciembre de 1494, fol. 361, Archivo General de Simancas.

[79] Juan II en Madrigal el año de 1458, los Reyes Católicos en Segovia, el 2 de septiembre de 1494, Carlos V en Valladolid el año 1523, en Madrid el año 1528 y en Segovia el año 1532, y, Felipe II en Toledo el año 1560.

tranjeros, etc.— que por su especial situación y circunstancias son objeto de una regulación especial. En este apartado se va a considerar brevemente tan sólo algunos aspectos de la normativa jurídica de la época sobre los clérigos, los judíos, los estudiantes y los pertenecientes a una de las órdenes militares.

Pedro de Albalate, arzobispo de Tarragona, dictó una sentencia arbitral a petición del obispo y cabildo de San Salvador de Zaragoza por una parte y del Zalmedina, baile y jurados de la misma ciudad por otra, sobre diversas cuestiones religiosas entre las que se establece que el obispo que tenga clérigos a su cargo, deberá tomar las medidas que estime necesarias para que éstos no salgan de noche con armas (o con violines u otros instrumentos), y que aquellos que contravinieren esta norma deberán ser castigados [80].

El deán Fernando Alonso, el cabildo compostelano, con consejo y asentimiento de las justicias y concejo de Santiago establecieron que el clérigo que después del toque de la campana fuese hallado de noche sin luz y con armas, sea detenido por las justicias y llevado al día siguiente ante el deán y el cabildo [81]. Los Reyes Católicos, en 1494, mandan al corregidor de Santander, Laredo, San Vicente de la Barquera, Castro Urdiales y merindad de Trasmiera que impida que los clérigos circulen armados por la vía pública [82]. Hay que reconocer, que esta disposición no responde tanto a que abundase entre los clérigos el afán de ir provistos de espada, puñal o daga, cuanto a la muy frecuente y conocida costumbre de los criminales comunes de buscar la inmunidad penal en el *status* de clérigo de corona.

El Libro de los Fueros de Castilla, de alrededor de 1250, en el título en el que se habla de la pena que tienen los judíos cuando se hieren unos a otros, se dice que la herida producida intencionadamente con arma blanca, deberá ser compensada con dos sueldos y medio; y, si el arma blanca se llevara en día de sábado, por el sólo hecho de llevarla tendrá que pagar 22 sueldos.

---

[80]   Tarragona, 1 de marzo de 1242, en A. Canellas López, *Colección diplomática del Concejo de Zaragoza*, Zaragoza, 1972, p. 167.
[81]   Hallábase a la sazón vacante la sede arzobispal, año de 1271, en A. López Ferreiro, *Fueros municipales de Santiago y su tierra*.
[82]   Madrid, 22 de octubre de 1494, Registro General del Sello, octubre de 1494, fol. 211, Archivo General de Simancas.

Por lo que al mundo estudiantil hace referencia, en los Estatutos de la Universidad de Lérida [83] se puede leer

> que si los escolares y sus continuos familiares... fueran encontrados... con armas dentro de los límites de los lugares que se han de señalar para que vivan en ellos en dicha ciudad, si fuera de día clérigo o laicos pierdan las armas... si de noche pierdan (también) las armas... y todos... paguen medio banno a la curia y a los paeres (concejales)... sin embargo si fueran encontrados fuera de los límites susodichos, de día o de noche, con armas... si fueran laicos... si clérigos incautadas las armas...

En el ámbito caballeresco y religioso de las órdenes militares, y concretamente en la de Montesa, Joseph F. O'Callaghan sacó a la luz un texto de 3 de noviembre de 1356, conservado en la R.A.H. [84] en el que entre las definiciones de Juan Núñez de Prado, maestre de Calatrava y Bernardino, abad de Valldigna, se establece que ningún freyle, dentro de la cerca del castillo, tenga espada ni cualquier otra arma prohibida, a lo más cuchillo para cortar, a excepción del subcomendador, que por tener la responsabilidad del castillo, a ciertas horas, puede llevar puñal o espada; y al freyle que yendo contra esta norma las llevare, le podrán ser quitadas por el subcomendador quien las depositará en la armería.

ÁMBITO FISCAL

En la Baja Edad Media, en la que existió una perfecta confusión entre lo que era la hacienda pública y lo que era la hacienda real, se fue haciendo cada vez más imprescindible contar con medios económicos suficientes con que atender a las necesidades propias de la institución real y su política, así como a las de la incipiente organización estatal. Las guerras contra los moros, las expediciones militares, la expansión mediterránea, el mantenimiento de la corte regia, el sostenimiento del personal de la naciente burocracia administrativa, las costosas em-

---

[83] *Designatio civitatis Illerdae pro studio generali totius regni Aragonum erigendo. an MCCC.*

[84] Colección de don Luis Salazar y Castro, 9/579, en *Las definiciones medievales de la Orden de Montesa* (1326-1468), Department of History, Fordham University, Bronx, Nueva York.

bajadas enviadas a los príncipes extranjeros, el mantenimiento de instituciones cuasimilitares, etc., obligaron a los reyes a imponer a sus súbditos ciertas exacciones, cada vez más elevadas, con que poder atender los crecientes gastos públicos.

La realidad es que no todos los súbditos contribuyeron siempre a las cargas de forma igual, pues el estamento nobiliario y el clero, con alguna excepción, estaban exentos de ellas. También lo estuvieron de muchos gravámenes ciertos grupos sociales como los caballeros «villanos» o «ciudadanos», los habitantes de territorios de nueva colonización, los «excusados» o «paniaguados» que vivían al amparo de la nobleza o el clero, con lo cual la obligación tributaria recayó mayoritariamente sobre la población libre, semiservil no sometida a ningún señor, de carácter fundamentalmente rural, y a la que se dio el nombre genérico de pechera, por venir obligada a pagar pechos (tributos).

Limitándonos ahora exclusivamente a aquellos aspectos fiscales que tienen relación directa con las armas blancas vemos como por ejemplo, el mantenimiento de éstas en ciertas circunstancias puede ser origen de exención. Así, el rey Pedro I, en Écija, el 16 de febrero de 1368, se dirige al concejo, alcaldes y hombres buenos de la ciudad de Murcia, accediendo a la petición que le fue formulada de que mantuviese el privilegio otorgado por el rey Sancho IV de que las viudas que mantuvieran caballos y armas durante todo el año, y tuvieran hijos menores de 16 años, quedaban excusadas de pagar moneda forera [85].

El impuesto de origen árabe sobre el valor de las ventas, la alcabala, que acabó generalizándose en España, gozaba de ciertas excepciones como en el caso de la compraventa de armas, y así, expresamente lo confirman los Reyes Católicos en Córdoba, al reaccionar frente a los correheros, buhoneros y tenderos que pretendían eludir el pago de la alcabala, afirmando que las cintas para armar ballestas, petrales, riendas, látigos y guarniciones constituían elementos del armamento, y los reyes argumentan que más próximos al concepto de armamento están las sillas de montar, los frenos y las espuelas, y sin embargo, no son a efectos tributarios, considerados como tales, pues la exención sólo abarca a las armas ofensivas y defensivas [86].

---

[85]   A.L. Molina M., *op. cit.*, p. 228.
[86]   8 de noviembre de 1491, Registro General del Sello, 1491, fol. 57.

También, desde los primeros tiempos existieron gravámenes sobre la fabricación de armas blancas, como lo demuestra un diploma de Jaime I de Aragón en el que al extender a la ciudad de Lérida el régimen económico vigente en Zaragoza, se dice que una tercera parte del impuesto por esta fabricación deberá ir a las arcas de la hacienda real y dos terceras partes a las de la ciudad, tal y como es costumbre, y ello aunque se produzcan quejas [87]. Efectivamente, al lado de los tipos habituales de impuestos o gravámenes de los que se proveía la real hacienda, existían otras fuentes, nada despreciables, procedentes de las penas pecuniarias impuestas por la comisión de delitos, que se han visto en este mismo capítulo —por violencia en las personas, lesiones, heridas, muertes, tenencia ilícita, contrabando, robo, rebelión, etc.— que frecuentemente se repartían entre el denunciante, el juez y la cámara real o el concejo municipal o algún otro destino específico como la construcción de los muros de la ciudad, del nuevo puente sobre el río, de una fuente, o de un hospital.

ÁMBITO RELIGIOSO

Como ya se vio en el capítulo I, la religión, la religión católica, durante la Baja Edad Media, no sólo constituyó un aspecto nuclear de la vida y de las creencias del hombre de estos siglos, sino que en la práctica cotidiana lo religioso tuvo también una indudable transcendencia. Así, existió la jurisdicción eclesiástica, que en virtud del privilegio del fuero, conocía de las causas civiles o criminales cuando el inculpado era un eclesiástico, familiar o doméstico de aquél; y, un tratamiento legal especial cuando el delincuente, huyendo, se refugiaba en algún edificio de la Iglesia.

Ejemplos de la influencia de la religión es el caso, que ya se recordó, de los Reyes Católicos que para conmemorar la fiesta de Viernes Santo, perdonan a Fernando de Olid el suministro de armas a los moros de Granada. Del subterfugio de «acogerse a sagrado» nos habla el Fuero Juzgo al decir que «Nengun omne non ose sacar por fuerza al que fuye a la eglesia, fueras ende si se defendier con armas», y si efec-

---

[87]   Zaragoza, a 3 de noviembre de 1255, en A. Canellas L., *op. cit.*

tivamente, hiciera uso de las armas y muriera en la pelea, el autor del homicidio «non face tuerto nenguno» [88].

Un ejemplo concreto de refugiarse en la autoridad eclesiástica podía ser el que se contiene en un expediente que se conserva en el Archivo de la Real Chancillería de Valladolid, que tiene su origen en el envío de doscientas tres espadas a Oporto por el espadero Juan de Sexas, vecino de Tuy, que cuando pretende llevar al culpable de que no le sean abonadas ante el alcalde mayor de Galicia, se acoge a la jerarquía religiosa [89].

ÁMBITO JUDICIAL

Aunque un tanto desligado del ámbito judicial propiamente dicho, hay que reseñar cómo ante la carencia de una fuerza pública o cuerpo de policía suficiente, la autoridad podía instar a la población para que acudiera con armas a perseguir y prender a los malhechores y someterlos a la justicia.

Así lo establece el Fuero de Ayala al decir que los alcaldes, el merino o su lugarteniente pueden requerir la ayuda de los vecinos para que vinieren con armas a ayudarles, so pena de que el que así no lo hiciese deberá pagar 120 maravedís; y el Fuero de Badajoz señala que si en esta persecución de delincuentes algún cuadrillero de la Hermandad perdiera el arma se le podrá ayudar a la compra de otra igual con tres maravedís de las arcas del concejo.

Si bien la norma general en los municipios de Santiago de Compostela era que los mayordomos no podían intervenir en los juicios sin que hubieran sido llamados previamente por el acusador, se exceptúan los casos de la querella originada por herida o muerte causada con «ferro molido» (arma blanca afilada), en que se podía proceder de oficio, e incluso por el simple hecho de desenvainar el cuchillo o puñal, tal y como establece el Fuero de Caldas de Reyes [90].

Durante la celebración de los juicios, las personas que llevaren consigo armas no podían tener acceso a la sala, y en el momento de la lec-

---

[88] III «Titol de los que fuyen a la eglesia», I y II.
[89] 24 de diciembre de 1498; Reales Ejecutorias, Carpeta 130, legajo 66.
[90] Otorgado por el arzobispo de Santiago, don Juan Arias, el 2 de enero de 1254.

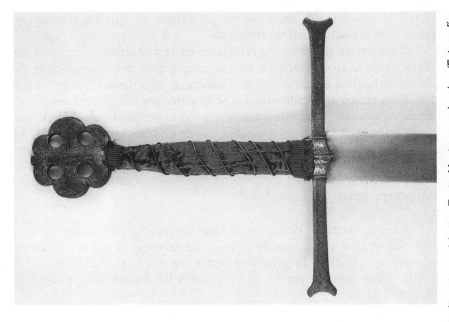

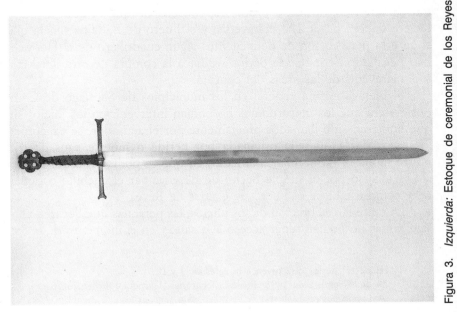

Figura 3. *Izquierda:* Estoque de ceremonial de los Reyes Católicos con el lema «Tanto Monta» en el arriaz (Fotografía cedida y autorizada por el Patrimonio Nacional). *Derecha:* Detalle.

tura de las sentencias, en el Reino de Aragón, el Justicia, su lugarteniente o cualquier oficial de la Diputación allí destinado podía prohibir
y desarmar a los que pretendieran ir contra tal prohibición [91].

Para concluir con el mundo jurisdiccional, es interesante observar
cómo Carlos V interviene en este ámbito, confirmando a las autoridades de Toledo la obligatoriedad de pago del importe de las costas judiciales a que han sido condenados el cuchillero Juan de Tortosa, el espadero Alonso de Portillo y otros varios artesanos más de Toledo, en
su infructuosa apelación contra la Sentencia del alcalde licenciado de
Briviesca de 12 de mayo de 1525 por robo a varios vecinos de Úbeda,
capitanes del ejército del Emperador, durante su estancia en Mascara-
que en tiempo de las comunidades [92].

ÁMBITO GREMIAL

No sólo el Estado, a través de sus órganos legislativos, puede dictar normas jurídicas sino también otros varios grupos sociales, si bien,
para que ello sea viable es preciso que exista una población sujeta y una
vía coactiva para exigir su cumplimiento. Pues bien, los gremios, en tanto que corporaciones profesionales constituídas por artesanos de una
localidad, dedicados a un oficio determinado y unidos con el fin de organizar y regular su propia actividad, dictaron sus propios estatutos plenamente obligatorios para todos los pertenecientes a los mismos.

Los gremios de dagueros, espaderos, puñaleros, armeros, y cuchilleros fueron naciendo a partir del siglo XIII, y se desarrollaron mucho
en los siglos posteriores, gozando de una gran fuerza social, pues la protección de su industria y la defensa de sus asociados fue su principal
razón de ser y existir.

Como aquí lo que esencialmente interesa es el aspecto jurídico de
estas precisas corporaciones, considero que se cumple plenamente con
este objetivo, relacionando las disposiciones más importantes reguladoras de los gremios que han quedado entre nosotros y que yo he podido
recoger, remitiendo al interesado en profundizar en estos temas a la am-

---

[91]   Carlos V en Zaragoza, 1528.
[92]   Toledo 19 de agosto de 1525, Registro General del Sello, agosto de 1525, sin
foliar, Archivo General de Simancas.

plia bibliografía que se recoge al final del estudio citado en la nota primera del capítulo I.

Hay que advertir que las normas que se citan seguidamente, como ocurre siempre con la documentación de siglos pasados, no se refieren unívocamente a los espaderos, dagueros, puñaleros y cuchilleros ni lo hace de forma exhaustiva, pues en ocasiones —las muy menos— sólo es un párrafo el que contiene un precepto jurídico directamente aplicable a estos artesanos, y en otros, la norma se refiere igualmente a otros oficios próximos, pues todavía no se habían deslindado bien los quehaceres, ni separado corporativamente las actividades, como ocurrió con los herreros, cerrajeros, armeros, freneros, doradores, vaineros, etc.

Aunque la actividad gremial sobrepasó en el tiempo los siglos que en este capítulo se consideran, por razones metodológicas me ha parecido más oportuno recoger aquí todas las normas que he localizado, sin que sea preciso volver a este ámbito en los capítulos siguientes.

Por orden cronológico están: Ordenanzas del gremio de cuchilleros de Barcelona de 12 de mayo de 1512; Ordenanzas del gremio de cuchilleros de Sevilla de 6 de septiembre de 1512, recopiladas en 1632; Ordenanza del Concejo de Carmona de 1525-1535; Ordenanzas del gremio de espaderos de Sevilla de 14 de febrero de 1527; Contenido de los exámenes de los espaderos de Toledo; Ordenanza de los espaderos de Salamanca de 7 de junio de 1538; Ordenanza de los asteros de Salamanca de 14 de junio de 1538; Ordenanza de los espaderos de Granada de 1552 reimpresa en 1670; Ordenanza de la Ciudad de Santiago de Guatemala (Guatemala) de 12 de marzo de 1565; Ordenanzas de los espaderos y cuchilleros de Málaga de 1611; Ordenanzas de cuchilleros de Pamplona anteriores a 1616; Ordenaciones de herreros, cerrajeros y armeros de Zaragoza años 1618 a 1803; Ordenanzas de los espaderos de Murcia de 1619; Providencias para el buen régimen de la Fábrica de Espadas de Toledo, anterior al 12 de junio de 1761, y Ordenanzas del gremio de cuchilleros de Solsona de 1770.

ÁMBITO INDUSTRIAL

Decía Alfonso X el Sabio que «Las armas, para ferir, que han de ser bien fechas, e fuertes e ligeras»[93]; realmente, no cabe decir más

---

[93] Partida II, Título XXI, Ley X.

en menos palabras de cómo deben ser las armas blancas, pues si no están bien construidas, son frágiles o pesan demasiado, no sirven para la lucha. Por ello existe en España un cierto recelo a las innovaciones procedentes de fuera como lo demuestra la Ley dictada por Enrique IV en Toledo, en 1462, cuando dice:

> los arneses que fueren traydos de fuera del reyno sean todos de una forma y hechura... ansi como se acostumbran traer a este reyno y no sea hecha mudança alguna en ellos y si algunos truxeren nuevas formas de armas, mandamos que las pierdan...

Existe también una legislación muy rigurosa que castiga muy duramente a aquellos que fabricaran armas expresamente prohibidas, así, el Fuero de Salamanca advierte a

> quien feçier cochiello con pico, si non de palmo entre mango e la cochiella... tomello quien quesier, e peche el coto,

y el Fuero de Guipúzcoa establece que

> ningun herrero ni operario suyo hara rallón (tipo especial de flecha de ballesta) ni otra arma de las prohibidas pena de incendiarle su casa si la tuviere: en caso de que no posea, será empozado hasta que muera [94].

Sin embargo, el que se tratase de conservar la tradición en cuanto a la forma de las armas blancas y se castigase severamente al daguero o puñalero que fabricase armas prohibidas, no significa que los reyes no deseasen que sus súbditos no estuviesen bien provistos de armas, pues los mismos Reyes Católicos en la Pragmática de Tarazona de 1495 insisten en que, en las provincias del norte de España, los fabricantes tradicionales de armas, «fagan muchas armas de fuste, i de hierro, i de acero» para que cada cual pueda comprar las que quiera. Íntimamente relacionado con este deseo real, está el castigo, que puede llegar a la pérdida de la mano, por el simple hecho de «desfacer» las armas.

---

[94]   Enrique III el 23 de marzo de 1397, Juan II el 23 de abril de 1453, Cuaderno de Ordenanzas Ley 46, Enrique IV y sus Comisarios el 13 de junio de 1463 y el Cuaderno de ordenanzas Ley 48.

Capítulo II

LOS SIGLOS XVI Y XVII

Tras la llegada de Colón, los hermanos Pinzón, Juan de la Cosa y 120 hombres más a Guanahaní, vino el descubrimiento y exploración de Cuba, Haití, el Darién, Veragua, Yucatán, el Estrecho de Magallanes, las Carolinas, el Orinoco, los Andes, etc. y la conquista de Méjico y el Perú, la primera circunvolución al mundo, la fundación de ciudades y la realización de tantas y tan grandes hazañas que con ellas se iniciaba un auténtico ensanchamiento de la geografía y de la historia de la humanidad. Con la presencia española en América vinieron las encomiendas indianas, la creación de la armada de Indias, del Consejo de Indias, la Casa de la Moneda en Indias, el Correo de Indias, etc. Todo aquello que hombres recios y valerosos soldados como Cortés, Pizarro, El Cano, Orellana, Cabeza de Vaca, Vázquez Coronado, Martínez de Irala, Hernando de Soto, Alvarado Benalcázar, Jiménez de Quesada, Valdivia y tantísimos otros habían conseguido, había que institucionalizarlo para que perdurara y fructificara, para que las tierras que iban desde el nordeste de Kansas hasta Buenos Aires y desde el Atlántico hasta el Pacífico, es decir un tercio de lo que son hoy los Estados Unidos, más Méjico, Yucatán, América Central, Colombia, Venezuela, Ecuador, Bolivia, Paraguay, Perú y Chile se incorporaran a la religión, cultura y civilización que entonces se estimaba como las verdaderas y superiores.

Los siglos XVI y XVII son los siglos de Cisneros, los reyes austrias, de Bartolomé de las Casas, de la Reforma y el Concilio de Trento, del Conde Duque de Olivares, de las guerras contra Francia, de las sublevaciones de los Países Bajos, de Lepanto, de la Gran Armada, las intervenciones de franceses e ingleses en las Indias, de la expulsión de los moriscos, y también de Garcilaso, Santa Teresa, San Juan de la

Cruz, Vives, Miguel Servet, el Siglo de Oro de la Literatura, Velázquez y Francisco de Vitoria, y su relación *De Indis*.

Dentro de este denso, rico y variado paisaje histórico vamos ahora a penetrar en los distintos ámbitos en que el arma blanca, desde la óptica legal, estuvo presente en uno y otro lado del Atlántico.

ÁMBITO PENAL

Si el *ius gladii ferendi* es el tema nuclear de este libro, la simple tenencia de armas blancas es, realmente, el eje central de aquél, porque, en definitiva, de lo que se trata es de conocer quienes podían llevar un arma blanca y en qué ocasiones, y quiénes no, y cuáles eran las consecuencias de su incumplimiento.

La cosa no parecía estar muy clara en los primeros años del siglo XVI, cuando el propio Carlos I, el año 23, confiesa que

> sobre el traer de las armas, i quitarlas, ai debates con las Justicias, i Alguaciles, i ai cohechos, i otros inconvenientes; por quitar esto: mandamos que cada uno... pueda traer una espada, i un puñal, excepto los nuevamente convertidos del Reino de Granada; con tanto que los que assi la truxeren, no puedan traer acompañamiento de armas de dos, ò tres personas, ni trayan las dichas armas en las mancebías, i que en la Corte no traya armas hombre de pie, ni mozos de espuelas [1].

Al año siguiente el rey confirma este criterio [2].

En consonancia con estas normas expuestas, Felipe II, en 1557, insiste en que se quiten las armas cuando se llevaren dobladas (duplicadas) excepto cuando se trate de espada y puñal o daga [3]; y Felipe III, más tarde, dispone que

> ninguna persona sea ossada de traer en esta corte armas dobladas: so pena que las aya perdido, y le claven la mano por ello: pero que puede traer una espada y un puñal, con tanto que no le traygan en la mancebía, ni otros lugares prohibidos [4].

---

[1]   Carlos I en Valladolid, año de 1523.
[2]   Burgos, 8 de abril de 1524.
[3]   Estella, Ordenanzas, leyes de visita y aranceles, pragmáticas, reparos de agravio et otras provisiones reales del reino de Navarra.
[4]   Pregón General para la gouernacion desta Corte, de 2 de abril de 1601.

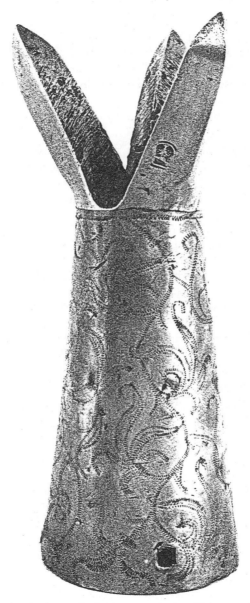

Figura 4. Punta de lanza jostrada para justa. Siglo XVI (Fotografía cedida y autorizada por el Patrimonio Nacional).

Naturalmente, como siempre sucede, dada la complejidad de la vida humana, existen algunas excepciones a este principio de poder llevar espada y puñal. Este es el caso de llevar armas durante la noche, dado que después de tocada la campana de queda, nadie podía ir con armas, salvo los que llevaren hacha encendida, linterna, candela o madrugasen para ir a trabajar [5]. A este respecto, es curiosa la ordenanza de Logroño que prohibe quitar las espadas y los puñales de noche durante la época de la vendimia [6]. Otro caso es el de Toledo, ciudad en la que Felipe II, en 1572, se dirige a las autoridades de esta ciudad haciéndose eco de las denuncias recibidas y ordenando que para evitar peleas, escándalos y otros deservicios, nadie lleve armas por la ciudad salvo cuando fuese acompañando a los agentes de la autoridad [7].

Con Felipe II se inicia un criterio legal que va a ser seguido después por los reyes que le sucedieron, que esencialmente consiste en permitir que se pueda llevar puñal, daga o cuchillo —armas blancas cortas fácilmente ocultables— a condición de que se lleve otra arma blanca larga (generalmente la espada). La razón es sencilla: si una persona lleva un arma blanca corta, los demás, aun próximos físicamente a él, pueden ignorarlo y, en su caso, verse sorprendidos por una mala acción de éste; si lo que se lleva es una espada, ésta por su tamaño, no se puede ocultar, y esta circunstancia alerta a los demás de su especial situación; entonces, es prácticamente igual que además lleve otra arma blanca corta, como cuchillo, daga o puñal. Pues bien, en esta línea de pensamiento, el rey Prudente, dispone que ninguna persona cualquiera que ella fuere «no pueda traer ni traiga daga, ni puñal, si no fuese trayendo espada juntamente» [8]. Este mismo criterio es seguido por Felipe III, que prescribe que «nadie puede traer daga sin espada so la pena de la ley» [9], y diez años más tarde, que «ninguna persona pueda traer cuchillo suel-

---

[5]   Carlos I en Toledo el año 1525, y en Madrid en 1534.
[6]   *Hordenanças de la çiudad de Logroño echas y confirmadas por la justiçia y rregimiento della*. Año 1607. La misma disposición se encuentra en las Ordenanzas de Logroño de 1676.
[7]   Madrid, 16 de octubre de 1572. Archivo Municipal de Toledo.
[8]   Madrid, 1566; Nueva Recopilación. Libro VI, Título VI, Ley X.
[9]   *Pregón General para la gouernacion desta Corte*, de 2 de abril de 1601.

to» so pena de 10.000 maravedís [10]. En tiempos de Felipe IV, referido al reino de Valencia, y por su capitán general, el Marqués de los Vélez, se dispone que nadie «gose portar daga sens espasa» [11].

Hasta aquí se ha visto la permisividad o no de las armas blancas típicas y tradicionales más frecuentemente usadas en España, pero existen otras normas que nos hablan de armas blancas especiales o con formas y trazados en su hoja que las hacen objeto de un tratamiento legal bien distinto.

Las armas blancas tuvieron siempre unas normas de construcción tradicionalmente aceptadas, que las hacía aptas para el fin propuesto; salirse de ellas suponía quebrantar estas normas convencionales y, con frecuencia, aumentar la capacidad agresiva y damnificadora de las mismas en determinadas ocasiones, que desde luego no eran las bélicas. Por ello, Felipe II en 1564 ordena que nadie ose llevar espada, verdugo o estoque «de más de cinco quartas de vara de cuchilla en largo» [12]. Este criterio es confirmado un año más tarde cuando el Rey contesta a la petición formulada por los representantes del pueblo navarro reunidos en Tudela, especificando que las medidas de las que no se pueden exceder los espaderos son cinco cuartas y media ochava de Navarra.

Referidas al reino de Valencia, existe una serie de normas de gran interés al respecto, como la de 1586, en la que se dispone que ninguna persona puede llevar espadas largas, ni estrechas, ni cualesquiera otras que no tengan la punta plana, como las comunes —se prohibe expresamente las de punta cuadrada—, ni tampoco otras espadas que llaman «hondades» o afiladas al revés o sin mesas, bajo las penas que se especifican, con la obligación de romperlas inmediatamente de ser aprehendidas, y haciendo extensiva esta prohibición a los espaderos y a toda persona que tuviera licencia sea cual sea ésta, así como a las autoridades para poder concederlas [13]. Otra disposición semejante es la de 14

---

[10]   Pragmática de Felipe III, dada en Madrid, el 7 de abril de 1611.

[11]   Real Crida y Edicte sobre les coses concernents al be comu de la present Ciutat y Regne de Valencia... por don Luys Faxardo de Requesens y Zúñiga, el 14 de febrero de 1628.

[12]   Madrid; Novísima Recopilación, Libro XII, Título XIX, Ley III.

[13]   Real Crida y Edicte, sobre les coses concernents a la pacificacio de la present ciutat... por don Francisco de Moncada, conde de Aytona... y capitán general del Reino de Valencia, a 21 de marzo de 1586. La mayor parte de estas disposiciones se encontraban ya en la Real Crida y edicte sobre la delacio de les armes, e altres coses... pro-

de diciembre de 1602, por la que se prohibe llevar espadas largas y estrechas de más de cuatro palmos y siete dedos de hoja, o tenerlas en el propio domicilio o en cualquier otra parte, ya sea pública ya oculta, añadiendo a continuación que nadie las puede «fer, adobar ni guarnir» [14]. Por idénticas razones —ser «molt perjudicials y dañoses a la cosa publica, y no aptes peral exercici de la guerra»— la Real Crida de 8 de mayo de 1619 repite casi al pie de la letra lo dispuesto en la de 1602, y agrega que esas espadas que pareciendo de tamaño normal, al primer golpe («coltellada») se alargan un palmo o incluso más, quedan igualmente prohibidas con las penas de: siendo plebeyo, cincuenta libras y tres años de galeras, y si militar, cincuenta libras y tres años de servicio en Orán [15]. La Real Crida de 14 de febrero de 1628 insiste en la prohibición de espadas sobredimensionadas en su longitud y alargables al accionarlas [16].

Otro aspecto del arma blanca que fue objeto de inquietud popular y de los gobernantes y de tratamiento distinto y más riguroso por el legislador, es el de la forma de la punta de la hoja. En este sentido existe una petición en las Cortes de Valladolid de 1555 en la que se suplica al Rey que nadie pueda llevar espada que tenga en la punta «punçon ni alesna ni otro genero de puntas que agora nuevamente se ha inventado y començado a hazer en Toledo», a lo que Felipe II contesta, sin embargo, diciendo que «no conviene hazer novedad» [17]. Pero la Pragmática de 1584 prescribe que ni de día ni de noche, ni pública ni ocultamente, se puede poseer dagas o puñales con punta en forma de grano de ordio (cebada) o de diamante o de aguja, ni puñales, ganivetes, espadas, estoques o cualquier otra arma con punta semejante a la de las agujas esparteras que por su hechura y formato se ve con claridad que han sido fabricadas para «dañar o matar a sus proximos, y no para el

mulgada por don Vespasiano Gonzaga Colona, capitán general del Reino de Valencia, el 28 de junio de 1575 y en la de igual título dictada por el conde de Aytona, el 24 de julio de 1581.

[14] Pragmática Real concernent la pacificacio, y bon govern de la present ciutat, y Regne... por don Juan de Ribera, arzobispo de Valencia y capitán general del reino de Valencia.

[15] Por Don Antonio Pimentel, marqués de Tavara, capitán general del Reino de Valencia.

[16] *Vid.* Nota 11.

[17] Petición LXVIII.

servicio necessario», castigando al culpable con penas que pueden ir hasta «servir en nuestras Galeras por todo el tiempo de su vida inclusive *usque ad mortem*», y en las mismas penas incurren quienes fabriquen tales armas, pues ellas son «reprovadas, proditorias, falsas e inutiles para la guerra» [18].

El estoque, ese arma angosta y larga, generalmente de sección cuadrangular, muy aguzada en el extremo, que sólo hiere de punta, será en estos siglos objeto de muy frecuente regulación, siendo la disposición más antigua que he podido localizar la de 1562, en la que el Consejo de Castilla contesta a una consulta que le fue formulada, diciendo que nadie podrá llevar estoque so pena de perderlo además de pagar de multa 20.000 maravedís y estar un año desterrado si era «hombre de calidad», porque si era de «baxa esfera» incurría en pena de vergüenza, 30 días de prisión y tres años de destierro [19]. Felipe IV vuelve a insistir en su prohibición cuando condena la tenencia y fabricación de «espadas con vaynas abiertas con agujas, ú otros modos o invencion para desenvaynarlas mas ligeramente, ni estoques, verdugos buidos (acanalados) de marca o mayores que ella» [20].

La citada Real Crida del reino de Valencia de 14 de febrero de 1628 recoge una muy interesante serie de disposiciones por las que se prohibe un conjunto de armas *sui generis* —que hoy hacen las delicias de los coleccionistas— como, por ejemplo, las espadas de hoja cuadrada en sus dos primeros tercios aunque luego terminen en solo dos filos, o en «fulla de olivera» (hoja de oliva) o en cualquier otra forma; los puñales de Chelva, los llamados terciados, machinets, alfanjes, medias espadas, espadillas del Moro, cuchillos y puñales triangulares, si bien se aclara que no están incluidos en la prohibición los puñales y dagas normales permitidos, tanto si se va montando a caballo como si se va sin capa. En cuanto a las espadas, se ordena que nadie tenga la osadía de salir a la calle con espada sin vaina, sin mesas, abierta o sin contera, bajo pena de multa y pérdida del arma.

---

[18] Real Pragmatica feta per la S.C.R. Magestat del Senyor Rey Don Phelip Segon... por don Juan de Ribera, arzobispo de Valencia y capitán general del reino de Valencia, de 21 de enero de 1584.

[19] Auto del Consejo de 27 de junio de 1562.

[20] Ley de 28 de septiembre de 1654; Novísima Recopilación, Libro XII, Título XIX, Ley VII.

Finalmente, dentro de este apartado relativo a las armas blancas *sui generis* hay que destacar la Real Crida de 1665 en la que después de recordar las medidas y formas de los puñales y dagas permitidas por la ley, condena y prohibe las fabricadas de forma distinta, calificándolas de maliciosas, adulteradas, desviadas y malignas, y ello tanto si tienen forma triangular como cuadrada, pues sus heridas son generalmente incurables y han sido concebidas «mas para dañar al proximo que para defensa propia y fabricadas maliciosamente adulterando las de la usanza» [21].

Figura 5.   Rebelión y cerco de los indios contra los españoles. Códice Durán. Méjico, siglo XVI (Biblioteca Nacional).

No obstante estas normas legales prohibitivas, perfectamente claras y contundentes, siempre quedaba algún resquicio por el que poder escaparse, siendo los más frecuentes, el alegar que se era descendiente de personas autorizadas a llevar ciertas armas prohibidas, aducir razones imperiosas de autodefensa o mediante favores prestados incluso a la misma Inquisición. Así, los procuradores en las Cortes de Valladolid de 1558 informan a S.M. que muchas personas obtienen cédulas firmadas por el mismo Emperador, por su hijo el príncipe Felipe y por la

---

[21]   Real Crida Sancio, y Pragmatica, ab la qual se dona forma en la fabrica, hechura, y permisió dels Puñals, y Dagues de la usansa ab extincciò, y prohibiciò de altros de calitat reprobada, Valencia a 27 de marzo de 1665.

Santa Inquisición alegando que son familiares de ésta, o que precisan de estas licencias por sentirse en peligro al haber sido seriamente amenazados —ellos se autocalificaban de «enemistados»—, pero que en realidad se trata, muy al contrario, de «hombres moços bulliciosos o gentes de poca arte...», y por ello se pide que se les quiten las armas que llevaren después del toque de queda pues «a tal hora el que tiene enemigos estará mejor en su casa que no por las calles, ni en otros deshonestos lugares» y que no se tolere llevar más que una espada y un puñal y ello de día; a todo lo cual el Emperador promete proveer conforme con lo pedido [22].

Algo semejante sucedió con los inquisidores de Cremona, que denunciados al rey Felipe II por el Condestable de Castilla, Gobernador y Capitán General, de los abusos por ellos cometidos, al dar aquéllos licencias a muchas gentes para llevar armas, con el exclusivo fin de atraérselas a su favor; el monarca reacciona afirmando que de ninguna manera se consienta este abuso, y ordena a los inquisidores que se abstengan en absoluto de conceder licencias de armas, actuando en igualdad de condiciones que lo hacen los inquisidores de Milán y Parma [23].

En los siglos XVI y XVII que estamos considerando en este capítulo, al igual que sucedió en la Baja Edad Media, se condena severamente a quien eche mano a la espada o desenvaine un arma con actitud amenazadora. Ello era perfectamente natural, pues el mantenimiento del orden público fue siempre condición indispensable para el logro de la paz, la seguridad, la convivencia e incluso el progreso. Lo que sucedía es que los españoles de entonces, que eran hombres recios, valerosos y valientes, eran también excesivamente orgullosos, violentos y altivos, y de ahí al enfrentamiento físico no había más que un paso. A título de ejemplo baste recordar algunas disposiciones penales como una de 1586 en que se dice que cuando se mueva alguna disputa, el primero de los allí presentes, que saque el arma, la pierda [24]; el Pregón General para la governación desta Corte de 2 de abril de 1601, en el que se advierte que ninguno sea osado de echar mano a las armas so pena de que le corten las manos, y si llegara a herir, «muera por ello»; la ley

---

[22] Petición CVIII; Pragmática de las armas de 1566, fol. XII v.°.
[23] Licencia que dan los inquisidores de Milán, III, San Lorenzo, 2 de octubre de 1593.
[24] Real Crida y Edicte de 21 de marzo de 1586, *Vid*. Nota 13.

de 1565 referida al criado que «echare mano a la espada o tomare armas contra su señor» [25]; la pragmática de 1602 en la que se castiga a los que hirieran de estocada con espada prohibida (de más de cuatro palmos y siete dedos de hoja) y si el herido llegase a morir la pena, atendida la calidad del homicida y las circunstancias del caso, podría, a juicio del Capitán General y del Real Consejo, llegar hasta la condena a muerte («fins a mort natural») [26].

ÁMBITO MILITAR

En puridad de técnica terminológica no cabe hablar a principios del siglo XVI de estamento militar, pues el ejército con la estructura, organización, profesionalidad y permanencia con que hoy lo concebimos, no existía entonces. Durante los siglos anteriores habían aparecido distintas formas de organizarse para atacar y defenderse de un enemigo común, así la hueste o cavalgada, el apellido, las compañías de almogávares, las tropas de acostamientos, la Santa Hermandad, las Guardias Viejas de Castilla, etc., pero estas organizaciones no eran, insisto, un ejército, y sus jefes no constituían una clase social reconocida como tal.

Existe una institución que, si bien nace inmediatamente antes del siglo que contemplamos, tiene una prolongada vida y una trascedencia que la hacen acreedora de su estudio; me refiero a los Caballeros Quantiosos o de Quantía.

Los Reyes Católicos don Fernando y doña Isabel, conscientes de la necesidad de mantener seguro el recién conquistado Reino de Granada, mandan para el conjunto de Andalucía, que todos aquellos que tuvieran una hacienda valorable en más de 100.000 maravedís tengan y mantengan continuamente armas y caballo en condiciones aptas para guerrear tan pronto sean requeridos para ello por la Corona. Se ordena que hagan tres alardes al año en presencia de la autoridad, y que aquellos que estando obligados a ello no concurriesen al mismo en las debidas condiciones, sean castigados [27].

---

[25] Pragmática de Felipe II dada en Madrid, el 25 de noviembre de 1565.
[26] Pragmática Real de 14 de diciembre de 1602, *Vid.* Nota 14 y Real Crida de 8 de mayo de 1619, *Vid.* Nota 15.
[27] Pragmática de los Reyes Católicos de 20 de julio de 1492 dada en Valladolid.

No se menciona en este preciso texto de los Reyes Católicos el tipo de arma blanca que los caballeros quantiosos deberían tener, pero por las leyes dadas en estos mismos años por estos monarcas, se deduce que —contemplando siempre y únicamente las armas blancas— eran la espada, el puñal y la lanza, pues éstas son las que se mencionan en los capítulos II, III y IV de la célebre Pragmática de 1495, al referirse a las armas que deben tener «los más principales i mas ricos», «los hombres de mediano estado» y «los demás que fueren de menor estado» [28].

El rey Felipe II extiende la institución de los Caballeros Quantiosos al reino de Murcia, modificando y matizando determinados aspectos [29]. Así, en lo relativo a la quantía, la eleva a 1.000 ducados de oro (375.000 maravedís) [30], ordenando que en la valoración «entren todos los bienes muebles, i raices, i semovientes, juros, censos, i rentas, dineros, tratos, i caudales, que los dichos vecinos tuvieren». Así mismo se establece que si algún caballero de quantía viniese a menos sin disminuir su hacienda más de 100.000 maravedís, no por ello perderá su condición y obligaciones; sin embargo, si su empobrecimiento real superare esa cifra, deberá ser borrado del libro-registro de caballeros que deberá existir en poder del escribano del concejo. A fin de que los altibajos de fortuna tengan el debido reflejo en la práctica, se deberán hacer evaluaciones económicas cada cuatro años, con su correspondiente inclusión o exclusión del libro que será firmado también por el justicia y regidor del lugar [31].

En las Cortes de Madrid de 1567 los procuradores de Andalucía y Murcia piden al rey Felipe II que la normativa relativa a los caballeros de quantía no se haga extensiva a los hijosdalgo, veinticuatros, regidores, jurados, oficiales de los ayuntamientos, letrados, médicos y hombres de más de sesenta años; y, que la tasa sea de 4.000 ducados, dado que cualquier viña u olivar vale hoy 1.000 ducados, y el que no posea

---

[28] Pragmática de los Reyes Católicos de 18 de septiembre de 1495 dada en Tarazona.

[29] Pragmática de Felipe II de 17 de junio de 1563 dada en Madrid.

[30] Posteriormente Felipe III, por una Pragmática de 25 de octubre de 1600 dada en el Pardo, duplicará esta cantidad.

[31] La reina doña Juana y el emperador Carlos V el año 1542, en Monzón, insisten en la necesidad de que existan estos libros en el concejo de cada pueblo, pues algunos pretenden excusarse de ciertas obligaciones fiscales afirmando pertenecer a la Caballería.

otra cosa, le resulta gravemente difícil mantener su persona, mujer e hijos y además sustentar caballo y armas para la guerra; a todo ello el Rey contesta diciendo que proveerá a fin de que «cesen los agravios e inconvenientes que referís» [32].

En el capítulo IV de la Pragmática de 17 de junio de 1563 se establece

> que las armas sean enteras [33] para pelear, quedando a elección de los dichos Cavalleros Quantiosos tener armas de la gineta, ú de la brida, qual ellos mas quisieren.

Ello no obstante, en las Cortes de Valladolid de 1601, a fin de evitar y aclarar las dudas que pudieran existir sobre qué armas eran las que había que llevar a los alardes, se pide que puedan ser las siguientes:

> silla gineta, lança, adarga, cota, coraça con mangas de malla, casco o morrión y espuelas de pico de gorrion, o hasta, o carruchuela;

a lo que el rey responde que lo estudiará y decidirá [34].

El mismo rey Felipe II, consciente de que la pena impuesta por no acudir con armas a los alardes o acudir con armas defectuosas, es insuficiente para el cumplimiento de esta obligación, eleva la pena a

> 10.000 maravedís, i cinquenta dias de prisión en la carcel pública, i que se execute sin embargo de qualquier apelacion, i suplicacion, que interpusieren, i que esta pena se entienda con los que no cumplieren en todo, ó en parte lo contenido en las dichas leyes [35].

La importancia de los alardes como instrumento imprescindible para garantizar unas condiciones mínimas de seguridad ante el eventual ataque enemigo, se ponen de manifiesto en el capítulo X de la citada Pragmática de los Reyes Católicos de 18 de septiembre de 1495, en la

---

[32]   Petición XVIII, Quaderno de algunas leyes que no estan en el libro de las pragmáticas, p. 487 (496).
[33]   Cabales, cumplidas, sin falta alguna.
[34]   Pragmáticas que han salido este año de 1598 publicadas en 24 días del mes de Julio del dicho año, Capítulo 9, p. 4 v.°.
[35]   Pragmática de Felipe II de 31 de diciembre de 1564 dada en Aranjuez.

que por interés de su contenido y lo elocuente de sus palabras vale la pena repetir textualmente algunas de sus disposiciones:

> Que en cada año en cada una Ciudad, Villa, ò Lugar, que sea de cien vecinos, ò dende arriba, se faga alarde dos veces en el año ante los Alcaldes Ordinarios i los Alcaldes de la Hermandad de tal Lugar, la una vez el postrimer Domingo del mes de Marzo, i la otra vez el postrimer Domingo del mes de Septiembre en presencia de los Alcaldes, i Jueces de los tales Lugares, i cada uno de los dichos alardes se ponga por escripto por ante Escrivano público, i si no le oviere, que sea ante el Clerigo; i el Lugar, que fuere de menor numero que el susodicho, está dicho que se junte en el Lugar mas cercano, i fagan juntamente el dicho alarde una vez en un Lugar, otra vez en el otro.

Años más tarde, en las cortes celebradas en la ciudad de Segovia, los procuradores expusieron a la emperatriz Isabel la necesidad de que los alardes siguieran efectuándose. A ello respondió:

> que las leyes de nuestros Reynos que sobre esto disponen, y lo por nos mandado se guarde y effectue, y que los nuestros corregidores y justicias tengan especial cuydado de lo mandar, guardar, y executar [36].

El rey Carlos II, por Real Carta de 1692 [37], dirigida al Capitán General del reino de Valencia, expresa su voluntad de que sean dos los alardes que se deben hacer anualmente, añadiendo uno a lo propuesto y en día que «pareciere menos embaraçoso para los vezinos» ...«ademas de los exercicios en que se deveran emplear los dias de Fiesta para su habilitacion y disciplina».

El tema de la tenencia de armas ha sido siempre, como no podía ser de otra manera, objeto de atenta consideración y regulación por el poder público, incluso cuando esta tenencia tenía en principio una finalidad bélica. Así, la reina Doña Juana y su hijo don Carlos autorizan en 1518 al corregidor de Madrid para que las armas que con el dinero de los madrileños se habían comprado y repartido para la expedición a

---

[36]   Cortes de Segovia del año 1532. Petición CIIII.
[37]   Dada en Madrid el 26 de marzo y dirigida al Marqués de Castel Rodrigo.

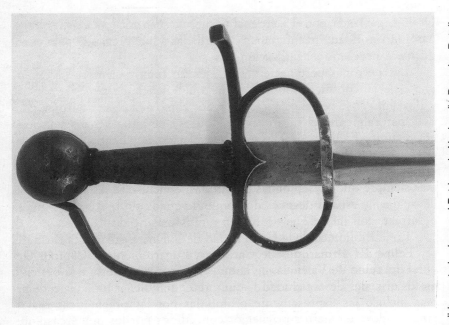

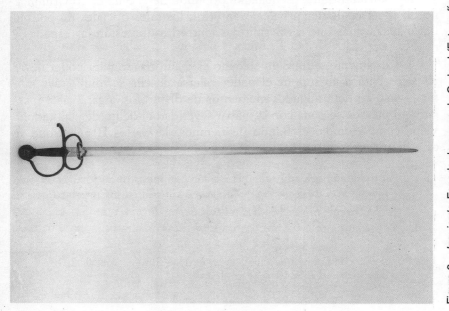

Figura 6. *Izquierda:* Espada de armas de Carlos I (Fotografía cedida y autorizada por el Patrimonio Nacional). *Derecha: Detalle.*

Orán, organizada por el Cardenal Cisneros, sean recuperadas, entregadas a la autoridad, inventariadas y guardadas a buen recaudo para cuando fuere necesario su utilización [38].

Las personas pertenecientes al ejército fueron siempre objeto de una especial consideración por lo que a la tenencia de armas se refiere, y ello tanto si se pertenecía a los mandos como a la clase de tropa, aunque, naturalmente, el tipo de armas que se permitía a unos y a otros era distinto. Ejemplo de ello es lo establecido por Felipe III con relación a los soldados de la milicia general, a quienes les permite tener y llevar en el lugar donde estuvieran destinados cualesquiera clase de armas siempre que fuesen de las permitidas, e incluso se les autoriza para llevar daga y espada después del toque de queda sin que se les pudiera desarmar, con tal de que no fueren juntos más de dos [39].

En la Biblioteca de la Universidad de Valencia existe una carta del rey Felipe III al marqués de Caracena, Lugarteniente y Capitán General del reino de Valencia, en la que el monarca contesta a la petición de los oficiales de esa ciudad —que pretendían llevar toda clase de armas incluso las expresamente prohibidas por las pragmáticas reales, amparándose en ciertos privilegios concedidos por los monarcas anteriores— diciendo que, escuchada la opinión de la Sala de lo Criminal, no obstante cualquier privilegio anterior, los tales oficiales no podrán llevar mas armas que las permitidas, entre las que están las espadas y dagas [40].

Naturalmente, el que un soldado esté autorizado para poder llevar un arma blanca no supone el poder valerse de ella sin muy grave motivo, y así, en determinados momentos de disturbios, algarabías e inseguridad pública se pena con la mayor severidad el delito de esta índole. Valga como ejemplo el Bando de tiempos de Carlos II en el que se dice, entre otras cosas,

> que ningún soldado saque la espada con ministro de Justicia, ni otro ningun vezino, ò persona con vara, ò sin ella en los terminos que se ha excedido estos días, pena de la vida [41].

---

[38] Provisión de Carlos I de 6 de febrero de 1518 dada en Valladolid.
[39] Pragmática de Felipe III de 7 de abril de 1611.
[40] El Pardo, 25 de noviembre de 1614.
[41] Bando de Carlos II de 7 de agosto de 1670.

El ascenso a los rangos superiores del ejército, e incluso la pertenencia en calidad de oficial a determinados cuerpos, exigió en tiempos pasados superar ciertas pruebas sociales (limpieza de sangre, pertenencia a la nobleza, etc.) a la par que gozar de algunos privilegios de que son buen ejemplo el que los artilleros no podían ser hechos presos ni embargados sus bienes y armas, y sí podían llevar armas ofensivas y defensivas en lugares prohibidos, tocada la campana de queda [42].

Un siglo más tarde, cuando en el reino de Valencia se forma un nuevo batallón con el nombre de Milicia efectiva de la Custodia del Reyno se dice, refiriéndose a la Infantería, que

> los oficiales de dichos tercios y todos los soldados... pueden traher, sin incurrir en pena alguna, a todas horas, y tiempos, dagas y puñales, de los permitidos por Reales Pragmáticas, con espada, y sin ella... y otras cualesquiera armas defensivas.

Y en el parágrafo siguiente añade que

> ninguno de los contenidos en el presente Capítulo, assi Oficiales, como Soldados, puedan ser executados por deudas contrahidas despues de estar alistados en esta Milicia, en sus armas... [43].

En relación a la Caballería, esta misma Pragmática —parágrafo 51— manda que los capitanes, tenientes y alféreces, cabos y soldados, han de ir armados, aparte de con otras armas, según su rango, con espadas.

Una prueba más de la inexistencia en estos siglos de un auténtico ejército debidamente asentado y estratégicamente distribuido para defender el territorio patrio son las súplicas que se elevan a los reyes para que autoricen la tenencia de armas en determinadas regiones. Así, en 1548, con ocasión de las cortes celebradas en Valladolid, se pide al Emperador permita que en Galicia, a lo largo de dos o tres leguas de la costa y puertos, se pueda tener toda clase de armas, pues según afirman,

[42]   Cédula de Felipe II de 6 de mayo de 1595.
[43]   Real Pragmática Saccion para que en este Reyno de Valencia se forme un nuevo Batallón, con nombre de la Milicia efectiva de la Custodia del Reyno, de número de 6000 hombres de Infantería, 1300 Cavallos suprimiendo, y extinguiendo todos los antiguos, dada en Valencia el 28 de abril de 1692.

los del reyno de Portugal y assi mismo las armadas que vienen por mar de reynos extraños entran por las tierras de V.M. y prenden gentes, y roban ganados y todo lo que pueden [44].

El rey Prudente, consciente de la fogosidad de sus súbditos y de las consecuencias negativas que ello pudiese acarrear, no accede a la Petición de Cortes de 1558, en la que los procuradores solicitaban que en todos los lugares próximos a África, en una faja de diez leguas de ancha, se pudiera tener, y ejercitarse en ellas, armas ofensivas y defensivas [45].

ÁMBITO CABALLERESCO

En el capítulo II, al hablar del ámbito caballeresco, se vio cómo la nobleza gozaba de ciertos privilegios y ventajas gracias a una costumbre inveterada y a una tradición legal. Este tratamiento jurídico especial va a continuar durante los siglos XVI y XVII e incluso después, pues aunque con ciertos matices y altibajos seguirá plenamente eficaz hasta principios del siglo XIX, como se verá más adelante.

Dentro de este tratamiento privilegiado, al igual que en los siglos anteriores, a los hijosdalgo no se les podía embargar sus armas por deudas contraídas y no abonadas. Las leyes de Navarra siguen decididamente este principio, si bien recogen la excepción del caso en que este procedimiento coercitivo sea ejercido por el «arrendador o cogedor de rentas y derechos reales» [46]. El rey Felipe II confirma este privilegio nobiliario en las Cortes de Madrid de 1593 [47].

En las Cortes también de Madrid, pero del año 1598, publicadas en Valladolid en 1604, se explica y argumenta cómo la nobleza es el estamento que más sirve en las guerras y en la paz, y por ello debe gozar de ciertos privilegios, como por ejemplo no poder recibir tormento

---

[44]   Petición CLXXXIX de las Cortes celebradas en Valladolid el año de 1548. Existe otra Petición idéntica a ésta pero referida a las cortes celebradas en Madrid el año 1563.

[45]   Petición LXV al rey Felipe II en las Cortes de Valladolid de 1558.

[46]   Sangüesa, 1561, Ley 49.

[47]   Petición 44.

y, lo que a nosotros más nos interesa, no podérsele ejecutar en sus armas por los débitos contraídos y no atendidos. Hasta tal punto esta idea era algo aceptado e inquebrantable, que el mismísimo Felipe II manifiesta en la contestación a una Petición (n.º 33)

> que esto se guarde inviolablemente y mandaremos que por nuestro Consejo se den de nuevo provisiones para que se observe y cumpla así.

La queda, el toque de campana, las últimas oraciones, todas estas expresiones, tan frecuentes en el ordenamiento jurídico de estos años, son indicadoras de un tiempo concreto, aquél a partir del cual rigen normas de convivencia un tanto distintas, que en el fondo no pretenden otra cosa que mantener la seguridad y el orden. Pero cabría preguntarse el porqué; la razón es sencilla; las ciudades, villas y lugares, y en general todas las poblaciones, al caer la noche, quedaban completamente a oscuras, sin luz —y, por supuesto, sin suficiente vigilancia de las rondas—, ocasión más que propicia para alborotos, peleas y delitos contra la propiedad y contra las personas; por todo ello, la llegada de la noche era importante, y las autoridades del Reino, provinciales y concejiles no podían dejar de proveer ante esta realidad. Ya se vieron varias disposiciones sobre esta materia que siguen plenamente vigentes en estos siglos, pues las leyes siguen siempre en vigor hasta tanto no son derogadas y sustituidas por otras o caídas en desuso, y desde luego esto último no era el caso. Ello no obstante, a título de muestra recordaré la Ley 70 de 1567, dada en Estella, en la que se advierte que ni los alguaciles ni los oficiales de justicia que hacen la ronda quiten las espadas y dagas que los caballeros e hijosdalgo suelen llevar después del toque de queda, antes al contrario, les otorguen «el respeto que les deben» siempre que se presente el caso.

A los caballeros que reciben acostamientos (subvenciones) por tener armas y caballo durante todo el año, estas mismas leyes de Navarra[48] les autorizan a que sólo sean las armas —no los caballos— las que deben poseer en todo momento. La razón jurídica en que se apoyan es que así lo establece la costumbre; así lo confirmó la Real Chancillería de Valladolid y

---

[48]   Concretamente la Ley 24 de 1632, Pamplona.

Figura 7. Códice Osuna. Méjico, siglo XVI (Biblioteca Nacional).

porque vuestra Magestad no sólo nos tiene jurado la observancia de nuestras Leyes sino también las costumbres favorables, ofreciendo de amejorarlas, y no apeorarlas.

Finalmente, es interesante recordar la obligación que tenían los caballeros hijosdalgo del Principado de Cataluña de acompañar a la persona del rey hasta las fronteras del mismo con sus armas y caballos, y sin embargo, algunos con excusas y «modos afectados» incumplían esta obligación. Ante esta situación, el rey Felipe IV hace publicar un bando en el que se ordena que los que contravinieren esta disposición («desamparan a su Rey y señor natural»), si fueren nobles de privilegio quedasen privados de todos los honores y preeminencias para el resto de su vida, y los de sangre no podrán gozar en el futuro de los oficios honrosos que se suelen conceder a los hijosdalgo, ni ingresar en las órdenes militares; hasta tal punto se hace hincapié en el cumplimiento de esta regla, que se ordena se anote en los libros de los cabildos y ayuntamientos donde fueren vecinos, quienes y quienes no hubieran acompañado a su real persona [49].

ÁMBITO MUNICIPAL

Durante los siglos XVI y XVII limitadas las funciones del poder central (real) a la política internacional (la guerra), a la administración de justicia y a la gestión de la hacienda estatal (real), las restantes funciones públicas eran ejercidas por los municipios. El municipio era una entidad natural y espontánea con una actividad política esencialmente democrática y unas funciones que si importantes al principio, fueron poco a poco decayendo y sus clásicas libertades limitándose, pues éstas empezaban a ser incompatibles con la unidad política del régimen absoluto. Estamos en los tiempos de los reyes austrias.

La principal función de la autoridad municipal era lograr la convivencia y el bienestar ciudadano, en primer lugar mediante la paz y el orden, y para la consecución de esto, entre otras medidas, estaba la regulación de la tenencia de armas en determinados lugares, horas y situaciones. Así, estaba terminantemente prohibida la entrada con armas en los ayuntamientos, sobre todo a las horas de reunión, como por ejemplo, se pone de manifiesto en las Ordenanzas del Concejo de Carmona (1525-1535), que en el capítulo que se titula *La orden que se a de tener en los cabildos*, el primer párrafo comienza diciendo:

> Primeramente que nenguno del regimiento entre en cabildo con puñal ni espada ni otra arma so pena de un real;

en Málaga, donde el portero del cabildo tiene como misión especial el impedir la entrada de armas en dicha sala [50]; en la ciudad de León, cuyas Ordenanzas dicen que

[49]   Bando de 12 de mayo de 1641.
[50]   Ordenanzas de la muy noble y muy leal Ciudad de Malaga mandadas imprimir por la Justicia y el Regimiento della siendo Corregidor... Antonio Velaz de Medrano y Mendoza..., Málaga, 1611.

porque en los Ayuntamientos, y Congregaciones suele aver diversos pareceres, y en ellos cada uno quiere... defender su partido por palabras, pero aun por armas de que succeden escandalos,... porende ordenamos... que de aqui adelante ningun Regidor ni otra qualquier persona pribada, que entrare en Ayuntamiento sea ossado de meter armas ofensivas ni defensivas, mas antes las dexe fuera de la sala de Consistorio... [51].

Hasta tal punto esta prohibición de entrar con armas en los ayuntamientos era una norma de estricto cumplimiento, que cuando se quiere acordar una especial distinción a alguien, se le concede el derecho a entrar armado a las sesiones del ayuntamiento. Así sucedió con Felipe IV, que queriendo hacer merced a don Diego López de Haro, marqués del Carpio, le concedió a él y a todos los sucesores de su casa, estado y mayorazgo del Carpio «la preheminencia» de entrar con armas en el ayuntamiento de la ciudad de Córdoba; y, más tarde, extiende este privilegio al teniente («pueda entrar, y entre en el Ayuntamiento de la dicha Ciudad con armas de espada») que él y sus sucesores tuvieran a bien nombrar [52].

Las salas del ayuntamiento no eran sólo los lugares donde existía posibilidad de disturbios y peleas por los temas allí debatidos, sino que también existían otros lugares de reunión en que las circunstancias podían poner en peligro la paz y el orden. Este es el caso de la petición que se formula al César Carlos en las Cortes de Madrid de 1552, cuando se le dice que en contra de la norma establecida por la cual todos pueden llevar una espada y un puñal, las justicias mandan que no se lleven en las carnicerías ni en el río [53]. El Pregón General para la Governación desta Corte de 2 de abril de 1601, ya citado, hace extensiva esta prohibición a los ríos, los lavaderos «con moças» y las casas de «mugeres enamoradas de la rameria». Por último, como un ejemplo más de

---

[51] Ordenanzas para el govierno desta muy Noble, y muy mas Leal Ciudad de León, su tierra y jurisdiccion, León, 1669, p. 3 r.º.

[52] Alcaydia de los Reales Alcaceres de Córdoba, a 6 de julio de 1625, 7 de octubre de 1643 y en Fraga a 6 de agosto de 1644, n.º 33, Casa de Alva, Consejos, 11516, Archivo Histórico Nacional.

[53] Capítulos y leyes discedidos en las cortes que su Magestad el Emperador nuestro señor mando tener y se tuuieron en la villa de Madrid el año de 1552. Petición CXVII, fol. XIV r.º.

este tipo de prohibiciones por razón del lugar, las Ordenanzas de Tenerife, aparte de castigar el entrar armas en el interior del cabildo, lo hace también cuando se lleven en la carnicería, pescadería, debajo de los soportales, mancebía o jugando a la bola [54].

En el apartado en que se habla de los privilegios de que gozaban los caballeros en estos siglos, se vio la etiología y significado del toque de queda, así como las excepciones a la prohibición de llevar armas transcurrida ésta. Se va a examinar ahora, con algunos ejemplos, cómo esta norma jurídica tiene plena vigencia y aplicabilidad en la vida provincial y municipal.

La norma gubernamental sobre la tenencia de armas en los siglos XVI y XVII parte de Carlos V, cuando en las Cortes de Valladolid celebradas en 1523 se autoriza a todos los ciudadanos el poder llevar espada y puñal o daga (salvo en los casos y circunstancias que allí se mencionaban), y, en cuanto a la noche, de la Ley aprobada en las Cortes de Toledo en 1525 y reiterada en las de Madrid en 1534, en las que se prohibe llevar toda clase de armas después del toque de queda, salvando los casos en que se portara hacha encendida, linterna o candela o se fuera a trabajar.

Como un antecedente más de esta normativa sobre el toque de queda, se puede citar una Orden de 24 de enero de 1474 dada en la ciudad de Toledo, en el que:

> Los muy honorables señores asystentes... mandan que ningunas personas... no sean osadas de traer armas ofensyvas ny defensyvas despues de tañyda la campana de la Ave Maria de la Santa Yglesia de esta cibdad so pena que qual quiera que fuere tomado despues de la dicha campana con las dichas armas las aya perdido... et mas que los dichos alguasyles los prendan et lleven a la carcel [55].

En las Ordenanzas de Sevilla, en el título «De los vandos y armas y de los omes de mal bivir» se sigue el criterio real al decir que el que fuere andando por las calles de la ciudad después del toque de

---

[54] Ordenanzas de Tenerife, 1670, Título III y XXIV, en *Las Ordenanzas de Tenerife y otros estudios para la historia municipal de Canarias*, de J. Peraza de Ayala, 1976.

[55] Fol. 35 r.º-v.º, Ala 2.ª, Legajo 6, n.º 2, Archivo Municipal de Toledo; en copia de 1518.

campana, además de perder las armas, permanecerá 60 días en la cárcel, y si fuere reincidente, «que le maten por ello», pues si alguien, por la razón que fuere, precisare pasar por las calles, que vaya con luz y sin armas. El párrafo siguiente de estas Ordenanzas nos aclara que el rigor de las penas por reincidencia ni se aplica ni se debe aplicar[56].

Gonçalo Rruyz Tello, en nombre del concejo y vecinos de la villa de Albacete, se dirige al Emperador diciéndole que el alcalde mayor del Marquesado de Villena, el bachiller Campo, ha ordenado se nombre a una persona que dé diariamente el toque de queda; pero sucede que allí, desde siempre, nunca hubo toque de queda, que el sueldo del campanero sería una carga económica adicional al concejo, que es pobre de propios, y que ya tienen un reloj que funciona muy bien. El Emperador, ante estas consideraciones y el peso de las leyes vigentes del reino, decide que efectivamente hay que poner un campanero —con cargo al alcalde mayor, no al concejo— que dé el toque de queda a las diez horas,

> e sy despues de tanida la dicha canpana a la dicha hora persona alguna traxere las dichas harmas, las haya perdido e pierda, las nuestras justiçias se las quyten, eçepto sy la persona o personas llevaren facha encendida[57].

El Emperador, haciéndose eco de lo manifestado por Tristán Calbete, en nombre de la villa de San Clemente, se dirige al gobernador del marquesado de Villena y al alcalde ordinario de San Clemente, diciéndoles que se les reprocha que sus

> thenientes y alguaçiles, topando a qualquier veçino desa dha villa, de dia e de noche, quietos e paçificos, les quitais la dha espada y puñal, e no se las quereis bolber... y les hazeis sobrello muchos agravios e bexaçiones...;

---

[56] Recopilación de las ordenanzas de la muy noble y muy leal cibdad de Sevilla... Juan Varela de Salamanca, Salamanca, 14 de febrero de 1527.

[57] Sevilla, 25 de abril de 1526, fol. 66v.º-68r.º, en *Libro de los privilegios de Albacete* de R. Carrillero Martínez, p. 320.

ante tal acusación, Carlos I les transcribe textualmente lo aprobado en las Cortes de Toledo y de Madrid en 1525 y 1534 respectivamente, y reitera la ineludible obligación de atenerse a ellas [58].

Años más tarde, en las Cortes de Toledo celebradas en 1560, se le hace saber al rey Felipe las consecuencias del mal funcionamiento del toque de queda, pues el obligado a tañer la campana no lo hace por pereza, y cuando lo hace, la toca tan poco rato que el pueblo no llega a saber si efectivamente es la queda o no, lo que origina que los alguaciles, en ocasiones, quiten las armas sin deber, con gran escándalo y perjuicio ciudadano; por ello se pide —y se concede— que se toque a la hora establecida, por espacio de una hora, y sólo a partir de entonces, cuando concluye dicho toque, se prohibe llevar armas por la vía pública [59].

Figura 8.　Ometochi. Códice Tudela, siglo XVI (Museo de América).

[58]　Madrid, 5 de diciembre de 1551, Archivo Municipal de San Clemente, Legajo 3/16.

[59]　Petición LXXII.

Para Valencia y su Reino, Juan Ribera, capitán general del mismo, ante los delitos de todas clases que se cometen durante la noche, establece que tanto si se va a pie como a caballo, en coche o carroza, no se circule por la ciudad y sus arrabales tocada la campana de queda, sin llevar luz encendida, bajo las penas que se establecen, debiendo entregar las armas que se llevaren, para ser depositadas en la casa del Juzgado aunque fueren de las habitualmente permitidas por la ley [60]. El marqués de Carecena reitera estas prohibiciones estableciendo que tras el toque de queda no se puede andar por las calles más de dos personas juntas, que nadie puede quedarse parado en ninguna parte de la ciudad, que el que llevare armas ofensivas o defensivas las perderá y será multado, salvo si se trata de espada, que esta espada no podrá llevarse desenvainada o sin contera, y, finalmente, que todos deberán llevar alguna clase de luz [61].

El mismo criterio es seguido en la Real Crida de 14 de febrero de 1628 en la que, en el parágrafo 107 se puede leer:

> Que ninguna persona de les primeres oracions en avant puga de nit portar ninguna arma ofensiva ni defensiva, sino es una espada, sots pena de sexanta sous... y les demas armas perdudes... [62].

El ejercicio de las funciones de policía corresponde a la autoridad gubernativa y a sus delegados, pero en estos siglos, en el ámbito local, no siempre se contaba con suficientes medios humanos y materiales para cumplir a plenitud esta misión primordial. Cuando no existían oficiales del rey, faltaba la colaboración ciudadana, y cuando se contaba con ambos, a menudo se carecía de medios tan convincentes y decisivos como las armas. Por ello no es de extrañar que los procuradores a cortes de estos siglos pidieran a sus reyes que, dada la inexistencia de armas, pese a las disposiciones reales para que nunca se tuviera carencia

---

[60]   Esta Pragmática de 14 de diciembre de 1602, *Vid*. Nota n.° 14, establece que el toque de campana sea a las siete de la tarde los meses de septiembre a abril, y a las nueve de mayo a agosto.

[61]   Don Luis Carrillo de Toledo, marqués de Caracena, capitán general del Reino de Valencia, 6 de septiembre de 1611.

[62]   *Vid*. Nota n.° 11.

de ellas, se obligue a que todas las ciudades, villas y lugares de más de mil vecinos, tengan una casa de armas [63].

En este sentido es muy interesante observar lo que la Real Crida de 8 de mayo de 1619 [64] dice a este respecto, pues después de reconocer que algunos malhechores, tras la comisión del delito, escapan a la justicia por no encontrarse allí autoridad ninguna ni contar con ayuda ciudadana, en contra de los establecido por las leyes, el Capitán General a la sazón, Don Antonio Pimentel, marqués de Tavara, ordena que en todo el Reino de Valencia, cuando se produzca una grave pelea, alboroto, alteración pública, delito o algún acto criminal semejante, los allí presentes, así como los que tuvieran conocimiento de esta solicitud de ayuda en nombre del rey, deberán acudir inmediatamente con las armas a perseguir a los delincuentes hasta su apresamiento, so pena de incurrir en multa de 60 sueldos, 15 días de presidio y otras penas adicionales a considerar según las circunstancias concurrentes. Esta disposición se repite, prácticamente idéntica, en la Real Crida de 24 de febrero de 1628, la cual añade que todos los artesanos, tenderos, oficiales y demás gentes que tienen establecimientos para la venta de objetos, deberán tener en sus locales y con fácil acceso, una alabarda o gancho u otra arma semejante apta para auxiliar eficazmente al oficial real que la requiera.

Con independencia de las normas legales expuestas hasta aquí dentro del ámbito municipal y regional, existen en estos años algunas situaciones y casos realmente *sui generis* que no se pueden dejar de contemplar en este apartado. Tal sucede con Cataluña, que en las Cortes de Monzón de 1542 se pide al Emperador Carlos I que si dentro del principado o en los condados del Rosellón y la Cerdaña se detuviese a algún gascón, bearnés, limusín, ciudadano del condado de Foix, o cualquier otro francés armado con una ballesta, sea condenado a servir en las galeras durante toda su vida; y si fueran dos hombres los que estuviesen juntos, uno con una ballesta y el otro con lanza, ambos serán condenados a muerte; y si estuvieran tres o más hombres y todos llevaren lanzas, la pena será la mencionada de galeras. Este mismo castigo

---

[63] Capitulos Generales de las Cortes de Madrid que se comenzaron el año 1583 y se feneceron el de 1585, Doc 2.º, Fol. 37 v.º, Petición L.
[64] Parágrafos 70 y 71.

tenía el catalán o cualquier otra persona que acompañase durante tres o más días a alguna de las personas citadas (gascón, etc.) armadas con ballestas, lanzas, rodelas o broqueles. Tampoco podrán los oficiales, cualquiera que sea su graduación, hacerse acompañar de los mencionados franceses armados con las armas enumeradas, so pena de relegación de al menos cinco años [65].

Las Ordenanzas de Tenerife recogen el curioso caso de la tenencia de armas por los esclavos. Así, se dice:

> Que ningún esclavo morisco, ni negros horros puedan traer armas pocas ni muchas de noche, ni de dia en poblado, ni fuera de poblado, so pena de perdimiento de las armas, pero bien permitimos, que los esclavos que andan, e suelen andar con sus señores acompañandolos puedan traer, e traigan armas, como las otras personas, así en el campo como en poblado, y que los moriscos puedan traer y tener cuchillos despuntados, tan largos como un palmo [66].

A las normas legales existentes en Toledo a principios del siglos XV, que establecían que «nyngunos omes de pye ny oficiales ny nyngunas ny algunas personas sean osadas de traer armas ofensyvas ny defensyvas», se excepcionan los casos de los caballeros y escuderos cuando entren cabalgando [67] y los «omes de la justicia que las pueden traer trayendo carta del señor don Juan firmada de su nombre...» [68]. Algo parecido sucedió en el sur de España, donde los almojarifes de Sevilla, su arzobispado y obispado de Cádiz, sus «hacedores» y sus guardas a caballo y de pie podían traer todas aquellas armas ofensivas y defensivas que fueran precisas para la defensa de sus personas y de las rentas cuya recaudación tenían encomendada [69].

Por lo que a las armas en concreto se refiere, se prohibe caminar por la vía pública con espadas o cuchillos cumplidos (más largos de los

---

[65] Carles en la quarta Cort de Montso, any 1542, Capitol de cort I, en Pragmáticas y altres drets de Cathalunya... Barcelona 1704, Libro IX, Título IX.

[66] *Vid.* Nota n.º 54, Título XXV.

[67] Pregón sobre las armas, fol. 45 r.º-v.º, Ordenanzas de Toledo de junio de 1518 (probablemente de 1469), Ala 2.ª, Legajo 6, n.º 2, Archivo Municipal de Toledo.

[68] *Vid.* Nota n.º 67, fol. 43 r.º.

[69] *Vid.* Nota n.º 56, fol. LXIII r.º.

establecido) [70], con puñales, puñales de Chelva o tipo Chelva, tercidados, triangulares, dagas, llevándose solas (sin espada) pues éstas son fácilmente ocultables debajo de las capas y mantos, y ello en la práctica, ha originado no pocas acciones delictivas. No están, sin embargo, comprendidas en esta prohibición los cuchillos de monte o de caza, siempre que se lleven de forma ostensible [71].

Muy mal tenían que andar las cosas a fines del siglo XVII por Calatayud, cuando en contra de lo que era norma nacional y admitida, las Ordenanzas de dicha ciudad, en bien de la paz y bienestar de los vecinos, autorizan a los jurados y jueces ordinarios para que puedan prohibir el llevar armas en dicho término y quitárselas a quienes contravinieran lo dispuesto [72].

ÁMBITO INDIANO

La incorporación del Nuevo Mundo a la vieja civilización española significó, entre otros logros, no sólo la construcción de obras hidráulicas, monumentos y catedrales, sino la aportación de nuevas formas de convivencia y de los valores superiores de la cultura occidental y de la religión cristiana. Porque, como se proclama reiteradamente en las disposiciones legales, desde el primer momento se consideró a las Indias, no como un territorio colonial, sino como parte integrante de la monarquía española e inseparable de la misma. Uno de los hechos más representativos de esta firme voluntad es la trasposición de la legislación peninsular al otro lado del Atlántico, si bien esta bella y generosa actitud de los monarcas tuvo que ceder pronto a los imperativos de la realidad social. La legislación castellana no respondía de forma eficaz a las exigencias de la nueva sociedad en formación, y por ello, tanto desde la metrópoli a través de los reyes, el Consejo de Indias y la Casa de Contratación, como desde las Indias por medio de las autoridades allí

---

[70]   *Vid.* Nota n.° 56, fol. LXIII v.°.

[71]   Crida y Edicte sobre la prohibicio dels punyals de Chelva o tall de Chelva promungada por don Jaime Ferrer, capitán general del Reino de Valencia, el 20 de noviembre de 1596, y la de idéntico título promulgada por don Luis Carrillo de Toledo, marqués de Caracena, capitán general del Reino de Valencia, el 17 de marzo de 1609.

[72]   Ordinaciones Reales de la Comunidad de Calatayud, 1687.

radicadas, audiencias, gobernadores, capitanes generales y virreyes, se fue formando todo un cuerpo de leyes que tras muchos avatares acabaría recopilándose y conociéndose con el nombre de Leyes de Indias.

Pese a la existencia de toda una legislación —esencialmente derecho castellano— dispersa en pragmáticas, reales cédulas, autos, provisiones, cartas, ordenanzas, etc., la facultad legislativa y reglamentaria de las autoridades coloniales surgió de la misma realidad por el alejamiento geográfico y la falta de comprensión social que existía en la metrópoli respecto de las Indias. Buena parte de las disposiciones dictadas en la Península resultaban inaplicables en la sociedad americana, cuyas necesidades y circunstancias eran desconocidas en la primera. Por ello, en tales casos, las autoridades indianas tenían facultad de suspender su aplicación, poniendo el hecho en conocimiento del gobierno central para que éste tomara la resolución definitiva. Sin embargo, esta legislación propiamente indiana no desplazó de modo absoluto al derecho castellano, antes bien lo consagró como supletorio de la misma [73], y a partir de 1614 Felipe III ordenó que las nuevas leyes peninsulares sólo tendrían vigor en América si el Consejo de Indias así lo autorizaba o cuando las leyes indianas remitieran expresamente a ellas. Es dentro de este marco jurídico como vamos a contemplar la normativa específica de la tenencia y uso de armas blancas en las Indias.

Los monarcas y las autoridades e instituciones que tenían contacto directo con los indígenas del Nuevo Mundo tuvieron siempre gran temor de que las espadas, los puñales, las dagas, los estoques, los cuchillos, los machetes, todas las armas blancas, pudieran ser utilizadas incorrectamente allí, y las heridas, muertes y otros delitos se produjeran con una frecuencia nada deseada. Por ello, lo primero que hacen es prohibir que estas armas se lleven al otro lado del Atlántico. Así Felipe II, en Madrid, el 10 de diciembre de 1566 establece:

> Mandamos, que no se passen á las Indias ningunas armas ofensivas, ni defensivas sin licencia expressa nuestra, y á los Governadores y Oficiales Reales de los Puertos de las Indias, que quando llegaren á ellos Navios destos Reynos, ó salieren para otros, tengan cuenta particular quando los visitaren, de ver, y saber si llevan algunas armas, oculta, ó descubiertamente, sin tener licencia expressa nuestra para ello, y to-

[73]   R. Ezquerra, *Diccionario de Historia de España*, 2, p. 721.

RECOPILACION
DE LEYES DE LOS REYNOS
DE LAS INDIAS.
MANDADAS IMPRIMIR , Y PVBLICAR
POR LA MAGESTAD CATOLICA DEL REY
DON CARLOS II.
NVESTRO SEÑOR.

VA DIVIDIDA EN QVATRO TOMOS,
con el Indice general, y al principio de cada Tomo el Indice
especial de los titulos, que contiene.

TOMO PRIMERO.

En Madrid: POR IVLIAN DE PAREDES , Año de 1681.

Figura 9.   Leyes de Indias.

das las que hallaren sin licencia, las tomen por perdidas, y buelvan á enviar á estos Reynos por hazienda nuestra, consignadas á la Casa de Contratación de Sevilla, ó las guarden, y tengan á buen recaudo, y nos avisen de las que tuvieren, para que Nos mandemos lo que mas convenga [74].

Esta disposición, que se puede calificar de principal y general se repite continuamente y se pide su rigurosa aplicación, pues, al parecer «muchas personas las passan (las armas) a estas partes, haziendo muchos juramentos falsos... pues las cautelas de los mercaderes son tantas que no se puede prevenir a ellas...» [75], y más tarde se dice: «No se lleven a las Indias, oro, plata, moneda, caballo, esclavos, armas ni guanines» [76].

Ante las informaciones que llegaban del Perú, Felipe II se ve obligado a reiterar la prohibición de llevar armas a las Indias a fin de que

aya en aquella tierra la quietud y sosiego que conviene, y que por los mercaderes se ha tomado a manera de contratación ordinaria en el llevar y contratar las dichas armas en las dichas provincias... os mando que cada y quando salieren navios del puerto de essa ciudad de Panama para las dichas provincias del Peru tengais en cuenta...

vigilar los navios y actuar tal y como se ordenó en la ley de 10 de diciembre de 1566 [77].

También a las Indias habían de llegar armas blancas construidas maliciosa y antirreglamentariamente con el fin de obtener ventaja en la esgrima, pero los reyes reaccionan con igual prontitud y así ordenan que la Real Provisión expedida por el Consejo de Castilla el 12 de junio de 1564 se observe también en Nueva España [78] y luego en el Perú [79], que resumidamente dice que informado el Rey de que

[74]   Ley XII, Título V, Libro III, Tomo II, Recopilación de leyes de los Reynos de las Indias mandadas imprimir, y publicar por la magestad católica del Rey Don Carlos II nuestro señor, Madrid, 1681.
[75]   Libro IV, Leyes de Indias, Madrid, 1596, p. 34.
[76]   *Colección de documentos inéditos de ultramar*, Libro VII, Título VI, p. 119.
[77]   El Escorial, 5 de julio de 1568, en Libro IV, Leyes de Indias, *op. cit.*, p. 34.
[78]   20 de abril de 1565, Cedulario, T 30, fol. 206 v.°, en M. J. Ayala, *Diccionario de gobierno y Legislación de Indias*, T I, p. 189.
[79]   Galapagar, a 15 de enero de 1568, en Libro IV, Leyes de Indias, *op. cit.*, p. 35.

en estos Reynos se trahían algunas espadas, verduguillos y estoques de seis, siete, ocho y nueve palmos, y dende arriba de que se seguia muchos inconvenientes y muertes de hombres... ninguna persona de qualquier condición y calidad que sea, no fuese ossado de traer ni traya las dichas espadas verduguillos ni estoques de mas de cinco quartas de vara, de cuchilla en largo...

Pero las armas fueron siempre, y más en estos tiempos, un elemento eficaz para la propia seguridad, la defensa y la supervivencia, y además, los indios estaban habituados a tenerlas consigo, y, por otra parte, los comerciantes, desde siempre, donde veían que había posibilidad de ganar un dinero, aunque fuese con las armas, con ellas traficaban. Por éstas y otras razones la compraventa de armas se prodigó en las Indias, lo que obligó a la Corona y a los que de una u otra manera tenían capacidad de legislar, a dictar una serie de disposiciones tendentes a limitar este tráfico de armas. Así, los mismos Reyes Católicos, no habían transcurrido nueve años desde el descubrimiento de América, cuando proclamaron que

a nuestro servicio cumple que los Indios e vezinos e moradores de las Indias islas y tierra firma del mar Oceano... no tengan armas offensivas ni defensivas, assi porque entre ellos y los Españoles Christianos... no aya ruydos ni escandalos, mas que todos vivan en mucha paz y concordia... mandamos... que ningun Chistiano no venda ni de ni trueque armas offensivas ni defensivas a los dichos Indios... [80].

Con el fin de que entre los indios y los españoles existiera plena concordia, entendimiento y contento, Carlos V varias veces prohibe la venta de armas a los nativos del Nuevo Mundo:

No se pueden rescatar [81], ni dar á los Indios armas ofensivas, ni defensivas, por los inconvenientes, que pueden resultar... y el que contra el tenor desta ley hiziere el contrato, incurra en pena de todo lo

---

[80]   En Granada, a 17 de septiembre de 1501, en Libro IV, Leyes de Indias, *op. cit.*, p. 345.
[81]   2.ª acep., Cambiar o trocar oro u otros objetos preciosos por mercaderías ordinarias, *Diccionario de la Lengua Española*, 20.ª edición, 1984.

que assi rescatare, ó huviere por esta razón, y mas la mitad de todos sus bienes... [82].

Y refiriéndose exclusivamente a Méjico dice el Rey que ha sido informado de que los

> Indios naturales de essa tierra han comprado y compran armas assi de los mercaderes... como de un maestro que las haze que reside en essa ciudad (Méjico), que se dize mase Pedro, y que los dichos Indios las andan a comprar con tejuelos de oro, y que las espadas las tienen en sus casas enhastadas en hasta de palo de abraça y media... proveais como los mercaderes y tratantes en essa tierra, ni otras personas no vendan a los dichos Indios armas ningunas... y si vieredes que de tener los dichos Indios las armas que hasta aqui han comprado trae algun inconveniente... proveereis como se las saquen de su poder... [83].

Y cinco años después, las Ordenanzas de Veracruz insisten en que nadie ose vender, trocar o dar arma alguna a ningún indio sin la expresa licencia del virrey so pena de muerte y perdida de todos los bienes [84].

Esta prohibición de tener armas no sólo comprendía a los indios sino también a otros grupos humanos residentes en el Nuevo Mundo, como negros, berberiscos, mestizos, mulatos, esclavos libertos, etc., como sucedió con las Ordenanzas de la ciudad de Lima, en las que se dice que

> ningun negro ni loro, ni berberisco, ansi horros como esclavos, puedan traer ni traygan ningun genero de armas publicas ni secretas, de dia ni de noche, salvo los esclavos de las justicias, andando con sus amos... y si se provare aver echado los dichos negros, manos a las armas contra algun Español, aunque no hieran con ellas, por la primera vez se le den cien açotes y le enclaven la mano, y por la segunda se

---

[82] En Burgos, el 6 de septiembre de 1521, en Valladolid el 6 de junio de 1523 y en Toledo el 21 de mayo de 1534, Ley XXIII, Título I, Libro VI, Tomo II, Recopilación de leyes, *op. cit.*

[83] Palencia, 28 de septiembre de 1534, en Libro IV, Leyes de Indias, *op. cit.* p. 346.

[84] Hordenanzas de la çibdad de la Veracruz, ratificadas por el Virrey el 3 de julio de 1539, Don Antonio de Mendoza, en *Ordenanzas Municipales Hispanoamericanas*, F. Domínguez Compañy, Madrid, 1982, p. 64.

la corten, sino fuere defendiendose de algun Español, echando primero mano a la espada que el tal esclavo [85].

Con destino al mismo ámbito geográfico, el Rey, en Toro, el 18 de febrero de 1552 envía una Cédula al presidente y oidores de la Real Audiencia del Perú en la que se dice

> que ningún negro en todas las provincias sugetas a essa audiencia, trayga espada, ni puñal, ni daga, so las graves penas... [86].

En la Recopilación de las leyes de los Reynos de las Indias de 1680 concretamente en el Tomo II, Libro VII, Tit V, titulado «De los Mulatos, Negros, Berberiscos, é hijos de Indios», se destacan las siguientes: la prohibición a los negros y loros, libres o esclavos, de llevar armas (redactada en forma casi idéntica a la mencionada en las Ordenanzas de la ciudad de Lima de 1551); la de Felipe II ordenando que

> ningun mulato, ni zambaígo traiga armas, y los Mestizos que vivieren en Lugares de Españoles, y mantuvieren casa, y labrança, las pueden traer con licencia de el que governare, y no la dén á otros [87];

la de Felipe IV, que manda

> que no permitan a los esclavos, mestizos, y mulatos, que los sirvieren, ó a sus familias, traer armas, guardando las prohibiciones generales... Y declaramos que no se comprehenden los Mulatos, Esclavos, ni Mestizos de los Ministros de Justicia... á los quales las permitimos, porque les assisten, y necessitan de ellas, para que sus amos puedan administrar mejor sus oficios [88],

y la Ley de este mismo Rey en que se dirige a los virreyes, presidentes de audiencias, gobernadores, corregidores y alcaldes mayores para que no den permiso para traer negros con espadas, alabardas, ni

---

[85] «De las ordenanças que se confirmaron para la ciudad de los Reyes», el 19 de noviembre de 1551, en Libro IV, Leyes de Indias, *op. cit.*, p. 388.

[86] En Libro IV, Leyes de Indias, *op. cit.*, p. 389.

[87] Felipe II, el 19 de diciembre de 1568 y 1 de diciembre de 1573.

[88] Madrid, 30 de diciembre de 1665.

otras armas ofensivas, ni defensivas» [89]. También al hablar de los negros de los inquisidores se ordena que anden sin espadas ni otras armas a no ser que vayan acompañando a sus amos [90].

Figura 10.   Culuacatzical, dios de los borrachos. Códice Tudela, siglo XVI (Museo de América).

Son varias las disposiciones que se dieron en Nueva España prohibiendo la tenencia de armas blancas a este tipo de personas que convivían con los españoles y los indios. Siguiendo un orden cronológico y citando tan sólo las más importantes, aparece en primer lugar la Cédula de la Reina Isabel de Portugal, en la que respondiendo a las informaciones recibidas de Sebastián Rodríguez sobre los delitos cometidos por los negros en la ciudad de Veracruz, prohibe la tenencia de

[89]   Felipe IV, el 4 de abril de 1628.
[90]   N.º 4, Ley XXIX, Título XIX, Libro I, Tomo I, Recopilación de leyes, *op. cit.*

armas por éstos, castigándoles con la pena corporal de 50 azotes y de 3.000 maravedís a su dueño, si éste hubiere consentido en ello[91]. Las Ordenanzas de 1539 de esta ciudad de Veracruz, ya citadas[92], insisten también en esta prohibición, y en otra parte de las mismas concretan que

> ningun negro ni morisco libre ni esclavo o yndio tenga dichas armas... sin la dicha mi liçencia ecebto los negros o moriscos de las justicias...

advirtiendo que dado que la pena es «muerte natural», se confirma ella, pero habida cuenta de que son muchos, negros y moriscos, los que vienen a Nueva España, a fin de que no se pueda alegar ignorancia, se establece que no se incurrirá en delito penado con la pena capital hasta transcurridos tres meses desde la entrada en este reino.

En 1552 Felipe II reconoce tener dadas algunas licencias para que determinadas personas de Nueva España puedan hacerse acompañar de varios negros con armas, pero sucedía que

> mientras sus amos estan en Missa o en negocios, los dichos negros van por los pueblos, y con las dichas armas ofenden a muchas personas, en tal manera que ha acaecido matar algunos Españoles, y mancar a Indios, y que por ser esclavos de personas favorecidas, se disimula con ellos el castigo dello, y las personas que con esto son ofendidas, quedan sin alcanzar justicia...,

ante ello, el Rey acuerda que la Real Audiencia pueda autorizar el acompañamiento con armas sólo cuando se considere razonable, en razón de las personas y circunstancias, exclusivamente para mientras van con ellos y debiendo ser españoles y no negros los criados[93]. Un siglo más tarde, ante los abusos cometidos, el rey Felipe IV dispone que las personas que en calidad de escolta acompañasen a sus amos, aunque debidamente autorizadas, lo hicieran sin armas ningunas, pues el monarca piensa que haciéndolo así, ello puede servir de ejemplo para los demás; no obstante, deja fuera de esta nueva norma ejemplarificadora a los mulatos, esclavos y mestizos de los ministros de justicia o de los

[91] Madrid, 7 de agosto de 1535, en Libro IV, Leyes de Indias, *op. cit.*, p. 388.
[92] *Vid.* Nota n.º 84.
[93] Cédula de 11 de agosto de 1552, en Libro IV, Leyes de Indias, *op. cit.*, p. 389.

alguaciles mayores, pues así lo requería el importante servicio que prestaban [94].

Las Ordenanzas de Santiago de Chile recogen también la prohibición a los negros y berberiscos de llevar armas [95], y la Recopilación de leyes de los Reynos de las Indias, refiriéndose a Cartagena dicen que ningún esclavo lleve armas ni cuchillo aunque sea acompañando a su amo, pero al final de esta Ley XVII añade «y en quanto á los Negros de los Inquisidores se guarde la concordia» [96]. En Cuba, a la prohibición de que los negros puedan llevar armas, se establecen dos excepciones: yendo de noche con su amo, y cuando fueren o vinieren del campo, pues con frecuencia «traen desjarretaderas, y puntas y cuchillos de desollar y otras armas que a estos tales no se les puede quitar [97].

La noche tiene en América las mismas implicaciones que en España, por ello las normas reguladoras de ésta, o al menos los principios inspiradores de sus leyes, son trasplantados a las Indias en su justa medida. Así, en las Ordenanzas de la Nueva Ciudad de Cádiz se dice en su parágrafo XXIII que

> persona alguna no sea osada de andar por las calles desta çiudad ni por los corrales ni otras partes fuera de sus casas despues de tañida la campana de la queda, so pena de tres pesos de oro... e pierda las armas que traxere y este en la carçel tres dias... [98].

Pero al igual que sucedía en la metrópoli, de la prohibición general se exceptúan aquellas personas que de noche llevaren luz suficiente o los que madrugasen para ir a sus labores y «granjerías» [99]. Curioso es el caso de las Ordenanzas de la Ciudad de Trinidad (Buenos Aires), en que para

---

[94]   Cédula de 30 de diciembre de 1663, Cedulario, Tomo 33, fol. 127 v.°., en M. J. Ayala, *op. cit.*, p. 192.

[95]   Ordenanzas de la ciudad de Santiago del Nuevo Estremo, de 30 de marzo de 1569, en F. Domínguez, *op. cit.*, p. 111.

[96]   Ley XVII, Título V, Libro VII, Tomo II, Recopilación de leyes, *op. cit.*

[97]   Ordenanzas para la Villa de la Habana y demas villas y lugares de la Isla de Cuba, Madrid, 27 de marzo de 1640, en F. Domínguez, *op. cit.*, p. 234.

[98]   Confirmadas por la Corona en Valladolid a 26 de enero de 1538, *ibid.*, p. 56.

[99]   Felipe II en la Ordenanza n.° 112 de audiencia de 1596, en Ley XXVI, Título XX, Libro II, Tomo I, Recopilación de Leyes, *op. cit.*

evitar daños y rriesgos y (lograr) la quietud de la tierra y siguridad de las haziendas (se pide) que no anden de noche los soldados con espadas desnudas [100].

Todas las leyes contempladas hasta aquí tienen un objetivo común, claro y concreto: que exista una armoniosa convivencia entre todos los habitantes del Nuevo Mundo. Para ello, el legislador sigue el criterio moral de que quien evita la ocasión (tenencia de armas blancas) evita el peligro (el delito). Por ello Carlos V expone a la Audiencia del Perú

> que no conviene que en essa tierra indio alguno trayga espada ni puñal ni daga, porque a causa de embeodarse muchos dellos de ordinario se matan e yeren unos a otros sin ninguna rienda, en gran adaño suyo: lo qual convenia remediar... que ningun Indio trayga espada puñal ni daga, si no fue algun principal con licencia de vos el Visorey... [101].

Y en otra carta al Virrey de este mismo Reino, Felipe II asiente a lo que Don Francisco de Toledo propone, diciendo que procure desarmar a los indios, porque estando así sujetos, tratándolos bien, ocupándolos a fin de que no estén ociosos y pagándoles su trabajo no habrá peligro de males ulteriores [102]. Más tarde, ordena a la Real Audiencia de Nueva España que se recojan todas las armas que tengan los indios y que se vendan; a los que tuvieren licencia para poseerlas se les dará su importe, y a los que no la tuviesen, la mitad del importe de su venta se destinará a la Cámara Real y la otra mitad será para sufragar la obra de la fuente del Hospital Real de la ciudad de Méjico [103].

Otro aspecto de gran interés y que recuerda mucho, casi diríamos que se identifica, con lo que venía sucediendo en la metrópoli, es la regulación del portar armas en determinados lugares, actos y circunstancias. Así, existe la prohibición de entrar con armas en los castillos y

---

[100]   De 8 de febrero de 1642, en F. Domínguez, *op. cit.*, p. 301.
[101]   Madrid, 17 de diciembre de 1551, en Libro IV, Leyes de Indias, *op. cit.*, p. 345.
[102]   1571, Libro IV, *ibid.*, p. 347.
[103]   Madrid, 18 de febrero de 1567, Libro IV, *ibid.*, p. 347.

fortalezas, a no ser que se trate de enviados especiales con la misión de visitarlas [104]; en la alhóndiga, donde el que infringiere lo dispuesto no sólo perdería el arma sino debería estar 20 días en la cárcel [105]; en las juntas o «acuerdos» de Hacienda semanales en las que concurriesen el virrey o presidente, el oidor más antiguo y el fiscal, los oficiales reales no podían entrar con espadas [106]; en las sesiones de los cabildos o ayuntamientos, como lo establecieron las ciudades de Nueva Ciudad de Cádiz (Cubagua, Venezuela) [107]; San Salvador de Velasco del Valle de Jujuy [108]; Lima, en que se castiga al regidor que quebrantare esta norma con la pérdida de las armas (cuya mitad de su valor se destinará a las obras del cabildo) y a quedar privado durante dos meses del ejercicio de sus funciones activas y pasivas en el cabildo, así como de su sueldo [109]; Santiago, salvo que fuere justicia o alguacil mayor [110]; La Habana, donde se distingue entre entrar con espada, cuyo importe de venta se destinará a las arcas del consejo, o con daga, que «por ser arma que se puede encubrir, y es más peligrosa», el autor será expulsado del cabildo por espacio de dos meses [111]; y Cuzco, en donde sólo el corregidor o su lugarteniente pueden entrar con armas y nadie más, pero se establece que, en previsión de lo que pueda suceder, se conserven en la sala de juntas del cabildo una docena de partesanas [112]. En forma general también lo estableció Felipe IV al ordenar que

[104]   Felipe II, 1581 y 1582, en Ley XXI, Título VIII, Libro III, Tomo II, Recopilación de Leyes, *op. cit.*

[105]   Felipe II, 31 de marzo de 1583, en Ley XI, Título XIV, Libro IV, Tomo II, *ibid.*

[106]   Felipe II, 6 de abril de 1588, en Ley IX, Título III, Libro VIII, Tomo III, *ibid.*

[107]   Ordenanzas de la Nueva Ciudad de Cádiz, *op. cit.* XXII.

[108]   Ordenanzas redactadas por el fundador de la ciudad, el capitán Francisco de Argañaras, teniente de Gobernador y Justicia Mayor de la ciudad, el 19 de abril de 1593, en F. Domínguez, *op. cit.*, p. 259.

[109]   Ordenanzas para la Ciudad de los Reyes, hechas por el marqués de Cañete, el 24 de enero de 1594, *ibid.*, p. 267 y 268.

[110]   Ordenanzas de la Ciudad de Santiago del Nuevo Estremo, *op. cit.* n.º 15.

[111]   Ordenanzas para la Villa de La Habana, *op. cit.*, n.º 11.

[112]   Ordenanzas de la Ciudad de Cuzco, dictadas por el virrey Francisco de Toledo, el 18 de octubre de 1572, en F. Domínguez, *op. cit.*, p. 145.

no se consienta entrar con espada en el Cabildo y Ayuntamiento de las Ciudades, Villas y Lugares, a quien no tocare por su oficio, ó preminencia especial [113].

A esta norma prohibitiva plenamente generalizada en el Nuevo Mundo sólo encontramos una excepción muy restringida y cualificada ciertamente, y en gran medida ya contemplada, pero ahora expuesta en forma positiva, como es la disposición de Felipe II de 19 de octubre de 1566, que reza

Los Alguaciles mayores de las Ciudades, Villas, y Lugares de las Indias pueden entrar en los Ayuntamientos, y assistir en ellos con sus armas, en la forma que pueden las demás justicias [114].

El deseo de la Monarquía española de que los indios no poseyeran armas en beneficio de la paz, la convivencia y el buen entendimiento entre todos los habitantes de aquellas tierras iba más lejos de la simple prohibición de poseer armas blancas, pues no sólo se condena a los espaderos que vendieran armas a los indios, sino que se castiga igualmente a quienes limpien o aderecen cualquier clase de armas a los indios [115], y lo que es más importante, el legislador no quiere que los indios aprendan el oficio de cuchillero o espadero, y por ello, el propio Carlos V en 1534 dispuso que

Los Maestros de fabricar armas no enseñen su Arte á los Indios, ni permitan, que vivan con ellos en sus casas, pena de cien pesos, y destierro á voluntad del Virrey, ó Governador [116].

Si se hace una recapitulación y breve reflexión de lo estudiado hasta aquí en este capítulo, nos daremos cuenta de que en la casi totalidad de los casos la actitud del legislador ha sido negativa, prohibiendo y pe-

[113]   Madrid, 16 de febrero de 1635, en Ley VI, Título IX, Libro IV Tomo II, Recopilación de leyes, *op. cit.*

[114]   Ley VI, Título VI, Libro V, Tomo II, *ibid.*

[115]   Así, las Ordenanzas de la Ciudad de Santiago de Guatemala, confirmadas por la Corona en Madrid el 12 de marzo de 1565, en F. Domínguez, *op. cit.*, p. 85.

[116]   En Palencia, a 28 de septiembre de 1534, en Ley XIV, Título V, Libro III, Tomo II, Recopilación de leyes, *op. cit.*

nalizando la tenencia de armas, pero esta postura no es, naturalmente, absoluta; las armas blancas, si existían, existían para algo, y entre otros muchos servicios que las armas prestaban estaba el de servir de instrumento para defenderse de los ataques a la propia persona, a la familia, a sus bienes, a la Patria, a las instituciones estatales e ideales superiores sobre los que se fundamenta toda comunidad. Por ello, se va a contemplar ahora la otra vertiente de la ley, el lado positivo, aquél en que se manda estar prevenido y provisto de las armas blancas que se precisan para hacer frente a cualquier eventualidad que se presente.

Desde los primeros tiempos del descubrimiento y la exploración se hacen precisas las armas, y así Carlos V en 1530 concede a los descubridores y pobladores el derecho a llevar armas ofensivas y defensivas

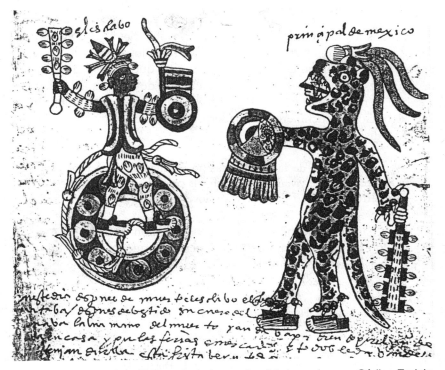

Figura 11. Principal de Méjico ataviado con la piel de un jaguar. Códice Tudela, siglo XVI (Museo de América).

en todas las Indias, Islas y Tierrafirme, dando primero fianças ante qualquier iusticia dellas de que solamente las traeran para guarda y defensa de sus personas, y que á nadie ofenderan con ellas [117].

La reina Isabel había autorizado un año antes que todos los que acompañasen a Francisco Pizarro en su viaje al Perú y por las nuevas tierras recién descubiertas pudieran llevar armas para la defensa de sus personas sin que los gobernadores y justicias pudieran ponerles ningún impedimento [118]. La misma Reina ordena al virrey de Nueva España, Don Antonio de Mendoza, que provea lo que estime oportuno a fin de que

cada uno de los vezinos y moradores de la dicha ciudad de México, tenga en su casa las armas que os pareciere que deben tener, segun la calidad de la persona, en especial los que tienen Indios encomendados, por manera que quando fuere necessario puedan servir con ellos [...] [119].

En esta misma línea de previsión, la legislación indiana recoge la obligación que los encomenderos tienen, una vez transcurridos cuatro meses desde la recepción de la cédula de confirmación de la encomienda, de tener lanza, espada y aquellas otras armas ofensivas y defensivas que a juicio del gobernador deberían tenerse para estar debidamente «apercividos» [120].

El magno acontecimiento español —y universal, por su trascedencia— del descubrimiento, conquista de América y el traslado allí de una lengua, una religión y unos saberes que iban a perdurar hasta nuestros días, no podía por menos de suscitar la envidia de nuestros vecinos de la vieja Europa; y, sus alevosos ataques a las ciudades costeras para destruir, saquear, incendiar y apoderarse de todo lo que fuera de su interés, se iba a convertir en una peligrosa y continuada práctica ante la que España tenía necesariamente que reaccionar. Por ello el emperador

---

[117] Ocaña, 27 de octubre de 1530, en Ley III, Título VI, Libro IV, Tomo II, *ibid.*
[118] Cédula de 26 de julio de 1529, Cedulario, T 40, fol. 234, en M. J. Ayala, *op. cit.*
[119] Madrid, 13 de noviembre de 1535, en Leyes de Indias, *op. cit.*, p. 36.
[120] Carlos V, Fuensalida, el 28 de octubre de 1541, en Ley VIII, Título IX, Libro VI, Tomo II, Recopilación de leyes, *op. cit.*

Carlos V, dirigiéndose al presidente de la audiencia y chancillería real de Santo Domingo, le ordena que los vecinos de esa ciudad tengan en sus domicilios las armas que estime necesarias para la defensa de ella, disponiendo que se hagan alardes tres veces al año, enviando «testimonio signado de escrivano público al nuestro Consejo de Indias» [121]; y, de forma general se estableció que los vecinos de ciudades portuarias debían tener las armas y caballos que se considerasen suficientes para hacer frente a cualquier ataque exterior [122].

Con motivo de la guerra que España mantenía con Francia, Felipe II, se dirige en una Cédula a los presidentes, oidores, gobernadores y oficiales de todas las tierras de la Corona española en América diciendo que

> visto la guerra que tenemos con Francia, y que podría ser que passen a esas partes algunos navios de Franceses para hazer daño y robar lo que pudieren. Avemos acordado de mandar... que de la Casa de la Contratacion de las Indias que enben a essas dichas islas y provincias... dos mil picas, para que se repartan por los vecinos y moradores dellas, y las paguen al precio que costaren [123].

Con idéntico interés el Rey de El Escorial ordena a su general de artillería que se preocupe de que las atarazanas de la Casa estén bien provistas de armas para poder contar con ellas a la hora de enviar armadas a las Indias; y, entre otras piezas, cita 1.500 morriones, 500 coseletes, 1.000 medias picas, 300 docenas de chuzos y 200 alabardas y partesanas [124].

Una curiosa excepción a la prohibición general de llevar armas a las Indias es la que el rey Felipe III estableció en 1614, cuando accedió a que los que cruzasen el Atlántico para ser virreyes en las Indias llevaran

---

[121]   7 de octubre de 1540, en Leyes de Indias, *op. cit.*, p. 38.
[122]   Felipe II, Sevilla, 7 de mayo de 1570, en Ley XIX, Título IV, Libro III, Tomo II, Recopilación de leyes, *op. cit.*
[123]   Valladolid, 12 de marzo de 1557, en Libro IV, Leyes de Indias, *op. cit.*, p. 35.
[124]   San Lorenzo, 24 de agosto de 1573, en Ley III, Título XXII, Libro IX, Tomo III, Recopilación de leyes, *op. cit.*

para guarda y defensa de sus personas y casas, doze alabardas, doze partesanas, doze espadas, doze dagas,... doze cotas, con sus guantes, doze armas blancas, con todas sus piezas, dos pares de armas doradas, doze morriones, doze cascos, doze broqueles, y doze rodelas... [125].

La captura de perlas era una fuente de riqueza para los particulares, las compañías allí establecidas y la propia Corona —que cobraba el quinto de todo lo obtenido— por ello, dado el valor que las perlas tenían en los mercados, la tentación de robo estaba al lado mismo de los que allí vivían, trabajaban o simplemente merodeaban. Por lo expuesto, la legislación indiana estableció que ningún dueño de canoa tenga mayordomo o canoero sin espada, y que el alcalde, cuando lo estime oportuno, deberá visitar las casas y alojamientos de estos, y si no hallare las dichas armas les aplique la pena prevista. También establece para estas personas la obligación de ir al «hostral» con espada, y el que no lo hiciere se le castigará como está legalmente establecido, pues yendo armados se puede más eficazmente hacer frente a cualquier levantamiento negro o desembarco de corsarios, ya que según dice la misma Ley, a base de pequeñas lanchas que allí fácilmente se introducen, se han causado graves daños a las pesquerías [126]. E igualmente se procura que en las canoas con doce o más indios, deban ir dos cristianos armados con su espada o machete para desalentar a los indios que quisieren alzarse, como había sucedido en diversas ocasiones [127].

La protección personal llegaba en las Indias hasta el mismo mundo académico, pues los rectores de las Universidades de Lima y Méjico gozaban de la facultad de ir acompañados de dos negros lacayos con espadas [128].

Existen todavía algunas disposiciones dispersas dentro de la legislación indiana de no menor interés, que recuerdan a otras castellanas

---

[125]   Felipe III, 14 de julio de 1614, en Ley IX, Título III, Libro III, Tomo II, *ibid.*

[126]   Ley XXVIII, Título XXV, Libro IV, Tomo II, *ibid.*

[127]   Ordenanzas para la Isla de Cubagua, de 30 de diciembre de 1532, VIII, en F. Domínguez, *op. cit.*, p. 46.

[128]   Felipe III, San Lorenzo, 24 de abril de 1618, en Ley VIII, Título XXII, Libro I, Tomo I, Recopilación de leyes, *op. cit.*

de la misma época, como son, por ejemplo, dentro del mundo económico-civil, el que Carlos V en tres ocasiones, y Felipe II en una, prohibieran que a los descubridores, pobladores, encomenderos y hasta a los simples vecinos de las ciudades de las Indias, se les embargaran y vendieran las armas que tuvieran —«que son obligados de tener»— por deudas contraídas no satisfechas, siempre y cuando existieran otros bienes en su poder [129]; y que las armas ofensivas y defensivas que estuvieran terminadas en la debida forma estaban exentas del pago de alcabala, aunque no así aquellas cuya terminación dejase que desear [130].

En el ámbito penal, se castiga muy duramente el simple hecho de que un negro echara mano a las armas frente a un cristiano, con la pena de 100 azotes y la pérdida de la mano derecha, caso de la Nueva Ciudad de Cádiz, o le dieran el mismo número de azotes y le enclavaran la mano, en Santiago de Chile.

Finalmente, en el orden gubernativo, se establece que en las ciudades con puerto o presidio, las rondas no podrán desarmar a los soldados allí destinados, salvo si se tratase de un delito grave, en cuyo caso se dará cuenta a la autoridad militar [131]; y años más tarde se ordenó al gobernador del Paraguay que reclamase para sí todas las armas que estuviesen en poder de los indios de la Reducciones de los jesuitas, con el fin de que no se industriasen en su manejo, lo que motivó que la Compañía declarase que, con anterioridad, el virrey del Perú y la Audiencia de Charcas habían permitido que los indios tuvieran armas, con el fin de cuidar de los doctrineros y defenderse de las «correrías e insultos que hacían los portugueses y naciones barbaras», y que, en definitiva, los jesuitas en ningún caso hacían un mal uso de las armas, antes al contrario pasaban muchas horas con los indios tratando de «entrañarles al amor y fidelidad a su Real Persona» [132].

---

[129] Carlos V, 10 de julio de 1537, el 18 de marzo de 1554 y el 18 de septiembre de 1555; y Felipe II en San Lorenzo, el 4 de junio de 1572, en Ley VI, Título XIV, Libro V, Tomo II, *ibid.*

[130] Ley XXIII, Título XIII, Libro VIII, Tomo III, *ibid.*

[131] Felipe IV, San Lorenzo, 15 de octubre de 1623, en Ley XI, Título XI, Libro III, Tomo II, *ibid.*

[132] Cédula de 30 de abril de 1668, Cedulario, Tomo 7, fol. 79, en M. J. Ayala, *op. cit.*, p. 193.

ÁMBITO ECONÓMICO

Toda la normativa legal de las armas blancas de los siglos XVI y XVII referida al ámbito económico tiene como principio ordenador la idea del orden, es decir, el establecer un sistema legal tal que hiciera que la vida económica y mercantil de las armas blancas discurriera por los deseables cauces de seriedad, solvencia, austeridad, y previsión, tratando de impedir la escasez de los productos, los abusos en los precios y las falsificaciones en las armas blancas.

Una de las maneras más seguras de conseguir esta pretendida seriedad comercial y evitación de toda clase de fraudes, consistió en ordenar que ningún espadero del país, ni sus oficiales, obreros, criados o cualquier otra persona interpuesta, diera a corredores, pregoneros u otras personas, espadas, dagas, puñales, o cuchillos para su venta, pues el que así lo hiciere, además de perder las armas, sería desterrado [133]. Las armas blancas tenían que ser vendidas por los mismos espaderos, quienes se responsabilizaban plenamente de los productos de su venta.

En el Reino de Valencia, según nos explican las mismas leyes en sus breves preámbulos o exposiciones de motivos, abundaban las gentes que se dedicaban al robo, y el producto de sus ilícitas apropiaciones lo vendían con grave daño para todos: propietarios despojados, compradores defraudados, comerciantes eludidos, intrusismo profesional, mercado viciado, etc. Para evitar tales hechos, se dicta una ley en la que se dispone que nadie que no sea un profesional de la venta (corredor), pueda a ninguna hora del día ni de la noche, ni en ningún lugar, especialmente en el mercado y sus alrededores, vender armas cualquiera que sea su clase, tipo o especie [134].

Otro ejemplo del deseo por parte de la autoridad de que hubiera una seriedad y homogeneidad en la compra y venta de armas blancas, es la taxativa prohibición de que los espaderos pudieran vender espadas, verdugos o estoques de una longitud de hoja superior a la máxima establecida, imponiendo las penas de pérdida de las armas y 15 días en la cárcel día y noche, y 30 durante la noche [135].

---

[133]   Pregón general para la gobernación de esta Corte, *op. cit.*
[134]   Real Crida y Edicte de 21 de marzo de 1586, *op. cit.*, n.º 25.
[135]   Tudela, 1567, Ley 57, en *Novísima recopilación de las leyes del Reino de Navarra hechas por sus Cortes Generales desde 1512 hasta 1716 inclusive*, por J. Elizondo, Diputación Foral de Navarra, Pamplona, 1964, vol. I, p. 232.

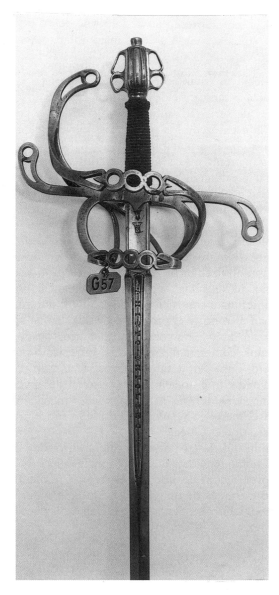

Figura 12. Espada de lazo. Toledo, final del siglo XVI o principios del siglo XVII. Firmada la hoja por Silvestre Nieto (Fotografía cedida y autorizada por el Patrimonio Nacional).

Otra muestra muy representativa del firme deseo de regular el mercado fue el de establecer unos precios máximos de venta de ciertas armas blancas y partes de las mismas. Así, Carlos II en su Cedula Real en que su Magestad manda se observe y guarde la moderacion de precios de todos generos comerciables, se señalan, en el capítulo de los espaderos, que «cada hoja de espada de Toledo, marcada, acicalada y con contera y bayna, no puede passar de treinta reales», «cada hoja de espada de Genova, acicalada y con bayna, diez reales», «cada hoja de daga ordinaria con su bayna y guarnecer, cinco reales», «cada guarnición de espada de Vizcaya entrefina, en blanco, ocho reales», «cada guarnición de espada blanca entreordinaria de Vizcaya seis reales», y así podríamos seguir enumerando precios y más precios sobre las armas blancas, con los que no se pretendía otra cosa que regularizar este mercado y evitar abusos de toda índole en materia tan importante como las armas [136].

La economía española no siempre fue floreciente y mucho menos elevada la renta *per capita* del español medio de estos siglos, muy al contrario, eran, por un lado, muchas las personas que realmente contaban con menos de lo imprescindible, y muy grande también, por otro, el afán de ostentación de eso que se ha dado en llamar rumbo. El español pudiente, y el que no lo era —recuérdese esa hipócrita costumbre que cuentan nuestros clásicos, de echarse algunas migajas de pan sobre la pechera del traje para que las demás personas creyeran que se había comido opíparamente, cuando lo habitual era que se hubiera tratado de un frugal refrigerio— sentía una incontenible necesidad de mostrar su gozosa posición económica y social, y por ello, lo manifestaba de manera especial en su apariencia externa, en el vestir con trajes, sombreros y calzas que estaban con frecuencia fuera de lugar, en los lujosos carruajes que les trasladaban, con unos arneses, atuendos y lacayos que sorprendían y, sobre todo, en los vestuarios con que se engalanaban las damas. Por todo ello, los reyes, conscientes no sólo del mal ejemplo que por contraste con las gentes sencillas ello podría producir, sino principalmente a fin de evitar despilfarros inútiles y antieconómicos, prohibieron en repetidas ocasiones usar ciertos tejidos y materiales fabricados con oro o plata. Sin embargo, cuál no sería la estima que se tenía

---

[136]   Colección de varias providencias del Consejo desde el año 1644 hasta el de 1750, año de 1680.

por las armas blancas que, a menudo, de las pragmáticas prohibiendo la utilización de elementos suntuarios, se excluyen las espadas, puñales y dagas, al igual que se hacía con los objetos destinados al culto [137].

Un aspecto que tiene siempre especial interés para los amantes y estudiosos de las armas blancas es el de los punzones o marcas. Su presencia en el recazo era garantía de autenticidad y casi siempre de calidad. Por ello, precisamente se falsificaron los punzones y se cometieron abusos en detrimento del confiado adquirente. En efecto, ya en tiempos de Felipe II, los procuradores de la ciudad de Toledo se dirigieron al Rey quejándose del agravio que sufrían como consecuencia de las irregularidades cometidas por algunos, pues «en estos Reynos se metían de fuera dellos espadas de marca mayor y con señales de Maestros destos Reynos que son afamados y asín los compradores son defraudados», y el Rey, muy sabiamente, tras ordenar al alcalde mayor de Toledo, Doctor Gago de Castro, que efectuara una exhaustiva investigación con su correspondiente informe, y previa la deliberación del Consejo de Castilla, publica una Provisión en la que se dice que

> de aqui adelante no consintais ni deis lugar que se metan espadas algunas en estos nuestros Reynos de fuera dellos sino traxieren la marca o señal del maestro que las ubiese fecho y fabricado y del Lugar de donde son hechas... e que si algunas espadas obiesen venido o vinieren de aqui adelante de fuera de los nuestros Reynos ansimismo non consintais ni deis lugar que las Marquen ni hagan marcar con señales de ningun Pueblo nin Maestros dellos so pena quelque lo contrario hiziese sea abido por falsario y pierda... [138].

La Ley 50 de 1569 dada en Pamplona para este reino explica que, dado que en Navarra había en esta época una gran escasez de armas ofensivas y defensivas, y que existía la costumbre de ejecutar los embargos en las armas, que después eran vendidas públicamente por poco precio, comprándolas muchos franceses que luego las llevaban a su país, quedando privados de ellas, se pide al rey Felipe, y éste accede, que

[137] Pamplona, 1624, Ley 30 en J. Elizondo, *op. cit.*, p. 223.
[138] Madrid, 23 de diciembre de 1567, Archivo Secreto de Toledo.

los «executores» sólo tomen las armas blancas cuando no existan otros bienes susceptibles de ejecución [139].

La incansable enemistad del ministro francés, el cardenal Richelieu, hacia la Casa de Austria y el deseo de reanudar la guerra de Luis XIII tras el Tratado de Monzón de 1626, motivó, entre otras muchas medidas, una curiosa, cual es la de prohibir la importación de Francia de cuchillos y navajas de faltriquera [140]. De este mismo año 1628 es otra Cédula real, esta vez referente a Gran Bretaña, en la que insistiendo en la prohibición de comerciar «mis vassallos de estos Reynos y Corona con los rebeldes y enemigos de ella», se concretan las mercaderías que están incluídas en la prohibición, y entre ellas se citan los cuchillos de Bolduque [141], que dicho sea de paso, el autor de estas páginas no ha logrado averiguar de qué cuchillos se trata exactamente.

ÁMBITO PERSONAL

Tal y como se dijo en el capítulo II al hablar de este sector jurídico, me refiero aquí a ese núcleo de personas que por su especial condición social y actividad económica son objeto de una regulación legal específica, y por tanto de un tratamiento diferente por lo que a la tenencia de armas se refiere.

El Honrado Concejo de la Mesta, pues éste era su verdadero nombre, era una institución de origen incierto a la que ya en 1273 el rey Alfonso X el Sabio había concedido determinados privilegios, que esencialmente consistió en la agrupación de todos los hombres de campo de Castilla dedicados a la explotación ganadera. Esta organización tuvo mucha importancia y cierto poder en determinados siglos, sobre todo en los primeros, hasta que en 1560, las campañas bélicas de Felipe II obligaron al Rey a no prestar toda la protección que hasta entonces había otorgado a la Mesta. La ruina del comercio de la lana —actividad

---

[139]   J. Elizondo, *op. cit.*, p. 496.

[140]   Relación y Declaración de las Mercaderías de Francia, Archivo Histórico Nacional, Consejos, Libro 1473, fol. 57.

[141]   Madrid, 16 de mayo de 1628, Archivo Histórico Nacional, Consejos, Libro 1473.

íntimamente relacionada con la ganadería—, la libertad agraria impulsada siglos más tarde por Campomanes, Jovellanos y Floridablanca y las Cortes de Cádiz con el reconocimieto del derecho de los pueblos a acotar sus predios comunales, motivaron, con la pérdida de los privilegios reales mencionados, su extinción en 1836. La institución había durado casi seis siglos.

La diversidad de climas de nuestro país obligaba al desplazamiento periódico del ganado en busca de buenos pastos, y esta trashumancia originaba complejos problemas en los que no me voy a detener ahora, y sí, tan sólo, en el referido a los peligros que corrían los conductores de los ganados, las reses y los bienes que transportaban por las cañadas castellanas, motivados no tanto por las alimañas como por las gentes de mal vivir con que se tropezaban. Es precisamente por estos riesgos por lo que el emperador Carlos V en 1516 dice a sus representantes:

> Vos mandamos, que de aquí adelante dexeis, y consistais traer à los Rabadanes, y Pastores de los Hermanos de el dicho Concejo de la Mesta en el campo, y tener en sus hatos, las armas que quisieren, y por bien tovieren, sin se las tomar, ni poner en ello impedimento alguno,

e insiste el Cesar en que las que se hayan requisado sean devueltas sin cargo alguno [142]. En esta Provisión no se especifica concretamente de qué tipo de armas se trata, sin embargo, dado que se está contemplando el primer tercio del siglo XVI, parece probable que, si bien en estas fechas ya existían las armas de fuego de uso personal, la autorización se dirigía esencialmente a las armas blancas. Ello no obstante, si la norma jurídica contemplaba igualmente las de fuego, las blancas eran sin duda las más importantes en este preciso caso.

No parece que las instrucciones concretas de Carlos V tuvieran un cumplimiento modélico pues, transcurridos unos años, concretamente en 1533, se publica una Sobrecarta que recoge íntegramente la Provisión de 1516 insistiendo en que «la guardeis, y cumplais, y hagais guardar, y cumplir» [143].

---

[142] Provisión del emperador Carlos V y doña Juana su Madre, dada en Madrid el 26 de abril de 1516.
[143] Sobrecarta de Carlos V y doña Juana, dada en Madrid el 21 de junio de 1533.

Una Ley de Carlos V de 1522 —reiterada después en 1633 por Felipe IV— dice que los Alcaldes mayores entregadores de Mestas y Cañadas, así como sus ministros, pueden llevar «las armas que quisiesen aunque esten vedadas, assi en nuestra Corte, como en las demas ciudades, i villas, i lugares de nuestros Reinos» [144].

Sin embargo, las disposiciones para con los conductores de ganado no siempre tuvieron un carácter enteramente positivo, pues al parecer, también entre los propios pastores y con las poblaciones vecinas se promovieron «muertes de ombres y quistiones», lo que obligó a que se dictasen preceptos como el recogido en las Ordenanzas de Baena, en que textualmente se dice:

> de aqui adelante todos los pastores y zagales que traen armas ansi espadas havarinas puñales vallestas lanzas dardos dentro de ocho dias desde que esta ordenanza fuere pregonada Dexen las dichas armas E no las traigan...salvo que puedan traer conforme a las ordenanzas antiguas de esta villa un puñal corbo para el servicio del cargo que ovieren de pastores... lo qual guarden E tengan los ganaderos y porqueros y cabreros y yeguerizos so las dichas penas.

Años más tarde, concretamente en 1536, se insiste en el contenido de esta disposición haciéndola extensiva a los «esclavos E mozos E criados De qualesquier personas que anduvieren de dia o de noche apacentando ganados» [145].

Los cayados, las piedras y las hondas no eran las únicas armas de que se valían los pastores de estos siglos, pues, según se desprende de las ordenanzas locales, el uso de armas blancas causaba daños superiores, y por ello se mandó

> que los dichos ganaderos no traigan lança, ni espada ni dardo ni puñal ni ballesta so pena de seis çientos maravedis... pero bien permitimos que los dichos pastores y porqueros traigan un puñal que tenga media vara de medir de cuchillada, porque muchas vezes les faze menester para cortar leña y desquartizar una res y otras cosas; y que esto traigan sin pena [146].

---

[144]   Libro III, Título XIV, Ley IV/3 de la Nueva Recopilación.
[145]   Ordenanzas de Baena de 18 de septiembre de 1520, y su reforma de 5 de mayo de 1536.
[146]   Ordenanzas del Concejo de Carmona, 1525-1535.

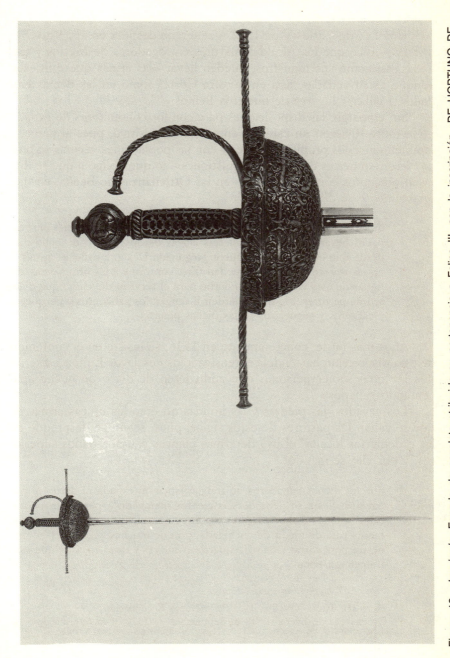

Figura 13. *Izquierda:* Espada de cazoleta atribuida su pertenencia a Felipe III, con la inscripción «DE HORTUNO DE AGUIRRE EN TOLEDO, AÑO 1604» (Fotografía cedida y autorizada por el Patrimonio Nacional). *Derecha:* Detalle.

Otras veces lo autorizado es «un cuchillo y cayado ó bastón sin hierro» [147].

La preocupación real por mantener la riqueza que constituía la ganadería española «librándola de los robos que se experimentaban de gitanos y otras gentes de mal vivir y lo mucho que importaba su conservación», se hizo patente en una Real Provisión dictada por Felipe IV en la que ordena a las autoridades de las ciudades, villas y lugares, que siendo por la Mesta requeridos

> deis y hagais dár á los Mayorales, Pastores y Rabadanes del dicho Concejo de la Mesta, la gente que os pidiere, y fuere necesaria para la guarda, y defensa de los dichos ganados, que ansi llevaren, assistiendoles para ello Vos las dichas justicias, y no consintireis, ni dareis lugar que los hurten, ni tomen contra su voluntad los dichos ganados; y la gente que assi dierédes mandamos aya de ser, y sea á costa de los dichos Mayorales, Pastores y Rabadanes [148].

El mundo estudiantil, por su mayor preparación e inquietudes, su espíritu aventurero, sus ansias de triunfo y su nivel económico en principio superior, fue siempre una clase social si no difícil, sí, al menos, digna de tener en consideración por su capacidad de riesgo, exigencias y osadía. Esta actitud —que hoy tiene plena vigencia en España y fuera de España— estaba muy viva en los siglos XVI y XVII españoles objeto de nuestro estudio.

Diversas normas jurídicas, la mayoría de ellas de aplicación muy localizada, prueban lo que acabo de manifestar. Veamos que sucedió en estos siglos en las Universidades de Salamanca, Valladolid y Alcalá de Henares, de tanta raigambre y trascendencia cultural y jurídica [149].

Las Constituciones de la Universidad de Salamanca, aprobadas por Martín V (elegido papa en 1417), prohibían en su capítulo XXI que los pertenecientes al gremio universitario llevaran armas públicamente,

---

[147] Los muy illustres señores de Murcia mandaron imprimir las ordenanzas que tiene para el govierno della y de su campo, y huerta, aprovadas por la magestad católica de N. Rey, y Señor D. Carlos Segundo, Murcia, 1695.

[148] Real Provisión del rey Felipe IV refrendada por Francisco Arrieta de 16 de abril de 1641.

[149] La Universidad de Salamanca fue creada en 1218 por el rey Alfonso IX de León, y sus privilegios confirmados por Alejandro IV.

dado que ello nada tenía que ver con el estudio y aprendizaje de los saberes [150].

La única norma jurídica que he encontrado en que se dé libertad a los estudiantes para llevar armas incluso de noche procede de Carlos V, quien en una Carta dirigida al corregidor de la ciudad de Salamanca le dice «de aquí adelante no tomeys a los estudiantes de essa dicha universidad las armas que puedan traer...» [151].

Los Estatutos reformados de la Universidad de Salamanca por el insigne canonista y romanista Diego Covarrubias y Leiva, llamado el Bártolo español, en 1561, establecían en su título LXV, bajo el epígrafe *De los trages y honestidad de las personas desta universidad*, que

> ninguna persona desta universidad de qualquier calidad que sea trayga armas algunas, ni espada, ni puñal, ni daga, ni otra qualquier arma offensiva, ni defensiva... y el que lo contrario hiziere, este quatro dias en la carcel, y mas pierda las tales armas... [152].

En el parágrafo siguiente se establece algo que, aunque novedoso ahora, se repetirá machaconamente después en el mundo universitario y fuera de él:

> Que ningún estudiante de qualquier calidad que sea acompañe de noche con armas, ni sin ellas a la justicia seglar rondando, hora sea corregidor o teniente, alcalde o alguazil, so pena de ocho dias en la carcel [153].

En 1584 se publican unos nuevos Estatutos de la Universidad salmantina, y en ellos en el capítulo XXI, titulado *De armis non portandis et de concubinis exterminandis* se prohíbe que los estudiantes lleven armas en público y menos todavía en las escuelas, aulas y claustro; al que

[150]   L. E. Rodríguez-San Pedro Bezares, *La Universidad Salmantina del Barroco, período 1598-1625*. Ediciones Universidad de Salamanca, Salamanca, 1986, Tomo III, p. 356.
[151]   Carta de Carlos V al corregidor de Salamanca, de 16 de febrero de 1553.
[152]   Parágrafos 11 y 12 de los Estatutos aprobados por Felipe II en Madrid el 15 de octubre de 1561.
[153]   En la edición de Herederos de Mathias Gast de 1584 se repiten textualmente estas disposiciones.

contraviniere esta norma se le quitará el arma de inmediato, que será entregada al rector; si se resistiese a su entrega incurrirá en excomunión de la que no será absuelto hasta tanto no entregue su arma al rector.

Diego de Zúñiga, autor de la reforma estatutaria de 1594, elevó la pena a los estudiantes que contraviniendo lo establecido, acompañasen de noche a la justicia, llegando incluso hasta el destierro perpetuo. Grande debía ser el temor a las algarabías y enfrentamientos juveniles y grande también el deseo de mantener la paz ciudadana, pues por lo que a la tenencia de armas blancas se refiere se dice

> que ningun estudiante traiga de día ni de noche armas ofensivas ni defensivas... montante, espada, daga... ni otra ninguna, ni la pueda tener en su casa, so pena de perderlas, y de diez dias de carzel, mas permitimos que pueda tener una espada en su aposento [154].

Una cosa era el precepto legal y otra muy distinta la vida real; se acataba la norma promulgada, pero los estudiantes no siempre la cumplían. Ejemplo —uno tan sólo, pues hay muchos— de esta realidad es el del reformador Roco Campofrío, que informado de la autoría estudiantil de muchos de los delitos que se cometían en Salamanca, realizó una visita de inspección, acompañado de su alguacil, secretario y fiscal eclesiástico, por las residencias de los estudiantes y, efectivamente, hallaron algunas espadas escondidas. En un memorial de 1619 se confirma la ocultación de armas que luego utilizaban con fines *non sanctus* [155].

El estatuto 31 titulado *De la honestidad de los Estudiantes*, de la Universidad de Valladolid, de 1651, prohíbe también la tenencia de armas ofensivas y defensivas tanto a los que allí siguen sus estudios como a los que pertenecen al gremio académico.

En las Constituciones del Colegio Teológico de San Ciriaco y Santa Paula de Alcalá de Henares, concretamente en la constitución sexta, al hablar del vestuario que han de llevar los colegiales, se dice que

> el manto sea de paño pardo fino y la beca de morado obscuro con rosca... debaxo del qual abito prohibo, que no puedan traer ningun

---

[154] Estatutos reformados por mandato de Felipe II y aprobados por el rey en el Pardo, el 29 de octubre de 1594.
[155] L. E. Rodríguez-San Pedro, *op. cit.*

genero de armas... so pena de privacion de un mes de porcion por cada vez que cada uno fuere convencido [156].

Dentro de los siglos que ahora se examinan, la disposición más antigua que conozco que nos hable de las armas blancas y de los clérigos es de 1526, y en ella Carlos V prohíbe a los tonsurados el tener y llevar armas:

> Los que se llaman a la corona por eximirse de la jurisdicción Real, no traigan armas, publicas ni secretas, aunque para ello tengan Cartas Reales [157].

En las cortes de Madrid de 1528, se pide al emperador Carlos V que los que han asumido o reasumido el hábito clerical (corona) puedan gozar del derecho a llevar armas, pues consideran que el hecho de gozar de los privilegios de la Iglesia no tiene por qué impedir la tenencia de armas. El César, fiel a la norma tradicional, contesta diciendo que

> no conviene a nuestro servicio ni a la buena governacion destos Reynos, y por esto no ha lugar de se hazer lo que nos suplicays.

Entre los infinitos documentos que existen en los archivos catedralicios, en la sección de Causas o pleitos criminales se encuentran muchos en los que se ve cómo existió una manifiesta tendencia de las gentes a colocarse al abrigo de los tribunales eclesiásticos, con la pretensión de ser «clérigo de corona», dada la mayor liviandad de las penas en estas instancias que en los tribunales civiles. Citaré tan sólo, muy resumidamente, uno de ellos por tratarse precisamente de clérigos que echan mano a las armas. Se trata de un juicio eclesiástico que tuvo lu-

---

[156] *Constituciones del Insigne Collegio Theologo de S. Cyriaco y Sancta Paula que el Ilustrisimo y Reverendo señor Don Ioan Alonso de Moscoso... Arzobispo de Santiago, del Consejo del Rey nuestro Señor, hizo y fundo en la villa y Universidad de Alcala de Henares, Año mil y seiscientos y doce.* Año 1666.

[157] El emperador don Carlos y la reina doña Juana en Sevilla, año de 1526. Esta tendencia se había manifestado ya en tiempos de los Reyes Católicos en una Pragmática de 1493 dada en Barcelona, en la que se dice que ningún súbdito del rey se junte con jueces eclesiásticos, con armas o sin ellas, por vía de alboroto o escándalo, diciendo que son de corona... para impedir la acción de la justicia.

gar en Burgos los días siguientes al 17 de julio de 1537, en el que tres cantores, uno de ellos capellán de número, habían peleado por la noche con espadas con un criado del Condestable, de cuya refriega resultaron heridos leves; tras las declaraciones ante tres canónigos, jueces de los cuatro témporas, son condenados a prisión (husillo) y a decir una misa de paz [158].

Como dice el profesor Emilio de la Cruz Aguilar, a quien seguimos muy de cerca en este tema [159], dentro del amplio apartado de la caballería no noble, existe una milicia especial que alcanzó gran importancia en una parte de la región murciana, y que tuvo una prolongada vida de casi seis siglos. Se trata de los Caballeros de Sierra, auténticos guardas forestales de los bienes comunales, cuyos orígenes y noticias se remontan al Fuero de Molina (1152) y su estatuto se halla recogido en 21 de los 72 artículos que componen las Ordenanzas del Común de la Sierra de Segura aprobadas por Felipe II en junio de 1581.

Al final de la ordenanza primera se dice que debían ser 24 caballeros, y todos y cada uno de ellos debían cumplir determinados requisitos para llegar a serlo. Así, tenían que ser vecinos de Segura o de Orcera, debían poseer un mínimo de bienes de fortuna (50.000 maravedís), entendidos más como garantía de las responsabilidades en el desempeño de sus funciones que como cuantía para la imputación de determinadas obligaciones, tener caballo de una determinada edad y valor, que no se podía vender, prestar ni alquilar, superar un examen, prestar juramento, solicitar y obtener la licencia o credencial («recudimiento») y, naturalmente, poseer una serie de armas y piezas de la armadura que le capacitasen plenamente para el ejercicio de sus funciones, y que concretamente eran con relación a las primeras: la espada y la daga o el puñal, que debían conservar siempre con ellos («tener ordinariamente»)

Esta institución, cuyas ordenanzas regulan minuciosamente el ejercicio de sus funciones propias, quedó extinguida con la promulgación de la Ordenanza de Montes de Marina de 1748, así como con la Nueva Guardería Forestal de 30 de agosto de 1749.

---

[158]   Archivo Capitular de Burgos, Libro 50, Parte 2.ª, fol. 751 r.º.
[159]   E. de la Cruz Aguilar, «Los Caballeros de Sierra en unas ordenanzas del siglo XVI», *Revista de la Facultad de Derecho* de la Universidad Complutense de Madrid, n.º 59, pp. 123 ss.

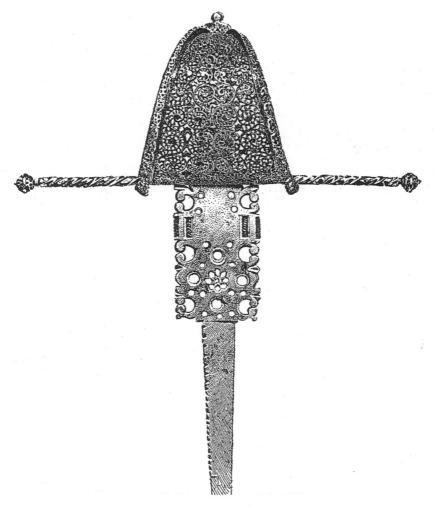

Figura 14. Daga de mano izquierda del siglo XVII. Detalle (Colección Estruch).

Si la tenencia de armas por los súbditos de su majestad católica fue siempre objeto de rigurosa reglamentación, mucho más rigurosa es ésta, cuando se trata de súbditos de un país en guerra con España. Para darnos cuenta de la severidad a que se puede llegar por la comisión de este preciso delito, baste recordar, en épocas más recientes, que el Dia-

rio de Madrid de 4 de mayo de 1808, publica una orden del Estado
Mayor francés en la que, en su artículo III, se dice que

> quienes despues de la execución de esta orden se hallaren armados
> o conservasen armas sin una permision especial serán arcabuceados.

Ajustándonos al período histórico que consideramos, lo habitual
era que, cuando nuestro país entraba en guerra con otro, el rey lo co-
municase enseguida a sus gobernadores de los diversos reinos, ordenando al mismo tiempo la toma de una serie de medidas conducentes
a reducir cualquier clase de peligro interior. A este respecto son muy
elocuentes los reales bandos dados en distintos años por los capitanes
generales del reino de Valencia, con motivo de la comunicación real del
estado de guerra con Francia durante el último tercio del siglo XVII.

En 1667, doña María Ana de Austria, reina gobernadora, hace saber al duque de San Lúcar, Capitán General del reino de Valencia, que
el rey Cristianísimo de Francia

> ha invadido y ocupado algunas Provincias y Plaças de los Países Baxos
> que estavan à la obediencia del Rey nuestro señor, rompiendo mani-
> fiestamente la paz, y moviendo injustamente la guerra...

por lo expuesto el duque de San Lúcar ordena:

> Que ningún Frances, de qualquier estado o condicion que sea pueda
> traer consigo, ni tener en su casa armas algunas, assi ofensivas como
> defensivas, so pena de cinco años de Galeras y otras pecuniarias... ex-
> ceptados los Franceses que estuvieren avecindados, los quales podran
> tener, y llevar espadas no prohibidas [160].

A continuación el Bando ordena

> que todos los Franceses, de qualquier calidad, y condicion que sean,
> que se hallaren, ò estuvieren en la presente Ciudad, y su general con-

---

[160] Real Bando mandado publicar en la ciudad, y Reino de Valencia, por el Sr.
duque de San Lúcar, el 23 de agosto de 1667. Otro Real Bando prácticamente idéntico
a éste había sido publicado el 2 de enero de 1639 por el capitán general de Valencia,
Don Fernando de Borja.

tribucion, dentro de tres dias, contadores desde el de la publicacion del presente Real Bando, comparezcan ante qualquiera de los Ministros infrascriptos à manifestar y entregar con efeto las armas que tuvieren en su poder, y en sus casas ò en poder de otras personas encomendadas, prestadas, ò de qualquier manera que sea, assi ofensivas, como defensivas, y aquellas realmente entreguen, y manifiesten sin excepcion alguna, ò digan en poder de que personas las tienen, so pena à los que lo contrario hizieren de cinco años de Galeras y otras pecuniarias...

En el parágrafo 3.° se hace extensivo todo lo dicho hasta aquí a las demás ciudades, villas y lugares del Reino de Valencia, y en el 4.° se ordena que nadie

se atreva a guardar, ni encubrir las armas de dichos Franceses; antes bien tengan obligacion de manifestarlas si las tuvieren en su poder, ò dar noticia si supiere que estan en poder de otras personas

so pena de incurrir en los mismos castigos impuestos a los franceses; pero si los encubridores fueren militares, o gozaren del privilegio militar, incurrirán en la pena de cinco años en Orán aparte de las pecuniarias que se estimen.

El rey Carlos II, en 1683, comunica al Conde de Sifuentes, capitán general de Valencia, que el rey de Francia ha «roto la guerra contra esta Corona» y ordena tomar una serie de medidas —principalmente de embargo de todos los bienes de los súbditos franceses residentes y la prohibición de comerciar con ellos— de las que entresaco las de mayor interés: la prohibición de llevar o poseer armas ofensivas o defensivas, salvo los avecindados con relación a las espadas no prohibidas; la obligación de entregar a la autoridad las armas que se posean y decir, en su caso, en poder de quién están las cedidas; la extensión de las obligaciones expuestas a todo el resto del Reino de Valencia; el castigo de los encubridores de armas pertenecientes a los súbditos franceses, etc. [161]. Medidas todas prácticamente idénticas a las dictadas años antes por la reina gobernadora doña María Ana de Austria.

[161] Real Bando mandado publicar en Valencia por el conde de Cifuentes... el 16 de diciembre de 1603.

Dos documentos prácticamente idénticos en su contenido a los que se acaban de estudiar existen en la Biblioteca Nacional, referidos a dos momentos y personalidades diferentes. El primero de ellos es de 12 de mayo de 1689 dado por Carlos II al conde de Altamira, capitán general de Valencia, y el segundo Real Bando es de 17 de julio de 1691 publicado por el marqués de Castel-Rodrigo, capitán general de Valencia, siguiendo las órdenes del último rey austria.

La especial consideración por parte del poder público para con los representantes del pueblo cuando se reúnen para legislar no es algo privativo de la democracia de nuestros días, pues ya en tiempos pasados gozaron de ciertas ventajas y privilegios, que no voy a contar aquí, aunque sí citar, a modo de ejemplo, una ley muy representativa de la actitud del legislador para con este tipo de personas tan cualificadas.

En las Cortes celebradas en Estella en 1567, se pide al Rey ordene que, cuando tengan lugar las Cortes en esta ciudad, los que rondan no quiten las espadas ni las dagas a los representantes de los ciudadanos ni a sus criados, aunque sea caminando por la noche después del toque de queda. El Rey, a esta súplica que le parece justa, ordena «se haga ley sobre esto» y si contra lo mandado se quitaren las armas, éstas deberán ser devueltas [162].

La historia sólo puede ser contemplada y juzgada con los ojos de los tiempos en que los hechos se produjeron; hacerlo de otra manera deforma la realidad auténtica del pasado y hace incomprensibles muchos de los acontecimientos que fueron realmente hechos históricos. A nadie le cabe hoy en la cabeza que se pueda mandar a una persona a la hoguera por el simple hecho de confesar que no cree en la Santísima Trinidad. Los juicios de valor sobre la historia son muy peligrosos cuando el estudioso no se sitúa en la realidad social del mundo en que el hecho concreto sucede, con todas las creencias, ideales, prejuicios y circunstancias socio-económicas que en ese determinado momento y lugar lo impregnan y configuran.

Esta reflexión tiene mucho que ver con el problema gitano en la España de otros tiempos. De las muchas normas jurídicas que se dictaron específicamente dirigidas a ellos, me voy a detener en una sóla,

---

[162]   Ley 77 de las Cortes de Estella de 1567, en J. Elizondo, *op. cit.*, p. 233.

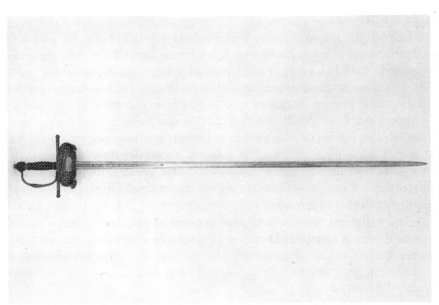

Figura 15. *Izquierda:* Espada de conchas atribuida su pertenencia al conde de Lemos. Toledo, siglo XVII. En su hoja aparece la inscripción: «DE TOMAS DE AIALA» (Fotografía cedida y autorizada por el Patrimonio Nacional). *Derecha:* Detalle.

la Pragmática de 12 de junio de 1695, dada en Madrid por el rey Carlos II. En su parte expositiva se habla entre otras cosas de que

> de muchos años a esta parte se ha procurado por justas, y gravísimas causas del Servicio de Dios nuestro Señor y bien de estos Reinos expeler, y exterminar de ellos a los Gitanos como gente tan perniciosa...;

y en la parte dispositiva se puede leer: que se den 200 azotes y destierro a las gitanas que se hallaren sin estar avecindadas, que los gitanos no podrán tener otra dedicación que la labranza y cultivo de los campos, que no puedan tener ni montar en caballo o yegua aunque no sea suyo, no puedan acudir a los mercados, comprar o vender animales ni ganados, usar traje distinto del común, hablar la lengua que ellos llaman gerigonza so pena de ir seis años a galeras, siendo en los juicios que contra ellos se incoaren, válidos los testimonios de las mismas personas acusadoras, y la posibilidad de recurrir a la tortura de los presuntos culpables miembros de la raza gitana.

Después de contemplar un panorama como el expuesto, que hoy nos parece monstruoso pero que aunque severo era acorde con los tiempos, el que en esta misma Pragmática se ordenara que en el plazo de treinta días todas las gitanas y gitanos deberían comparecer ante las justicias de los lugares donde estuvieren avecindados, y aparte de otras cuestiones declarasen

> todas las armas que tuvieren, así ofensivas como defensivas, de qualquier genero que sean, tanto las que tuvieren en las casas, como las que hubieren puesto en otras partes, o dado a guardar,

bajo las penas de seis años de galeras a los hombres, y 100 azotes y destierro a las mujeres, no nos parece desproporcionado.

El ordenamiento jurídico del siglo XVI referido a los árabes residentes en el Reino de Granada después de la toma de esta ciudad por los Reyes Católicos tiene un interés excepcional por la diversidad de situaciones que contempla, lo enjundioso del *corpus iuris*, y, sobre todo, por la especial condición de sus destinatarios: los moriscos, es decir, los moros que después del 11 de febrero de 1502 siguieron residiendo en España gracias a su conversión —forzosa y aparente en su inmensa mayoría— al cristianismo.

El 3 de septiembre de 1501 los Reyes Católicos envían al corregidor de Granada una carta en la que tras reconocer que ya estaba prohibido —«defendido», dice el texto— la tenencia de armas a los nuevamente convertidos, ordenan que

> no sean osados de traer armas algunas, ni las tener publica ni escondidamente, so pena que por la primera vez... pierdan sus bienes, e sean desterrados del reyno de Granada perpetuamente, e por la segunda mueran por ello... y que esta nuestra carta sea pregonada publicamente por las plaças e mercados e otros lugares acostumbrados desta dicha ciudad de Granada, e de las dichas ciudades, villas e lugares del dicho reyno por pregonero e ante escrivano publico.

Como puede observarse, las penas impuestas por contravenir esta norma eran realmente graves. Es cierto que se acababan de producir sublevaciones en el Albaicín, la Alpujarra, Baza y Guadix, pero el deseo de cortar por lo sano cualquier otro intento semejante estaba claro, pues desposeer de todos los bienes y desterrar del reino a los culpables en la primera ocasión y ser condenados a muerte por reincidir en la segunda, manifiestan claramente cual era la voluntad del legislador.

De esta misma fecha [163], y consecuente con ello, es la expresa prohibición de que los moriscos armados no acompañen a las justicias de la ciudad de Granada, so pena de una multa de 10.000 maravedís.

Unos años después, el rey Fernando, por una Cédula dictada en Sevilla el 26 de abril de 1511 —copia literal de ella es la de 5 de octubre de 1527 hecha en Granada y existente en la Biblioteca de Bartolomé March— se dirige al presidente y oidores de la audiencia de Granada y a todos los corregidores de las ciudades, villas y lugares de este reino, comunicándoles que estando prohibido a los moros recién convertidos

> tener ni traer armas so pena de perder (la) mitad de sus bienes y destierro del dicho reino y como los que pasan contra esto son hombres traviesos y de mal vivir, de desterrarse se han seguido algunos inconvenientes especialmente se juntan con moros de allende y andan en su compañía y saltean y hacen otros muchos daños...

---

[163] 3 de septiembre de 1501, en Nueva Recopilación de Leyes, Ley VIII, Título II, Libro VIII.

ha decidido conmutar la pena de destierro por la de dos meses de cárcel «quedando en las otras cosas en su fuerza y vigor», con lo que se evitaban los muy peligrosos contactos con los árabes del Mogreb. Al parecer, las drásticas prohibiciones que los Reyes Católicos habían establecido, causaban no pocos perjuicios a los moriscos, dado que algunas de las armas blancas, aparte de su carácter ofensivo, tenían una gran aplicación en la vida cotidiana, en los trabajos del campo, en la ganadería, etc.. Por ello, no es de extrañar que estas quejas llegaran a oídos del rey, y Fernando el Católico, comprendiéndolo —«son muy fatigados sobre el trer de los cuchillos e puñales de que tienen necesidad», dice el texto— manda que

> los dichos nuevamente convertidos puedan tener o traer e trayan puñales, rromas las puntas, e rredondas, para adobar su arados, e cortar rama, e para las otras cosas de que tuvieran necesidad, e que la cuchilla de ellos sea un palmo e non mas e que de esta manera ninguna ny algunas justicias ge la puedan tomar ny tomen no embargante quales quier prohibiciones que en contrario de lo susodicho sean, con tanto que si los dichos puñales truxeren puntas ya entran en las penas que estan puestas a las personas nuevamente convertidas del dicho reyno que trahen armas [164].

El amor a las armas blancas y a su bella presentación es muy antiguo, como lo prueba los riquísimos ejemplares que se conservan en muchos museos y armerías reales. Hasta tal punto esto es así, que incluso los propios moriscos, a quienes el hecho de tener, usar y disfrutar de las armas blancas les estaba enormemente restringido, querían, en la medida de lo posible, ennoblecer sus armas con aderezos que realzasen su belleza. Pero el rigor de las leyes era grande y su deseo pronto se vió truncado. Así, se dice en un texto del rey Don Fernando [165] que los cuchillos y puñales que tienen autorizados los moriscos para sus trabajos en sus casas y haciendas

> los fazen como puñales de atavio e aunque son rromas las puntas conforme a la dicha cedula (tienen) los cabos labrados de atavio,

[164]   Carta de Fernando el Católico, dada en Sevilla, el 12 de mayo de 1511.
[165]   Don Fernando, en Burgos a 10 de febrero de 1512.

y para que esto no se repita y se corra el riesgo de que los lleven consigo en la ciudad, manda que

> los cabos deben ser de hierro todos y al cabo de ellos un agujero e la vayna grosera, syn nynguna obra conforme a uno que de aqua enbyo a vos el dicho Gutierre Gomez de Fuensalida (corregidor de Granada)... e por que no se pueda mudar la manera de los dichos cochillos mando... que hagays hazer y enbiar a cada una de las cibdades e villas de ese rreyno con el traslado de esa dicha my carta otro tal cochillo como el que se vos enbia e que las dichas justicias hagan poner en el arca del concejo para que conforme a ellos los traygan e tengan e no de otra manera.

Hasta aquí —y después también según veremos— los moriscos eran los delincuentes y los demás, justicias, alcaldes y oficiales los de recto proceder. Pero la codicia y malevolencia no es exclusiva de una raza o clase social, y así la reina doña Juana escribe al juez de Sevilla diciendo que está enterada de que algunas veces los representantes de la autoridad

> quando toman las dichas armas, las venden e no las quieren tornar a sus dueños, e si las buelven les cohechan primero de manera que sobre ello ay muchas differencias e cohechos.

Ante esta situación, la Reina manda que los alcaldes, alguaciles, merinos, oficiales o cualquier otra autoridad interviniente, cuando quiten las armas a quienes las llevan o guardan indebidamente, que no las vendan ni pública ni secretamente, directa o indirectamente, bajo pena de devolver a sus legítimos dueños el valor justo de lo vendido y el cuádruplo del precio deberá ser entregado a la cámara real en concepto de multa [166].

Dentro de las varias e importantes medidas que Carlos V toma en la ciudad de Granada en 1526 con relación a los «nuevamente convertidos de Moros deste Reino» figura la siguiente:

---

[166] Pragmática de doña Juana dada en Burgos a 20 de julio de 1515.

mandamos que todos los que las tienen (armas), dentro de treinta
días las trayan, i presenten originalmente ante los Corregidores del dicho Reino, cada uno en su Jurisdicción, para que ellos vean quien las
puede traer, i nos informen de lo que se deve proveer... ni den licencia à ningun Morisco, aunque sea su vassallo, para que traiga, ni
tenga armas en manera alguna, i las licencias, que han dado, i dieren
sean en si ningunas [167].

En siglos pasados, la religión, por sus connotaciones políticas, era
determinante en la vida social de los ciudadanos, y ello hasta tal punto,
que la misma fecha de la conversión era trascendental para que se les
aplicase uno u otro ordenamiento jurídico. Así, Carlos V especifica que
los

Christianos nuevamente convertidos de Moros del Reino de Granada
para gozar de lo que gozan los Christianos viejos, especialmente de
traer, i tener armas,

es necesario que se trate de convertidos a la religión cristiana con
anterioridad a la conquista de Granada y no de los que se convirtieron
después de la «conversión general». Más adelante, dentro de esta misma ley, se establece que la disposición que permite a los convertidos
del Reino de Granada que tuvieren licencia de los monarcas precedentes para llevar armas, debe entenderse para las ciudades, villas, lugares
y poblados donde residieren, y para una espada, un puñal y una lanza,
sin que puedan llevar o guardar otro tipo de armas, so pena de incurrir
en los castigos previstos para los demás moriscos [168].

En las cortes celebradas en Toledo, en 1560, los procuradores, argumentando que muchos moriscos poseen armas y causan con ellas graves daños, amparados en que los Reyes Católicos autorizaron a sus as-
cendientes a tenerlas con motivo de su conversión voluntaria anterior
a la general, piden al monarca que confirme la prohibición de su tenencia aunque sean descendientes de moriscos autorizados para ello.

[167]   El emperador Carlos V y doña Juana en Granada el día 7 de diciembre de
1526.
[168]   Dada por los Reyes de Bohemia en ausencia del Emperador, en Valladolid, el
13 de septiembre de 1549.

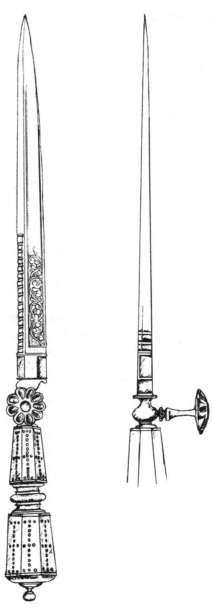

Figura 16.   Almarada con la inscripción del año 1692 (Colección particular). Dibujo de R. M. P.

Pero Felipe II no accede a tal petición y contesta diciendo que sobre esta materia, ya «tenemos mandado proveer lo que conviene» [169].

Casi 70 años más tarde, Don Luis Fajardo de Requesens, marqués de los Vélez insiste en la prohibición general y manda que en su jurisdicción, el Reino de Valencia, ningún morisco de los convertidos pueda llevar de día ni de noche ninguna clase de armas sin licencia del capitan general de la ciudad, so pena de perder las armas y ser condenado a tres años de galeras [170].

Antes de concluir este apartado del ámbito personal conviene citar tres disposiciones reales que, de una u otra manera, vienen, en definitiva, a reglamentar y fortalecer los medios de defensa de los cocheros y guardas del Rey y personajes palatinos, así como de las posesiones de la Corona.

La primera de estas disposiciones es de Felipe III, y en ella se ordena que los cocheros, cuando vayan en los coches, no lleven espada, pero sí cuchillo de monte [171]. En la segunda, el rey Felipe IV consciente de que sus guardias a caballo poco podían hacer con simples lanzones, ordena que éstos sean sustituídos por lanzas («lanças de ristre»), pues son más eficaces a la hora de defenderse y atacar [172]. Y la tercera se refiere a la seguridad del Palacio del Rey y del Bosque del Lomo del Grullo, y en la misma Felipe IV se dirige al conde Duque de Olivares diciéndole que es conveniente que el teniente de alcalde y los guardas allí destinados lleven las armas ofensivas y defensivas que precisen para el eficiente ejercicio de su misión [173].

ÁMBITO FISCAL

El mantenimiento del orden público fue siempre preocupación principal del poder público, y para conseguirlo, había, por un lado, que tra-

---

[169]   Petición LXXXVII.
[170]   Real Crida de 1628, *op. cit.*, 111.
[171]   Pragmática dada en Madrid el 7 de abril de 1611.
[172]   Real Cédula de 15 de marzo de 1629, Archivo Histórico Nacional, Osuna, Legajo 15, n.º 22.
[173]   Real Cédula de 28 de agosto de 1623, Archivo Histórico Nacional, Consejos, 11.525.

tar de reducir al mínimo la comisión de delitos y faltas, y por otro, conseguir de los representantes de la autoridad y de la justicia el máximo esmero en el cumplimiento de sus funciones. Para lograr esto último nada mejor que premiar (pagar) su celo profesional con la donación de las armas aprehendidas a los delincuentes.

En las Cortes de Valladolid celebradas el año de 1542, se pide al Emperador que las armas aprehendidas no se den —como estaba establecido— a los jueces cuando no se hallaren presentes en el lugar de la comisión del delito («al ruydo», dice el texto) y porque dándolas la codicia de algunos magistrados les mueve a actuar parcialmente con daño para la justicia y los particulares. A esto, Carlos V contesta diciendo que se siga la norma vigente hasta la fecha. En esta misma Petición XII, el Emperador confirma que las justicias, no se queden con las armas cuando no hubieren sido tomadas *in flagranti delicto*, pasando, como siempre que no se especificaba nada, a engrosar las menguadas arcas de la Cámara Real.

Otras veces se pide lo contrario (aunque referido en esta ocasión a las justicias y no a los jueces). Así en las Cortes de Valladolid de 1555 (Petición LXIX) y en las de Toledo de 1560 (Petición LXXI) se expone a los reyes la situación en que se encontraba la administración de justicia, pues, según los procuradores, las justicias, al no obtener compensación económica —adquisición de las armas criminales— «dissimulan» dice el texto, y los delincuentes quedan sin castigo; por ello, piden que las armas aprehendidas pasen siempre a poder de las justicias tanto si fueren tomadas en el momento de la comisión del delito como si lo fueron *a posteriori*, salvando siempre el caso del delincuente que se entregara voluntariamente. Pero tanto Carlos V como Felipe II insisten en que «no conviene hazer novedad».

Pero la fuerza de los hechos obligará a Felipe II a modificar el criterio legal sostenido hasta entonces, y en una Pragmática de 1566 considera que

para que las dichas nuestras justicias y sus ministros pongan mas cuidado e diligencia en prender a los tales delinquentes hordenamos y mandamos que agora y de aqui en adelante todas las armas ofensivas y defensivas con que los dichos delinquentes se hallaren al tiempo de cometer el delito... se apliquen a las justicias y aguaziles que pren-

dieren a los tales delinquentes aun que la prision no sea hecha en fra-
gante delito [174].

Ya se mencionó en el capítulo anterior al hablar del ámbito fiscal
como la alcabala se había generalizado en España y sólo muy pocas
mercancías estaban exentas de su pago, siendo una de ellas la compraventa de armas. Pues bien, Felipe II en 1567 insiste en esta misma
constante legal, aunque con una exigencia nueva —a mi juicio digna
de todo encomio— cual es, la de que para que el impuesto no se pa-
gara era imprescindible que el producto final estuviera perfectamente
logrado, pues aunque se tratase de armas blancas, si la espada, puñal,
daga o cuchillo de monte en cuestión no eran perfectos, la exención
no entraba en juego [175].

ÁMBITO JUDICIAL

Existe la ya citada Pragmática de doña Juana *la Loca* dirigida al
juez de residencia de Sevilla, en la que haciéndose eco y reaccionando
a la (mala) costumbre que tenían las justicias de vender las armas que
aprehendían, castiga severamente a los que así lo hicieren [176]. Todo
hace suponer que esta norma legal se refiere a las situaciones en que
todavía no se había dictado sentencia por el juez conocedor del caso,
pues con frecuencia sucedía que por no existir infracción legal —cuando por una u otra razón se estaba autorizado para llevar armas— había
que devolverlas a sus legítimos dueños; y, quizás también, como se vio
en el apartado referente a temas económicos, al temor de que las armas pudieran ser llevadas al extranjero, con grave perjuicio para nuestro país.

Los barones en el Levante español tuvieron siempre una considera-
ración acorde con su poder económico y político, así como con su alta
jerarquía nobiliaria. Ejercían, dentro de su baronía, todas las funciones
señoriales que les eran propias y entre ellas, como muy importante, la
jurisdiccional. En este sentido es muy curioso cómo se pide al rey —y

---

[174]   Madrid, 28 de febrero de 1566.
[175]   Madrid, junio de 1567.
[176]   *Vid.* Nota n.° 166.

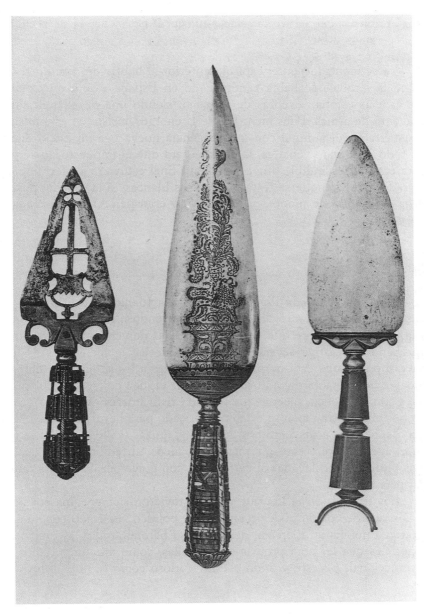

Figura 17.   Puntillas. Siglos XVII y XVIII (The Metropolitan Museum of Art, Nueva York).

éste otorga— el derecho a conocer todas las causas sobre armas prohibidas, tanto si recaen sobre cristianos viejos como nuevos, con excepción de los vasallos de los señores de los lugares que tienen jurisdicción alfonsina, y de los que por pertenecer a la milicia gozan del privilegio castrense [177].

ÁMBITO INDUSTRIAL

Basta visitar algunos museos de armería españoles y extranjeros para darse cuenta de hasta que punto existió en España una gran variedad de espadas, no sólo por su tamaño y peso sino también por la forma de la hoja, del recazo, las mesas, el vaceo, la cazoleta, la cruz, el pomo, los gavilanes, etc., pero lo que más diferenciaba las espadas de estos siglos, unas de otras, desde el punto de vista de su esgrima era su longitud. Es por ello por lo que, dentro de este período histórico, existe una continuada petición de que todas las espadas sean iguales en sus dimensiones, pues la desigualdad puede dar ventaja a uno de los contendientes y ello no sería equitativo. Como se dice en un texto dirigido a Felipe II, al hacerlas iguales «desta manera no havra ventaja en las armas sino en los coraçones y destreza».

En las Cortes de Valladolid de 1548 se recuerda al Rey que en reuniones de Cortes anteriores se pidió que las espadas y estoques fuesen todos iguales en su tamaño y ley, y que los que ya existían más largos de lo debido, se acortasen para lograr la homologación deseada y no obstante, la respuesta real de que «se platicaria en ello y se proveeria como conviniesse», todo sigue igual. Continúan los procuradores manifestando que con espadas sobredimensionadas «ligeramente se matan con ellas los hombres», y que esta normativa legal de armería se observe también para las espadas que fueren importadas, aclarando que los patrones y medidas de las espadas están en las casas de los ayuntamientos a la disposición de los espaderos y comerciantes que las precisen; pero el Emperador contesta diciendo «que por agora no conviene que se haga novedad».

---

[177] Furs, capitols, provisions, e actes de Cort, fets y otorgats per la S.C.R.M. del Rey Don Phelip nostre senyor, ara gloriosament regnant. 1604, fol. 34.

Parecida Petición se formula en las Cortes de Valladolid de 1558, insistiendo en que «las espadas y estoques sean yguales y no puedan tener más de cinco quartas de cuchilla porque por la desigualdad dellas acaecen muchas muertes y heridas». Pero la respuesta es: «por agora no conviene hazer mudança ni novedad» [178].

En las Cortes de Madrid de 1563 se repite la petición de la igualdad de las espadas, y todo lo que se obtiene es «que los de nuestro consejo platiquen en ello y provean lo que conviene» [179].

Por lo que a los puñales y dagas se refiere, dentro del Reino de Valencia se manda que sean de la usanza, es decir, que la hoja mida por lo menos un palmo y seis dedos de longitud, que sea de una anchura igual hasta la punta y que tenga dos filos [180].

[178]   Petición XXXI.
[179]   Capítulo LXXV.
[180]   Real Crida de 27 de marzo de 1665, *op. cit.*, 2.

Capítulo III

EL SIGLO XVIII

El siglo XVIII español es un período histórico de un interés extraordinario, pues en todo lo que la España de entonces abarcaba se producen una serie de cambios y acontecimientos trascendentales de auténtico interés político, económico, jurídico, cultural y humano.

En 1700 se instaura en España una nueva dinastía, la borbónica, con Felipe V, quien tras la Guerra de Sucesión, y siguiendo su formación francesa, concibe y configura de forma distinta la forma de gobernar y modifica gran parte de las instituciones estatales. En esta época tuvo lugar el Tratado de Utrecht, la introducción de la imprenta en La Habana, la fundación de la Biblioteca Nacional (Real) y la Real Academia Española, la creación de la primera compañía de comercio con las Indias o Real Compañía Guipuzcoana de Caracas y la apertura de la Universidad en esta ciudad. Con Fernando VI y Carlos III se inauguró la Academia de Bellas Artes de San Fernando, se creó el cargo de Intendente para las Indias, se colonizó Sierra Morena, se expulsó a los jesuitas, primero de Paraguay y después de España. Algunos ministros fueron auténticas personalidades, y en este sentido baste recordar los nombres de Campomanes, Floridablanca, Aranda, Múzquiz, Roda y Jovellanos. Se fundan las misiones de San Diego en California por fray Junípero Serra y Gaspar de Portalá; el Virreinato de Méjico llega a tener 18.000.000 de habitantes y 16 ciudades tan pobladas como Madrid; se crearon los Virreinatos de Río de la Plata y Nueva Granada, haciéndose célebre en este último José Celestino Mutis. Se abolen las encomiendas y se suprime la Casa de Contratación; el Consejo de Castilla extiende su acción a toda España y se convierte en un poderoso instrumento de centralización administrativa; aparecen los Montes de Piedad y las Sociedades de Amigos del País, pero sobre todo esta época se caracteriza por su despotismo ilustrado, por la Ilustración y su esplendor en el mundo de las artes con figuras como Meléndez Valdés, Nicolás Fernández Moratín y Francisco Goya y Lucientes.

ÁMBITO PENAL

Si bien en principio puede concebirse como delito toda conducta que ofenda gravemente la conciencia colectiva o individual, en aras de la seguridad jurídica no puede considerarse como delito más que aquellas acciones que están previa y específicamente tipificadas como tales por la ley. Esta es la razón por la que la legislación penal es abundosa en esta centuria, aunque sus disposiciones se hallen diseminadas en leyes, reglamentos, pragmáticas, cartas, cédulas, estatutos, decretos, edictos, órdenes, circulares, resoluciones, provisiones, ordenanzas, acuerdos, bandos, etc., pues el proceso codificador del derecho penal propiamente dicho no había comenzado; sólo existían Las Partidas y la Nueva Recopilación.

La primera disposición penal, a nuestros efectos, que encontramos al arrancar el siglo XVIII se refiere al «uso de los puñales o cuchillos que comunmente llaman rejones o giferos», condenando, por el solo hecho de la aprehensión con ellos, a 30 días de cárcel, 4 años de destierro y 12 ducados de multa [1].

Esta misma prohibición se repite ocho años más tarde aunque introduciendo otros matices de interés como son: a) el incluir la frase «y otras armas cortas blancas», con lo que, en teoría, no quedaba ninguna exceptuada; b) el afirmar «en que desde luego los damos por condenados, solo por el hecho de la aprehensión con estas armas», lo cual no deja de ser taxativo y quizás hasta injusto; y, c) el aumento de la pena a, si noble seis años de presidio, si plebeyo, a seis de galeras [2].

El Consejo de Castilla, para completar el contenido de esta Pragmática, publicó un Bando en el que se notificaba a los cuchilleros que

---

[1]   Pragmática de Felipe V, dada en Madrid, el 4 de mayo de 1713.
[2]   Pragmática de Felipe V, dada en Lerma, el 21 de diciembre de 1721.

Figura 18. *El espadero*, de Mariano Fortuny, 1867. Óleo sobre lienzo (Museo de Bellas Artes de Granada).

no fabricaran este tipo de armas blancas prohibidas y que rompieran («demoliendo») las existentes; y, a los comerciantes («prenderos») que no las vendiesen [3]. Años después, el mismo Consejo ordenó a los alcaldes de corte que diesen las providencias que considerasen más eficaces para recoger «las navajas largas de muelle ó encaxe que vienen de otros Reynos, haciendolas romper, y prohibiendo absolutamente el uso y fábrica de ellas» [4]. En el *Libro de Gobierno* del año 1781, fol. 556, firmado por el alcalde de Madrid, conde del Carpio, se puede leer: «Auto por lo que resulta deste expediente se exijan 20 ducados a los sugetos en donde se haian encontrado Nabajas de Birola», aquellas en que la virola, siendo giratoria, impedía que la navaja se cerrase al presionar o golpear violentamente con la punta de la hoja. Es curiosa esta disposición referida a este tipo de navaja, pues son excasísimos los ejemplares de estas características que pueden hoy contemplarse en los museos y colecciones privadas.

La norma legal (penal) más importante y completa de este siglo referida a las armas blancas cortas, es sin duda la Real Pragmática de Carlos III dada en Aranjuez, el 26 de abril de 1761, en la que se contemplan aspectos diversos del mayor interés. Comienza su texto recordando las pragmáticas anteriores —que acabamos de comentar— y después se refiere a una de 19 de marzo de 1748 —que se va a ver *in extenso,* pues es el fundamento de la de 1761— en la que se manda que cualquiera que sea el contrato, asiento o arrendamiento que se efectúe con la Real Hacienda, en el que se autoriza con carácter excepcional el uso de determinadas armas, se excluya siempre las armas blancas.

El interés real de acabar radicalmente con los delitos de sangre causados con arma blanca debió ser tan terminante que se manda a todas las autoridades judiciales del país, incluidas las de la Inquisición, que en el caso de delito contra las personas o de simple tenencia, serán competentes para conocer de este tipo de delito los tribunales ordinarios, sin que se pueda alegar privilegio ni fuero alguno ni siquiera de la Inquisición; que esta privación de fuero se extendía también a los testigos, sin que fuese necesario pedir licencia a ningún jefe de la Casa Real, Militar o de cualquier otra índole. El texto recoge a continuación

---

[3]   Auto del Consejo de 3 de mayo de 1722.
[4]   Autos del Consejo de 14 de junio de 1732 y 7 de septiembre de 1741.

expresiones que se explican por sí mismas, tales como: «imponiendo irremissiblemente las penas en ella establecidas para los que usan semejantes Armas», «teniendo este delito por absolutamente exceptuado de qualquiera Indulto», «que no se pudiesse con ningun motivo, ni pretexto commutar la pena».

Esta pragmática de 1748, de la que se publicaron bandos en tres ocasiones [5], enumera concretamente cuales eran las armas blancas prohibidas, a saber: puñal, rejón, guifero, almarada, navaja de muelle con golpe seguro o virola, daga, cuchillo de punta chico o grande aunque fuese de cocina, y cuchillo de faldriquera. Las penas son, si el delincuente era noble, seis años de presidio, y si era plebeyo, los mismos de minas. Parecidas penas se imponían a los maestros armeros, tenderos, mercaderes y prenderos que las fabricasen, vendiesen o conservasen en sus establecimientos, con la obligación de despuntarlas dejándolas romas o sacándolas fuera de España, y ello en el plazo máximo de quince días. Finalmente, se incluye en las mismas penas a los cocineros, ayudantes, galopines, despenseros y cocheros que fueren con las armas o cuchillos propios del ejercicio de su profesión cuando no estuviesen practicando su oficio.

Se cita a continuación la Pragmática de 1757, en la que para justificar la prohibición se aducía que las armas blancas prohibidas sólo servían para «executar muertes alevosas con gravissimo daño de la quietud pública...» y que, no obstante todas las leyes existentes sobre la materia, su observancia era muy deficiente, por lo que se imponía su confirmación: «recogiendo y quebrando con diligencia judicial todas las que se hallassen... sin permitir su introducción de Reynos extraños...» [6].

La Pragmática de 1761, al llegar a la parte dispositiva enumera, repitiéndolas, las armas prohibidas de 1748, cita, como incluidos en la ilicitud los mismos profesionales, y solamente añade que a los cocheros, lacayos y criados de librea en general les está vedado llevar al cinto espada, sable o cualquier otra arma blanca, con la única excepción de los destinados en la Real Casa.

---

[5]   27 de septiembre de 1749, 3 de abril de 1751 y 3 de julio de 1754.
[6]   Pragmática de Fernando VI, dada en el Buen Retiro, el 18 de septiembre de 1757.

Figura 19.   Cuchillo del siglo XVIII (Colección particular). Dibujo de R. M. P.

En Aranjuez, el 26 de abril de 1771 y en Madrid, el 9 de octubre de 1780, se vuelven a publicar Bandos insistiendo en la ilegalidad de esta clase de armas blancas.

Eran tantas las clases, tipos, formas y tamaños de las armas blancas existentes en España en este siglo que el legislador se vio obligado a especificar concretamente cuales eran las incluidas en la prohibición. Tal es el caso de la Real Orden de 13 de marzo de 1753 en que se relacionan: las navajas de punta, pequeñas o grandes, siempre que vayan provistas de muelle o virola giratoria, reloj —cierre de secreto— u otro artificio que asegurase la firmeza de la hoja cuando ésta esté abierta; los cuchillos de punta de cualquier calidad o tamaño; las bayonetas cuando se llevaran sin fusil o escopeta de caza; los cuchillos que entonces se conocían como *couteaux de chasse*; cualquier clase de sable o cuchillo de monte menor de cuatro palmos, incluida la empuñadura, manifestando la Real Orden a continuación, que ellos son inútiles para la defensa y en cambio muy aptos y prácticos para herir alevosamente.

El Real Decreto de Carlos III, de 2 de abril de 1783 comienza diciendo que

> Teniendo perturbada la quietud publica los Malhechores, que unidos en numerosas quadrillas... viven entregados al robo y al contravando, cometiendo muertes y violencias, sin perdonar ni a lo mas sagrado... declaro tengan pena de la vida los Vandidos, Contravandistas ó Salteadores que hagan... resistencia con arma blanca á la tropa,

y así mismo dispone se formen compañías militares destinadas exclusivamente a perseguirlos, que estos malhechores sean juzgados por consejos de guerra, y que los que no hubiesen presentado resistencia con arma blanca, pero se hubiese probado que «concurrieron con ellos en la función», por éste solo hecho serán sentenciados por el consejo de guerra a diez años de presidio. Una disposición de un año más tarde repite e insiste en el contenido de este Real Decreto [7].

ÁMBITO MILITAR

Es sabido que la bayoneta, si según los estudiosos fue ideada en Bayona en el siglo XVII, cobró interés principal como arma blanca a principios del siglo XVIII al perfeccionar su acoplamiento al fusil dejando libre el cañón. Pues bien, esta arma blanca va a ser objeto de diversas disposiciones jurídicas en esta centuria, entre las que sobresale una de 1716 en que se autoriza a los soldados de infantería para que fuera del cuartel, tanto si caminan solos como si lo hacen con otros, aunque sea para asuntos particulares, puedan llevar espada o bayoneta siempre que esta última sea «de medida regular» [8].

[7]   Instrucción dada en Aranjuez el 26 de junio de 1784.
[8]   Pragmática de Felipe V de 8, 11, 23 y 27 de agosto de 1716.

En el año 1754 tuvo lugar en Granada un conflicto de competencias entre la justicia ordinaria y la militar a propósito de la prohibición o no de llevar los soldados bayoneta en la vía pública; conclusión de todo ello fue la Real Orden dada en el Buen Retiro el 26 de julio de ese mismo año en que S.M. manifiesta que «la Infantería de su Exercito, Inválidos, Milicias y toda clase de tropa» podrá llevar bayoneta incluso sin portar fusil al mismo tiempo, y añade que, en consecuencia, la justicia ordinaria deberá abstenerse de proceder contra «las classes expressadas por el solo porte de la Vayoneta».

Las Ordenanzas de S.M. para el buen gobierno, la disciplina, la subordinación y el servicio de sus ejércitos [9] insisten en que la bayoneta sola no es un arma prohibida, y ello aunque los soldados fueren disfrazados en busca de desertores u otra finalidad expresamente encomendada, siempre que llevaren despachos que autoricen a ir de esta guisa.

En íntima relación con este tema está la cuestión frecuentemente planteada sobre la pérdida del fuero militar. Efectivamente, la ley insiste [10] en que para poder desaforar a los militares es imprescindible la aprehensión real de estas armas por el juez ordinario «sin que baste la justificación del uso de ellas». Manuel Silvestre Martínez, en su *Librería de jueces* [11] afirma, aunque sin citar la disposición ni la fecha, que también gozaban del fuero militar los criados de los oficiales y los asentistas siempre que no llevasen otras armas prohibidas, no fuesen en cuadrilla, no anduvieran desprovistos de farol si lo hacían de noche, y no presentaran resistencia a la justicia.

El conde de Aranda, en tanto que capitán general y gobernador del Reino de Valencia, con la finalidad de dar una clara interpretación, reglamentar e institucionalizar la Real Resolución de Carlos III de 24 de junio de 1764 por la que se permitía a los naturales de este Reino «el uso libre de las Armas», manda que no se impida a los habitantes de la costa el uso de espadas, siempre que las justicias estén seguras de su buen uso, pues en caso contrario están autorizadas para prohibirlas, si bien los interesados tenían derecho a recurrir al capitán general, caso

[9]   22 de octubre de 1768.
[10]   El Pardo, 25 de febrero de 1733 y Ordenanzas Militares de 1768 (Trat. 8, Título 2, artículo 2).
[11]   1769, Libro I, Capítulo III, 135.

de sentirse injustamente perjudicados. Con relación a los habitantes del interior, el treinta por ciento de los vecinos podrán tener armas, aunque las justicias, se decía, tratarán de que los poseedores de ellas sean hombres «hazendados y de bondad» y en el bien entendido de que deberán ayudar a la justicia cuando se les requiera, así como deberían aquellas enviar relación anual de las personas seleccionadas y distribuir estratégicamente a las personas autorizadas por barrios y calles, de forma tal que se pueda dominar mejor cualquier intento delictivo [12].

El llevar espada los militares en determinados actos es algo que ellos defendieron siempre, digamos que «a punta de lanza», y que ocasionó no pocos problemas protocolarios e incluso jurídicos. Carlos III, el 1 de agosto de 1763 se dirigió al Consejo de Indias aboliendo la práctica de obligar a los oficiales del ejército a jurar sin espada los empleos que en las Indias se les había concedido. Su hijo Carlos IV sigue idéntico criterio por lo que a la Península e islas adyacentes se refiere, pues afirmó:

> quiero, que sin embargo de qualquiera ley, ordenanza, decreto ó determinación que lo prevenga, en lo sucesivo todo Militar, de qualquiera graduación que sea, jure con espada el empleo que yo le confiera [13].

La Real Cédula de 17 de julio de 1797, a propósito de los actos en que los capitulares de los ayuntamientos usan espada, establece que los «militares deben concurrir a todos los actos públicos, de qualquiera naturaleza que sean, con las insignias propias de sus empleos». En otra Real Orden de 13 de octubre de 1799 se insiste una vez más en este derecho de los militares.

ÁMBITO CABALLERESCO

Un tanto a caballo entre el mundo caballeresco y el penal está el duelo. Éste había sido ya condenado por la Iglesia Católica con la excomunión y la privación de sepultura eclesiástica, según consta en el ca-

---

[12]   Valencia, 2 de septiembre de 1765.
[13]   3 de octubre de 1796.

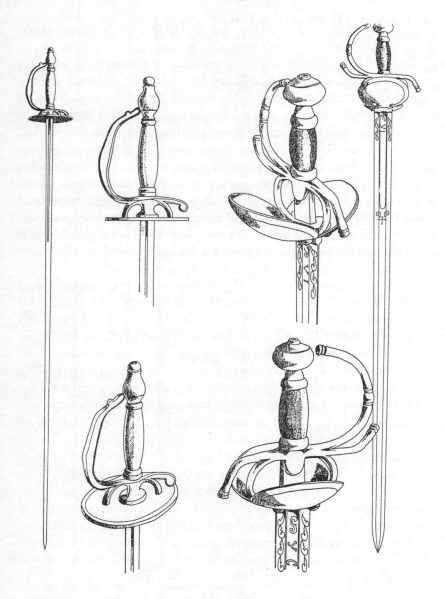

Figura 20.   *Izquierda:* Espadín del segundo tercio del siglo XVIII de guardias walo-
nes o de la marina. *Derecha:* Espada del siglo XVIII muy usada en las Indias. Dibujo
de E. J. Jiménez S.-M.

pítulo *De Reformat* del Concilio de Trento (1545-1563) y sucesivos papas confirmaron este criterio condenatorio.

La disposición legal más importante durante esta centuria sobre los desafíos y duelos es de 1716, de Felipe V, quien al principio de su Real Pragmática los califica de delito infamante y considera como incursos en el mismo no sólo a los que se desafían sino también a los que lo admitieren, intervinieren en él, fueren padrinos y los que llevasen noticia del mismo (carteles, papeles o recados de palabra), quienes perderán vitaliciamente sus oficios, rentas y honores, y si fueren caballeros de órdenes militares se les expulsará y quitará el hábito, perderán las encomiendas si las tuvieren, además de ser condenados con la pena de aleve y pérdida de todos sus bienes; considera como duelo el encubierto o fraudulento con apariencia de riña casual; condena a prisión y pérdida de la tercera parte de sus bienes a los que presenciaren el duelo y no lo impidieren o denunciasen a la justicia, a los que dieran refugio en sus casas a cualquiera que de alguna manera hubiese participado en el desafío; a los tribunales les ordena la inmediata apertura de la causa, incurriendo en inhabilitación para el ejercicio de su oficio durante seis años por «qualquier leve descuydo que en esto tuvieren». A fin de que no se dificulte, retrase o impida este tipo de causas, se les deberá considerar como privilegiados sin que se pueda alegar fuero, incompetencia judicial ni prescripción; se dan instrucciones concretas y severas a los corregidores para su investigación y se castiga igualmente a los que con el fin de rehuir la acción de la justicia hubiesen celebrado el duelo en la frontera o fuera de España [14].

Esta pragmática parecía omnicomprensiva y severa, pero el equivocado sentido del honor de muchos españoles y el incontrolado afán de tomarse la justicia por su mano, hizo que los duelos y desafíos no desapareciesen. Por ello, el mismo monarca, siete años más tarde, se ve obligado a insistir en la prohibición de estos delitos, dictando un Real Decreto en el que se condenan

los duelos y satisfacciones privadas que hasta ahora se han tomado los Particulares por sí mismos... (y) prohibo de nuevo, á todos gene-

[14] Madrid, 16 de enero de 1716.

ralmente, sin excepción de personas, el tomarse por si las satisfacciones de qualquiera agravio, é injuria, baxo las penas impuestas... [15].

Fernando VI, años después, se verá obligado a publicar, palabra por palabra, la Pragmática de su padre de 1716; según se ve, algunos españoles no estaban dispuestos a cambiar sus hábitos.

La actitud de Cataluña con relación al reconocimiento de Felipe V como rey de España le había de ocasionar al Principado no pocos sinsabores. Con el transcurso del tiempo se irán éstos subsanando. Uno de ellos, que a nosotros nos interesa de manera directa, tuvo lugar por obra y gracia de Carlos III, quien en 1760, cicatrizadas plenamente las heridas, reconoció que los catalanes

> no han cesado de dar pruebas nada equívocas de su lealtad, fidelidad
> y amor a uno y otro Soberano (Felipe V y Fernando VI)... movido
> yo por estos exemplos... (y ante) los humildes ruegos que sus Nobles
> en general me han hecho, para que les restituya el porte y uso de ar
> mas... he venido en condescender con esta súplica, concediendo á
> toda la Nobleza de este Principado el porte y uso de las armas, en
> los mismos términos que las traen y usan los Nobles de las restantes
> provincias de mis dominios [16].

ÁMBITO INDIANO

Los siglos históricos no son compartimentos estancos ni centurias cerradas sin relación con las épocas precedentes y sin continuidad con los años que van a seguir; muy al contrario, todo fluye, todo es consecuencia de lo anterior y premisa y antecedente de lo que va a venir después. Lo que sucede es que de alguna manera hay que dividir la historia para poder estudiarla, y cien años es una medida de tiempo suficientemente global y convencionalmente aceptada por todos.

Por lo expuesto, al estudiar ahora la normativa legal vigente en las Indias durante el siglo XVIII, lo primero que hay que recordar es que, al menos durante la primera mitad de esta centuria, las leyes y demás

---

[15]   San Ildefonso, 27 de octubre de 1723.
[16]   Resolución de 23 de septiembre de 1760.

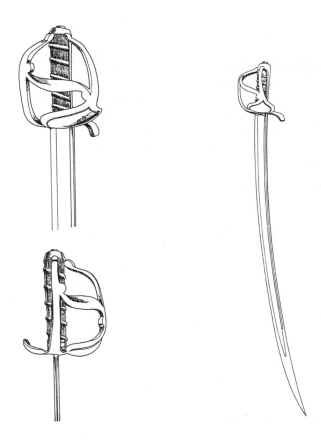

Figura 21. Sable de dragones anterior a 1768. (Colección particular). Dibujo de E. J. Jiménez S.-M.

disposiciones dictadas por la Corona desde la Península o por las instituciones con capacidad para legislar radicadas en el Nuevo Mundo siguen plenamente vigentes. Así: las prohibiciones de que los indios llevasen armas o aprendiesen su fabricación, el tráfico comercial con ellos de espadas, dagas, puñales y cuchillos, la tenencia de éstas por los negros, loros, mestizos, berberíscos y libertos, la condena por portarlas, españoles o indígenas, durante la noche o en determinados lugares o actos, la negativa legal a poseer armas blancas de formato especial no autorizado por los reglamentos, las autorizaciones a determinadas personas residentes en ciertas ciudades costeras, objetivo frecuente de asaltos de los enemigos de nuestra patria, las disposiciones relativas a los militares en presidios, puertos y plazas fuertes, y tantas otras que se podrían mencionar.

Pero, naturalmente, con el transcurso de los años van apareciendo otras leyes nuevas o reformadoras a medida que la vida de relación y el dinamismo social así lo exigen. Veamos algunas de ellas.

Las ciudades americanas, sobre todo las bañadas por los océanos, cuando tenían un interés estratégico militar, político o comercial solían contar con un fuerte, castillo, fortificación o gran muralla que las hacía dificultosas de conquistar. Allí, naturalmente, se encontraban soldados y toda clase de armas defensivas, que con independencia de otras consideraciones, tenían un manifiesto interés militar y un valor económico. Precisamente por ello, Felipe V ordena que todo gobernador o castellano (gobernador de castillo) de plaza o presidio deberá, en el momento de la toma de posesión, hacer un inventario de las armas que allí existen, y cuando cese en su puesto, deberá responder de las que se hizo cargo, y en caso de que algunas faltaren, hacer frente al pago de las mismas con su propio patrimonio, respondiendo los jueces de residencia del exacto cumplimiento de esta norma [17].

En el capítulo anterior se vio cómo por seis veces los monarcas españoles ordenaron que nadie vendiera o rescatara armas ofensivas o defensivas a los indios y que todo natural de ese continente que llevare arma blanca fuera severamente castigado [18]; pues bien, a instancias del procurador general de la Compañía de Jesús se exceptuó de esta ley a los indios de las Misiones de Mojos, con el exclusivo fin de «defenderse de las Correrías y entradas de los Portugueses y Bárbaros», aunque con la condición de que fuera de los casos en que hubiera que hacer uso de las armas, éstas quedarían bajo la exclusiva custodia y responsabilidad de los misioneros [19].

La ciudad de Córdoba de Tucumán, en 1759, se dirigió a la Audiencia de Charcas solicitando autorización para que dentro de su ju-

---

[17]   Cédula de 4 de junio de 1713, Cedulario, Tomo 40, folio 199 en M. J. Ayala, *op. cit.*

[18]   Ley XXXI, Título I, Libro VI, Tomo II, Recopilación de leyes, *op. cit.*

[19]   Cédula de 25 de julio de 1725, Cedulario, Tomo 7, folio 57 en M. J. Ayala, *op. cit.*

risdicción se prohibiera el uso de las armas y se castigase a nobles y plebeyos con penas cada vez más severas si eran reincidentes, llegando incluso a la pena capital, y estableciendo también esta misma pena en los casos en que cualquier persona, cualquiera que fuera su condición, hiriese a otra con arma blanca corta, aunque no llegase a morir. El rey Carlos III confirmó todo lo solicitado, añadiendo tan sólo que en el caso de sentencia de muerte se consultase siempre a la Audiencia [20].

El *Registro y aranceles reales para el comercio libre de España e Indias* de 12 de octubre de 1778, establece la

> libertad por diez años de toda contribución de derechos y arbitrios à la salida de España, y del Almoxarifazgo à la entrada en América de... los cuchillos, espadas, sables y espadines... navajas...

Esta disposición fue confirmada por Real Orden de 10 de septiembre de 1787, en la que tras exigir determinadas licencias para otras armas que van a América, se dice expresamente que

> en las expuestas formalidades no se comprehenden las hojas de espada, espadines, cutoes y cuchillos de fábrica de España, porque estos géneros quiere S.M. que se embarquen sin reparo alguno, conforme... al Reglamento de 1778.

Una Real Orden de 2 de noviembre de 1787 aclara que, si bien la lectura de la Real Orden de 10 de septiembre de 1787 puede dar a entender que sólo las armas blancas fabricadas en España son las autorizadas para su envío a las Indias, la interpretación correcta es que todas, fabricadas en el Reino o fuera de él pueden ser embarcadas con destino a América. Se exceptúan únicamente los célebres cuchillos flamencos, de los que desde la Real Orden de 1.º de junio de 1785 se prohibe su mera existencia, fabricación nacional e importación, así como su envío a América y Filipinas.

---

[20] Cédula de 17 de diciembre de 1759, Cedulario, Tomo 7, folio 319 en M. J. Ayala, *op. cit.*

ÁMBITO ECONÓMICO

Una de las armas blancas cortas cuyo uso se iba a generalizar más en España era sin duda la navaja. Las había de diversas clases, formatos y características, pero lo que de verdad le daba el carácter de arma era la segura fijeza de la hoja al cabo; sólo así se podía ejercer con ella una fuerte y violenta presión sin que se plegase produciendo gravísimas heridas en los dedos de la mano del que la empuñaba. Precisamente por ello, el legislador español siempre autorizó las que tenían unas dimensiones pequeñas o medias, las que no tenían punta y las comunmente llamadas de fieles, es decir, aquellas en que la hoja al abrirse no quedaba firmemente unida a las cachas, sino que ésta giraba simplemente alrededor de un eje sin mayor complicación, sirviendo por tanto más para cortar que para pinchar y penetrar. Por ello, como se vio en el apartado de lo penal, Felipe V prohibió expresamente «el uso de diferentes navajas largas de muelle, ò encaje, que vienen de otros Reinos» [21], es decir, se castiga la importación de aquellas navajas largas que tienen un muelle de acero en forma de varilla longitudinal que discurre entre las dos cachas, con un orificio alargado en el extremo donde se aloja y encaja un diente o tetón que impide el cierre involuntario de la hoja. Al parecer, este tipo de navajas, por estar prohibidas en España, si se querían poseer, había que importarlas de Francia.

Dentro de las Órdenes Generales de Aduanas se encuentra una disposición de 11 de agosto de 1777 [22] relativa a un tipo de arma blanca con la que, en términos generales, la ley fue siempre muy severa; me refiero al bastón de estoque. Efectivamente, con motivo de haberse presentado la duda en la aduana de Valmaseda de si este tipo de bastones, que como dice el manuscrito «contenían en el centro una almarada que se manifestaba dando un golpe al aire con muelle», eran o no de las prohibidas, el entonces responsable de la hacienda pública, Miguel de Muzquiz ordenó

> que siempre que se presenten... semejantes bastones con almarada u otra arma oculta se les niegue el despacho obligando a los dueños o

---

[21]   Madrid, 14 de junio de 1732.
[22]   Tomo 29, folio 108 en Archivo Histórico Nacional, Hacienda, Libro 8030, folio 73 ó 2.713.

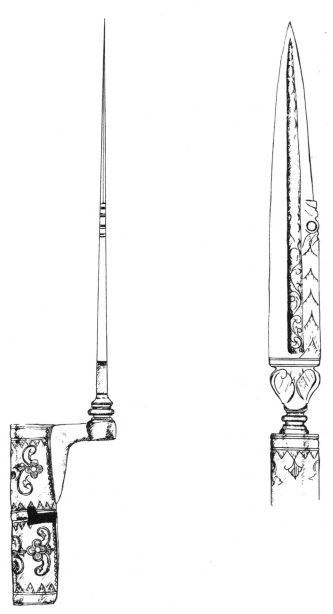

Figura 22.   Bayoneta de caza del siglo XVIII. Vistas lateral y frontal. (Colección particular). Dibujo de R. M. P.

concesionarios a que las saquen del Reyno bajo obligación de responsabilidad que acredite su paradero en dominio extraño.

Preocupación constante de los gobernantes españoles de toda época fue la protección de la industria nacional, y esta actitud no podía por menos de manifestarse también en el campo de las armas blancas. En esta línea de política económica existe un interesante documento en el Archivo Histórico Nacional [23] de 20 de noviembre de 1738 en el que se da prueba fehaciente de esta postura proteccionista, y que textualmente dice:

> Habiendose introducido en Barcelona seiscientas ojas de Espadas de Alemania para la Caballería contra la observancia de lo mandado; ha resuelto el Rey que en adelante no se permita por ninguna parte de sus Dominios introducir de fuera de ellos, mas espadas ni otras Armas para el servicio de las Tropas, que todas deven ser fabricadas en España.

ÁMBITO PERSONAL

El ciudadano, en tanto que instalado en la vida social, tenía, en el siglo XVIII como ahora, dos principales órbitas o mundos en los que se movía: el nacional, el Reino de España, y el local de la ciudad o término municipal en el que le había tocado vivir. Entre ambos se desarrollaba toda su vida y de ambos recibía informaciones, ideales, satisfacciones, servidumbres, cargas, y sobre todo normas de convivencia, muchas normas.

Las ordenanzas municipales son un claro ejemplo de esta actitud reguladora de la convivencia ciudadana. En el capítulo II se vieron muchos ejemplos de ello en los fueros y ordenanzas municipales citadas. Veamos algún caso más.

Las Ordenanzas de Loja, a fin de

> excusar muchas pendencias, y muertes, que se siguen, y an seguido entre Ganaderos, por traer Armas, como por experiencia se a visto... de aqui adelante los Pastores, y Ganaderos forasteros, que vienen a

---

[23]   Hacienda, Libro 8013, folio 341 ó 626.

hervajar en los términos desta Ciudad, y su tierra no puedan traer,
ni traigan mas Armas que un puñal grande, y cuchillo... [24].

La Ordenanza se explica por si sola.

Consciente de lo imprescindible de ciertas armas para la vida rural,
el Fuero de Población de Sierra Morena, con motivo de instalar a «seis
mil colonos católicos alemanes y flamencos», reconoce la necesidad de
dar a cada familia, junto con otros instrumentos de trabajo, un cuchillo
de monte. El Fuero tan sólo se pregunta sobre la conveniencia de que
estos utensilios sean fabricados por los propios colonos artesanos o sean
traídos de Vizcaya, Barcelona u otra parte de España donde los hubiera
disponibles [25].

A los carniceros o cortadores como también se les llamaba entonces, a sus oficiales y dependientes, quizás por aquello de que formaban
parte de lo que se consideraban profesiones viles y no infundían exce-
siva confianza, no se les permitía el llevar consigo armas prohibidas en
sus viajes, armas que sin duda eran sus propios cuchillos con los que
trabajaban todos los días [26]; y, en cambio, los matriculados en el estamento de mercaderes, porque según se argumenta contribuían al desarrollo del comercio y su quehacer redundaba en beneficio público, se
les permitió «gozar de dicho honor, uso, y porte de Espada durante su
vida» [27]. A primera vista parece un tanto insólita esta concesión a esta
clase de personas, pero recordemos que estamos a finales del siglo XVIII
y las ideas y costumbres empezaban a cambiar; la Revolución Francesa
estaba a punto de estallar.

Una Real Orden de 4 de septiembre de 1760 dice:

> Se prohibe a toda la gente de mar, y à qualquiera otro pasagero que
> salte en tierra en los puertos, el uso de cuchillos flamencos de que
> se sirven en sus maniobras y faenas á bordo en la embarcación.

---

[24]   Libro noveno, Ordenanza VI, F. Ramos Bossini, 1709, p. 169.
[25]   Promulgado por la Real Cédula de 5 de julio de 1767.
[26]   Real Provisión de 31 de mayo de 1727, Archivo Histórico Nacional, Consejos,
Libro 1477, folio 76, n.º 22.
[27]   E. Larruga y Boneta, *Historia de la Real y General Junta de Comercio, Moneda
y Minas*, 1789, Tomo I, parágrafo 484.

¿En qué consistían estos cuchillos flamencos? Nos lo aclara feliz- mente el Decreto de 8 de octubre de 1749 [28] al explicarnos que se tra- ta de cuchillos de «nueva moda, que se traían hasta aqui con vayna en la faldriquera, y son de muy aguda punta, y filo sutil, los quales no se han de poder traer». Resulta curioso observar cómo para evitar erro- res e identificarlos perfectamente, se manda que se tenga un ejemplar en la sala (medida que se toma igualmente con las navajas de muelle, golpe seguro y virola). Muy populares debieron hacerse este tipo de cuchillos, pues un Decreto de las Cortes de 21 de mayo de 1823 (Se- villa), dice:

> Se admitirán á libre comercio los cuchillos extrangeros conocidos con el nombre de flamencos, hasta que la industria nacional pueda pro- veer de este artículo á precios equitativos, pagando a su introducción un derecho de veinte y cinco por ciento sobre el aforo de veinte rea- les docena.

El aprecio desmedido por las armas debió ser grande en el siglo XVIII, pues criados cuya misión era trasladar a los señores, con la excusa de una eventual protección, abusaron sin duda de las armas blancas has- ta tal punto que obligaron al legislador a dictar una Real Orden, con fecha 9 de noviembre de 1760, en la que se prohibe a los cocheros, lacayos y criados de librea el uso de espada, espadín, sable, cutó, alfanje al cinto o fuera de él, bajo pena de perder el arma, y lo que es mucho más grave, seis años de trabajo en las minas. Esta prohibición, que se incluyó en la Pragmática de 26 de abril de 1761, no debió servir de mu- cho escarmiento cuando 25 años más tarde hubo que publicarla de nue- vo con la inclusión de

> los llamados cazadores que visten de verde, van armados con sable y cuchillo de monte, lo que á mas de ser contra el tenor de dichas Le- yes, Pragmatica y Vando, es sumamente expuesto [29].

---

[28]   Este Decreto fue dictado para concretar cuáles eran estos cuchillos flamencos prohibidos por el Bando de 29 de octubre del mismo año dictado por la Real Audiencia y Chancillería de Granada.

[29]   Bando de los alcaldes de Casa y Corte de 27 de marzo de 1786.

La tan citada Pragmática de 26 de abril de 1761 había prohibido con todo rigor la tenencia de armas blancas; pero los malhechores, criminales, bandidos y contrabandistas abundaban en aquella época y no resultaba fácil acabar con ellos, hasta tal punto, que el rey Carlos IV se vio obligado a exceptuar de estas armas, en principio terminantemente prohibidas, los cuchillos, los cuales podían ser llevados por las personas que integraban la tropa destinada a la persecución de este tipo de delincuentes, siempre que ello fuera mientras ejercían esta especial, delicada y peligrosa misión, y llevaran licencia por escrito de sus superiores [30].

Algo parecido iba a suceder con los responsables de la Renta del tabaco —base muy importante de la Real Hacienda— pues según la Pragmática dada en El Pardo el 27 de enero de 1739

> todos los Administradores, visitadores, Guardas maiores y menores, Thenientes, escrivanos, y demas dependientes que se emplean en el resguardo de la del Tabaco, y en la conduczion de sus caudales, así de unos partidos a otros, como a la Corte, puedan llevar todo genero de Armas cortas, y largas, ofensivas y defensivas: no obstante las Leyes, prohiviziones, y Pragmaticas publicadas en contrario, que en cuanto a esto hande quedar derogadas.

Más restrictiva era la excepción que Fernando VI dió con motivo de la protección de la *Renta General de Lanas de los Reynos de Aragón, Castilla y León*, pues si bien autoriza que los ministros de ella puedan llevar armas ofensivas y defensivas «para la mejor administración, cobro, defensa y resguardo de ellos, aunque sean de las prohividas» exceptúa las «blancas cortas como son rejones, puñales, cacheteros y otras semejantes, prohividas por mi... de las que de ningun modo han de usar» [31].

Para solventar el problema planteado primero en Oviedo y luego en toda España sobre quiénes estaban autorizados para dar licencias para llevar cuchillos cuando se fuese protegiendo a las Reales Rentas, se decide que, en el caso de Asturias, pueda hacerlo el Regente de la

---

[30] Aranjuez, 30 de abril de 1791; San Lorenzo, 22 de septiembre de 1791, y San Lorenzo, 11 de noviembre de 1791.
[31] Buen Retiro, 12 de marzo de 1749.

Figura 23. Espontón de jefes y oficiales de infantería hasta 1768 (Fotografía cedida y autorizada por el Patrimonio Nacional).

Audiencia como subdelegado de Rentas que es (Aranjuez, 22 de mayo de 1793), y en el segundo caso, los administradores generales y principales de los diversos ramos de la Real Hacienda y los Comandantes de Resguardos y sus tenientes (Palacio, 26 de diciembre de 1797).

La Pragmática del rey Felipe V de 15 de enero de 1717 dirigida a los gitanos, repite lo establecido en la ya citada de 12 de junio de 1695 relativa a la obligación de declarar bajo juramento las armas que tuvieren tanto en sus casas como en otras partes, y el mandato a las justicias de crear un registro, copia del cual debidamente autenticada, debía ser enviada al Consejo, para que si pasados 30 días algún gitano o gitana fuese aprehendido habiendo ocultado algo de lo dispuesto en la Real Pragmática, si hombre fuera condenado a seis años de galeras y si mujer a 100 azotes y destierro, sin que fuese preciso más averiguaciones que el arma ocultada y ahora descubierta no inscrita en el registro. Es curioso observar como en esta Pragmática del primer Borbón, se les asigna una serie de ciudades y villas en las que deberían residir y que concretamente son cuarenta y una.

La Novísima recopilación leyes del reino de Navarra, en el título IV que habla «De los ladrones, vagabundos, Gitanos y Galeotes», se dice que en la Ley 20 de las últimas Cortes celebradas el año 1662, a los gitanos domiciliados en ese Reino que con el pretexto de que ejercían un determinado oficio acudían con armas a las ferias y andaban con ellas por los caminos y las calles, se les podía embargar sus bienes; ahora se pide la agravación de la pena con la pérdida de todos sus bienes. El Rey accede a lo solicitado. El 8 de octubre de 1738 Felipe V confirma en Madrid lo establecido en la Pragmática de 15 de enero de 1717.

Dentro del mundo estudiantil, los Estatutos de la Universidad de Granada en su Constitución XLIX «De honestate, & habitu omnium de Universitate» se repite al pie de la letra lo que en 1584 habían establecido los Estatutos de la Universidad de Salamanca en su capítulo XXI, cuando se prohibe a los estudiantes que lleven armas, especialmente en las escuelas, aulas y claustro, estatuyendo que a aquél que hiciese lo contrario se le quitará el arma, que será entregada al rector, en el bien entendido de que si se resistiese, incurrirá en excomunión, de la que no podrá ser absuelto hasta tanto no la haya entregado al rector.

El Colegio de la Inmaculada de Alcalá de Henares castiga también la tenencia de armas por parte de los estudiantes, cuando dice:

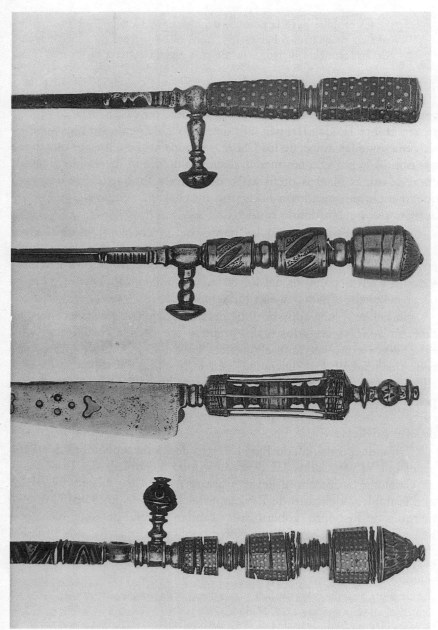

Figura 24.   Detalle de cuatro almaradas del siglo XVIII (The Metropolitan Museum of Art de Nueva York).

se les prohibe baxo la pena de expulsion del Colegio, que puedan tener en su quarto, ó habitacion, usar, ni llevar consigo genero alguno de armas, ni de hierro, ... ni de otra alguna materia [32].

Con relación a otro grupo de personas especialmente cualificadas como es el clero, Manuel Silvestre Martínez, en su *Librería de jueces, op. cit.* (Libro II, Cap.III, pág. 98) dice, probablemente sin socarronería ninguna «que las armas de los Clérigos son los ayunos, oraciones, y buenas obras», y por ello no pueden llevar, ni de día ni de noche, ninguna clase de armas blancas ofensivas o defensivas, aunque añade después, que sí están autorizados a hacer uso de ellas en tiempo de guerra en defensa del pueblo donde residen.

Resulta curioso observar los rigores del protocolo de estos siglos y lo complicado, a veces, de su cumplimiento. No me voy a detener ahora en ello, tan sólo diré que en la misma Cédula que se va a comentar se autoriza a los Secretarios del Rey a tener tratamiento de señor, permanecer cubiertos y hablar y escribir sentados.

Se habían planteado sin duda discusiones y controversias sobre el derecho de los secretarios reales a entrar con espada en determinadas asambleas y consejos; ante ello, el rey Felipe V, basándose en la «elevada qualidad de esta Dignidad», en la práctica tradicional y en que ello era conforme a derecho, establece que en adelante sus secretarios podrán entrar con espada en los consejos y tribunales superiores tal y como les corresponde, sin que se admita discusión alguna en el disfrute de este privilegio [33].

Un anticipo del citado Real Decreto de 23 de septiembre de 1760, en el que el rey Carlos III concede a toda la nobleza del Principado de Cataluña el derecho a llevar y usar armas en los mismos términos que la nobleza del resto de España, es el Edicto de 1728, en el que el marqués de Risbourq, gobernador y capitán general de Cataluña, revalida y confirma los bandos anteriores publicados relativos a la prohibi-

---

[32]   *Constituciones, Estatutos, y Nuevo Arreglo del Colegio de la Inmaculada Concepción de Nuestra Señora de la Universidad de Alcalá de Henares formados en virtud de orden de S.M. de 13 de marzo ade 1779*, Madrid, 1780, p. 25.
[33]   Madrid, 20 de diciembre de 1740, Archivo Histórico Nacional, Consejos, Libro 1510, n.º 39.

ción del uso, porte y tenencia de armas, hasta el punto de que para mayor desánimo de los posibles delincuentes se dice:

> prohibimos nuevamente con pena de la vida, quema de casa, y confiscación de bienes; que persona alguna de cualquier grado... pueda usar, llevar, ni retener en sí, ni en sus casas, ni en otros parages, Armas algunas, assi de fuego, como de corte y punta... Espadas, Sabres, Bayonetas, Puñales, Cuchillos con punta, y otras Armas semejantes a las expressadas...

exceptuando entre otros cuerpos de personas a los ministros y oficiales de justicia, oficiales de la Real Hacienda, autoridades ciudadanas, etcétera, y a

> todos aquellos que gozan de la Nobleza... los cuales podrán usar, y llevar consigo la espada solamente, sin que en su casa puedan retener otra Arma alguna blanca, ni de fuego [34].

Poco éxito debió tener el anterior *Edicto* cuando 39 años más tarde el conde de Ricla, capitán general del Principado de Cataluña, volvía a publicarlo de nuevo. Sólo señalaré que en esta ocasión se mencionan como armas prohibidas los giferos, almaradas, navajas de muelle con golpe o virola, espadas, dagas y cuchillos de punta chicos o grandes, aunque sean de cocina o de moda de faldriquera; y, que al hablar de la excepción de la nobleza, la autorización no se circunscribe tan sólo a la espada, sino que se amplía a todas las armas comprendidas en el Real Decreto de 23 de septiembre de 1760 mencionado [35].

ÁMBITO JUDICIAL

A caballo entre la función judicial y la policial se encuentra la Carta Circular de Carlos III dirigida a las justicias pertenecientes a la Real Audiencia y Chancillería de Granada, en la que el Rey se hace eco del Pedimento formulado por el Fiscal de esa Chancillería —don Francisco

[34] Barcelona, 20 de enero de 1728.
[35] Barcelona, 7 de octubre de 1767.

Antonio de Elizondo—, en el que exponía su sorpresa ante la multitud
«de muertes y heridas, quasi todas alevosas, que diariamente notician
por su mano las Justicias del Territorio», y tras indagar a fondo las causas que podían motivarlas, llegó a la conclusión que no era otra cosa
que

> el general abuso de Puñales, Cuchillos, Navajones, y otras Armas cor-
> tas, que con dolor se ven, aùn en las manos de la mas inocente ju-
> bentud, observandose manejan familiarmente los Párbulos estas Ar-
> mas en lugar de otras, que debían ser insignias de nuestra Religión...

Por todo lo expuesto, Carlos III ordena se vuelva a publicar una
vez más la tan significativa Real Pragmática de 26 de abril de 1761, en
todos y cada uno de los pueblos pertenecientes a la jurisdicción de la
Real Audiencia y Chancillería de Granada, y en especial —y esto tiene
especial interés para los estudiosos de los centros fabriles de armas blancas en los pasados siglos— en las ciudades de Guadix, Lorca, Lucena
y Albacete «donde hay fama, y noticia se fabrican Cuchillos, y otras armas cortas». Más aún, S.M. pide a las justicias que personalmente y a
través de sus colaboradores, se visiten todas las veces que se considere
pertinente, las casas de los maestros armeros y cuchilleros, así como los
almacenes y tiendas en que se guardan y expenden cuchillos y navajas
para comprobar si efectivamente se fabrican y venden armas prohibidas, en especial a aquellas personas y en aquellos lugares sospechosos
de quebrantar la ley, dando cuenta

> à esta nuestra Corte por mano de nuestro Fiscal, así de las Visitas
> que egecutareis, como de las Causas, que formareis... [36].

Las costas, los puertos, las zonas marítimas siempre fueron lugares
conflictivos y de riesgo, no sólo por las gentes que por allí pululaban
sino también por el fácil contacto con el elemento extranjero. De hecho, las estadísticas nos hablan de que los delitos contra las personas
abundaron siempre más en las provincias del litoral que en las interio-
res. Ello fue sin duda lo que motivó que el mesurado rey Fernando VI
otorgase en 1748 a los gobernadores de Cádiz y Málaga

[36]   Granada, 23 de septiembre de 1780.

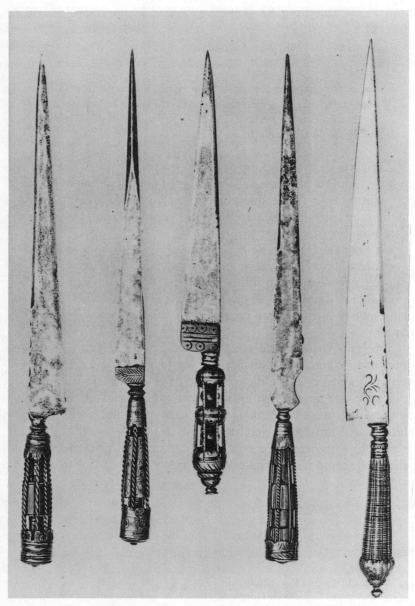

Figura 25.　Dagas del siglo XVIII (The Metropolitan Museum of Art de Nueva York).

la facultad absoluta y privativa para prohibir el uso de todo género de armas cortas de fuego y blancas, así de noche como de día;

más aún, les autoriza

> para conocer todas las causas que resulten de este uso de armas, ya sean muertes, robos, heridas, ó conato de hacerlas, aunque arrojen las armas con cautela perseguidos de la Justicia, ú de la Tropa con inhibición de la Chancillería de Granada [37].

La eficacia de esta disposición debió ser grande, pues algunos años después extendería idénticas facultades a los gobernadores de todas las plazas marítimas «a fin de que por este medio pueda lograrse el exterminio de semejantes armas, y contener los continuados excesos que con ellas se cometen» [38].

Sólo un Real Decreto de 5 de febrero de 1789 iba a modificar en una pequeña parte lo dispuesto hasta aquí, pues en él se dispone que cuando se trate de aprehensión de armas prohibidas en las personas de los presidiarios de Málaga, el conocimiento de estos delitos se hará en adelante por el veedor, como juez de rematados que es, y no por el gobernador.

Como conclusión a este apartado vale la pena citar la solicitud que los ministros, comisarios y oficiales de los Juzgados de los Diezmos hicieron en Madrid el 23 de diciembre de 1741 al Consejo de S.M. para que, al igual que ocurría con los ministros y dependientes de los demás tribunales, les fuera concedida autorización para llevar ciertas armas prohibidas cuando en el ejercicio de sus funciones —*ofitio ofitiando*, dice el texto— tuvieran que salir fuera por caminos poco frecuentados y peligrosos, como les ocurría con gran frecuencia. El Consejo accedió a su petición.

---

[37]   Real Orden de 15 de octubre de 1748.

[38]   Circular del Consejo de Guerra de 28 de julio de 1785. Carlos IV en Aranjuez, por Real Orden Circular de 24 de junio de 1805, insistirá en ello. Lo mismo hará Fernando VII en la *Gazeta de Madrid* de 6 de octubre de 1814.

Capítulo IV

EL SIGLO XIX

Comienza el siglo XIX en España —y en toda Europa— con la presencia de Napoleón, primero en Trafalgar y después en todos los puntos estratégicos de la Península. Carlos IV abdica en Fernando VII, se crea la Junta Suprema Central y comienza la guerra de la Independencia y la guerra de guerrillas. Batallas tan inolvidables como Bailén, el Bruch, Gerona, Zaragoza, Ocaña, Medina del Campo, Alba de Tormes y San Marcial, acaban con el firme deseo napoleónico de dominar nuestro país.

Naturalmente, todos estos acontecimientos bélicos iban a tener su repercusión en otros ámbitos. Ahí está el empobrecimiento económico en que se quedan nuestros campos (fuente principal de riqueza de la nación), la Constitución de 1812, la supresión de la Inquisición, los períodos absolutistas y liberales y la independencia de América. Luego vendría Isabel II, las desastrosas guerras carlistas, la desamortización de Mendizábal, la guerra de África, Amadeo de Saboya, la Primera República, Alfonso XII y la guerra con los Estados Unidos.

En cuanto a nuestras colonias americanas hay que decir con tristreza, aunque también con plena comprensión histórica, que ese mundo descubierto y civilizado por España, repoblado con su raza y enriquecido con su cultura, sentía anhelos de independencia, y sus habitantes, después de tres generaciones criollas sentíase mayor de edad y recababa su libertad. Las corrientes ideológicas y políticas que agitaban en aquel entonces el mundo occidental, la independencia de los Estados Unidos, la Revolución francesa, las desdichas y calamidades que pesaban sobre España y la firme resolución de desasirse de la tutela de la Metrópoli fueron los factores que lenta pero decididamente determinarían la emancipación de América española. Miranda, Carreras y O'Higgins, Bolívar, Nariño, San Martín e Itúrbide fueron, entre otros, los protagonistas de esta desmembración. Primero Argentina, luego Chile y Colombia, más tarde Venezuela y América Central, y finalmente Perú, Ecuador y Méjico fueron proclamando su plena independencia. Sólo quedaría Cuba y Puerto Rico, que también perderíamos ante los Estados Unidos el año de 1898.

ÁMBITO PENAL

Tal y como se viene haciendo hasta aquí, se da a estos capítulos el contenido conceptual más amplio posible, y así, se incluye dentro de éste ámbito no solo aquellas actividades de la persona sujetas directamente al derecho penal y recogidas en códigos y recopilaciones de normativa criminal, sino también otras disposiciones que integran el ordenamiento jurídico y que sirven de guía para el ciudadano y de norma de actuación para el funcionario encargado de gestionar la cosa pública y de mejorar la convivencia ciudadana como son los reglamentos de determinados cuerpos, las órdenes dictadas por ciertas autoridades para casos muy concretos, la situación de ocupación militar, la persecución de delincuentes, etc, que son consecuencia de medidas emanadas directamente del poder ejecutivo para el buen gobierno de los asuntos públicos.

Hemos visto cómo, desde el punto de vista histórico, el siglo XIX se abre en España con la invasión napoleónica; pues bien, el 2 de mayo de 1808, con motivo del levantamiento del pueblo de Madrid, el Jefe del Estado Mayor General francés, Belliard, publica un bando —terrible por su contundencia y severidad— que dice así:

> Soldados: la población de Madrid se ha sublevado, y ha llegado hasta el asesinato... Art. II.- Todos los que han sido presos en el alboroto y con las armas en la mano, serán arcabuceados. Art. III... Todos los habitantes y estantes, quienes despues de la execucion de esta orden se hallaren armados o conservaren sus armas sin una permision especial, serán arcabuceados... Art. V.- Todo lugar donde sea asesinado un francés, será quemado.

Cinco días más tarde, la misma autoridad militar francesa, en nombre del mismo Joaquín Murat, pero ahora a través del Decano del Con-

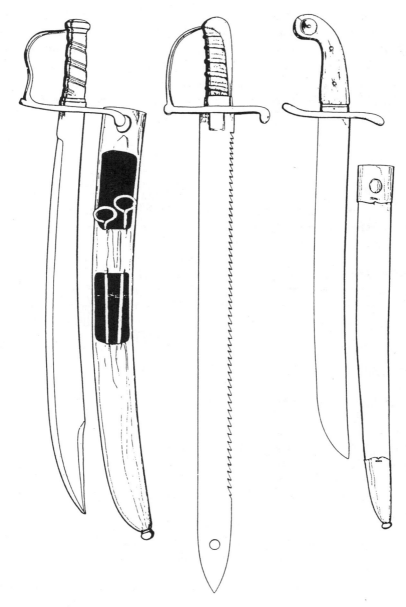

Figura 26.   Machetes de artillería (1802), zapadores (1803) y artillería (1820), respectivamente. Dibujo de E. J. Jiménez S.-M.

sejo y Cámara de S.M., don Arias Antonio Mon y Velarde, probablemente con el fin de aclarar el contenido de la orden que se acaba de ver, publica una proclama concretando cuales son los instrumentos no prohibidos, que dice así:

> Los ciudadanos de todas clases pueden usar la capa, monteras, sombreros, qualquier trage acostumbrado, espadines, navajas que se cierren y sirven para picar tabaco, cortar pan, cuerdas, cuchillos de cocina, tixeras, navajas de afeytar, y demas instrumentos de oficios según su costumbre...

Por motivos bien distintos de los de la ocupación militar, el rey Fernando VII en 1833, seis meses antes de su fallecimiento, promulgó una orden concerniente a los problemas dinásticos, que tantos quebraderos de cabeza iban luego a originar, en la que se decía que

> Teniendo noticia el Rey nuestro Señor de que aun restan algunos desleales ó seducidos que quisieran renovar la conspiración de San Ildefonso durante su enfermedad, para trastornar la ley fundamental sobre la sucesión en la corona de España... quiere S.M. que V.E.... no consienta bajo pretexto alguno personas armadas que no pertenezcan al ejército, á los cuerpos de voluntarios realistas ó al resguardo, cualquiera que sea la autorización o título con que pretenden acreditarse... [1].

Los desórdenes públicos continuaban y por ello Fernando VII, basándose y argumentando que ha llegado a sus oídos el abuso que se está cometiendo con las armas blancas, llevándolas ocultas debajo de las capas, queriendo poner fin a estas infracciones y escándalos, manda que se recuerden las leyes prohibitivas en vigor concernientes a este tema, en el bien entendido de que las mismas contemplan

> no sólo el escandaloso desorden de hallarse en las calles con armas á los que no están autorizados para llevarlas, sino á todos y á cualquiera de estos que se encuentre armado en cualquiera casas, cuartos ó puntos de reunión, y á los cómplices, propietarios ó inquilinos que

---

[1]   Real Orden Circular a los Capitanes y Comandantes Generales de las Provincias, Guerra, 25 de marzo de 1833.

Figura 27. Cuchillos de los siglos XVIII y XIX (The Metropolitan Museum of Art de Nueva York).

habitan las dichas casas ó cuartos en que se encuentren las personas armadas, ó cualquiera depósito de armas por pequeño que fuere [2].

El control de las armas blancas iba a continuar durante todo el resto del siglo XIX, y la misma Reina Gobernadora, deseosa de que las armas sólo estuvieran en manos de la policía, el ejército y las fuerzas paramilitares organizadas por los capitanes generales, manda que se reunan todas las armas, se transporten y conserven en lugar seguro y que se envíe al Ministerio de la Guerra relación completa de las existencias [3]. Algunos años más tarde se insiste en la necesidad de que se recojan todas las armas que estén en poder de los particulares y de las corporaciones que no tengan la debida licencia, autorizando a los capitanes generales para que dentro de su jurisdicción puedan conceder estos permisos a aquellas personas que les merezcan plena confianza, cuando se trate de caseríos o propiedades en despoblados, así como a los ayuntamientos con garantías suficientes, extremando la escrupulosidad cuando se trate de provincias en las que se da el cor.trabando [4]. Contenido muy similar se incluye en la Real Orden de 2 de septiembre de 1866 del Ministerio de la Guerra.

El Real Decreto de 10 de agosto de 1876 (Gobernación), en su Artículo 11 establece que sólo

> Los individuos del Cuerpo de orden público, los guardias municipales y los de resguardos especiales podrán usar armas blancas y de guerra con el permiso de los gobernadores civiles,

perdiendo las armas y pagando la correspondiente multa quienes emplearen estas armas blancas sin la debida licencia. El Artículo 3° prohibe aquellas armas blancas que no tengan aplicación conocida [5].

---

[2]   Madrid, 17 de abril de 1833. En el mismo legajo en que se contiene esta Orden Circular, aparecen 157 escritos de ciudades, villas y pueblos, acusando recibo de la misma; en Archivo Histórico Nacional, Consejos, Legajo 3932.

[3]   Real Orden de 1.° de diciembre de 1833, Guerra, *Gaceta de Madrid*, n.° 163, 21 de diciembre de 1833.

[4]   Real Orden, Guerra, Madrid, 19 de agosto de 1856.

[5]   Aprobadas por las Reales Órdenes de 20 de diciembre de 1845, 22 de agosto de 1847, 29 de julio de 1852, 31 de enero de 1868 y 30 de octubre de 1879.

Las sucesivas Cartillas de la Guardia Civil recogen en su articulado el siguiente texto:

> Las armas blancas son prohibidas, por regla general, y muy particularmente las navajas de muelle, ó que sin él tengan la hoja calada [6], los bastones de estoque, chuzos, puñales y demás de esta especie.

Sólo la de 1879 habla también de las «navajas de grandes dimensiones».

A quien desee profundizar en el entramado sociológico y jurídico de estos temas, recomiendo la lectura de la Real Orden de 28 de mayo de 1861 [7], en la que la Sección de Gobernación y Fomento del Consejo de Estado opina sobre el decomiso de un bastón de estoque. Lo mismo sugiero con relación a la Circular del gobernador de Logroño acerca del descenso del número de delitos gracias a las leyes prohibitivas sobre las navajas [8].

ÁMBITO MILITAR

Cuando un país está en guerra con otro, la legislación sobre el comportamiento de la tropa y de los civiles es lógicamente abundante y tiene un marcado carácter prohibitivo y sancionador. Para un país como España, ocupado por un ejército francés, el orden público es lo primero, y por ello el Consejo publica el día 2 de mayo de 1808 un Bando en el que, tras advertir que bajo ningún pretexto los habitantes de Madrid se reunan en sus calles y plazas, y que si lo hicieren, una vez advertidos por la autoridad, no se dispersaren inmediatamente, serían considerados «violadores de la pública tranquilidad», se ordena a los alcaldes de la Corte que recojan «todas las armas cortas blancas, en las

---

[6] Realmente, son escasísimas las navajas con la hoja calada; las que sí son algo frecuentes son las navajas que llevan hendiduras longitudinales, aunque éstas tienen más una finalidad de adorno que de hacer la herida más mortífera.

[7] Alcubilla, *Diccionario de la Administración Española*, 4.ª edición, Madrid, 1886, p. 583.

[8] *Ibid*, p. 583.

quales es bien sabido que se comprehenden los puñales,...»; y «que si después de la publicación de este Bando se encontrare alguno usando de dichas armas cortas blancas... se le impondrá no solo la pena de la Pragmática, sino también se agravarán hasta la de 'último suplicio'» [9].

La misma finalidad de desproveer de armas al pueblo persigue la Orden del Gobernador de Madrid, Augusto Belliard, cuando manda que

> Todas las armas deben ser llevadas à casa del Alcalde de Quartel... los Alcaldes son responsables de la pronta execución de esta medida;

y, más adelante,

> Ningún habitante de Madrid ni ningún forastero puede entrar en esta Villa ni salir de ella con armas sin estar autorizado para ello por el Gobernador de la Plaza: todos los que se presenten con armas à las Puertas serán llevados à casa del Comandante, para dar razón de su persona.

La Junta Suprema de Gobierno, haciéndose eco de las detenciones arbitrarias de que han sido objeto los trajinantes, al llegar a las puertas de la villa, con el fin de reconocerlos para ver si llevaban armas, reitera la orden de no introducir ninguna clase de ellas en Madrid, y si se llevaren consigo, éstas deberán ser depositadas en la puerta [10].

Uno de los infinitos bandos que se publican en esta época dice así:

> Aviso al Público: Uno de los Artículos acordados en la Capitulación que se publicará luego que acabe de imprimirse, es el siguiente: Los Paisanos armados dexarán sus armas y artillería, y despues los habitantes de esta Villa se retirarán á sus casas... entregando las (armas) que hubieren recibido del Gobierno para la defensa de esta Villa... y el que ocultare alguna, será tratado como ocultador de efectos públicos pertenecientes al Gobierno [11].

[9]   Madrid, firmado Bartolomé Muñoz, Secretario.
[10]   Por acuerdo de la Junta Suprema de Gobierno, Palacio, 5 de mayo de 1808, el conde de Casa-Valencia, Secretario.
[11]   Madrid, 4 de diciembre de 1808.

Figura 28. Bastones de estoque del siglo XIX (Colección particular).

No obstante, esta actitud impuesto por el ejército ocupante, existe una reacción, no sólo entre el pueblo sino también en ciertos estratos políticos superiores, que aunque dominados por el imperante deseo de Napoleón de unir España a los designios de Francia, dan lugar a escritos como el que sigue:

> Entre los medios con que han oprimido á la Nación los Exércitos franceses... uno de ellos ha sido el de desarmar à los habitantes, para impedir cualquier movimiento, y aun privarles de la natural defensa, facilitando así el poder cometer sin riesgo sus tropas las violencias, iniquidades y saqueos que acostumbran. El Consejo tiene noticia de que muchas de las armas aprehendidas, por no serles del caso, las han inutilizado, otras las han vendido, y otras las han recogido (guardado)... por lo que se ha servido mandar que las Justicias de los Pueblos... dispongan la devolución de armas, tanto blancas como de fuego, á sus respectivos dueños, siendo de aquellas que no estén prohibidas por la Pragmática... y encarga también á las Justicias que hagan entender en sus Pueblos el importante servicio que harán a la Patria para el más pronto armamento de los alistados, si entregasen los particulares las armas que no les fuesen necesarias para su defensa [12].

Al marchar el rey Fernando VII a Bayona dejó encargado el gobierno a una Junta Suprema, presidida por su tío Don Antonio, desprestigiada muy pronto, y que debido a la dificultad de comunicarse con las otras provincias españolas por la presencia de las tropas napoleónicas, motivó la creación de otras Juntas Provinciales, que con gran autonomía y espíritu patriótico hicieron lo que pudieron en defensa de la patria, hasta que conscientes sus miembros de la imperiosa necesidad de armonizar los esfuerzos, fundaron la Junta Suprema Central Gubernativa del Reino, que la integraban 35 miembros, y que fue presidida por el Conde de Floridablanca.

Una de las primeras medidas que tomó la Junta de Sevilla ante las frecuentes deserciones del ejército y demás cuerpos armados en trance de formación, fue el ordenar que las justicias, ayuntamientos y juntas vigilaran, con la mayor atención y eficacia posibles, este bochornoso suceso

---

[12]   Real Cédula del Consejo de 18 de octubre de 1808, Madrid.

Figura 29.   Daga-cuchillo del siglo XIX (Colección particular).

aprehendiendo a todo Oficial, Soldado, ó Paysano que encuentren con Armas... que no lleven el debido pasaporte... los remitan inmediatamente con seguridad al Exército y Quartel General de Córdoba [13].

La reacción popular frente a Francia se materializó, como es sabido, en una guerra de guerrillas que sorprendía al ejército invasor ca-

[13]   Real Alcázar de Sevilla, 4 de julio de 1808, Juan Bautista Pardo, Secretario.

yendo sobre él en la retaguardia, cortándole sus comunicaciones y suministros, y tratando de que las tropas imperiales no tuvieran más terreno seguro que el solar donde se encontraban en cada momento. En esta línea de exaltación patriótica se encuentran una serie de hombres sencillos de formación pero ilustres de alma y valerosos de corazón que ayudaron no poco al éxito de ejércitos españoles mejor organizados. Un curioso ejemplo de estos gritos patrióticos del pueblo llano es la *Convocatoria que a todos los pastores de España dirige un mayoral de la sierra de Soria para la formación de compañías ligeras de honderos*, en la que, con un lenguaje propio de un hombre elemental, recio y decidido, pide a sus compañeros de oficio que dejen los ganados, y con sus hondas y garrotes vayan a luchar contra los franceses pues, según él, de una pedrada se hace tanto daño como con un fusil, y todo pastor bien nacido sabe manejar el garrote mejor que los soldados la espada o la bayoneta.

En Andalucía, apareció sobre los tablones de anuncios municipales el siguiente:

> CARTEL. Las personas que quieran alistarse, para hacer el Servicio Militar en defensa de la Religión, de la Patria, y del Rey nuestro Señor Fernando Séptimo en el Esquadrón de Caballería ligera de Garrochistas, que con aprobación de la Suprema Junta de Gobierno forma su Comandante Don José Rodríguez de Villalobos, se presentarán en Triana calle Cava nueva,... en donde se les admitirá y hará su asiento; en la inteligencia que han de ser prácticos en el manejo de la Garrocha, y traer Caballos propios, sin cuyos requisitos no se admitirán.

En la Circular sobre la creación del Somaten en Cataluña, que incluía a todos los hombres útiles de los dieciseis a los cuarenta años, se dice en los parágrafos 3° y 4° que

> deberán ir armados con armas de fuego... y en su defecto con las blancas que se recojan, como espadas, sables, dagas, cuchillos, chuzos, y qualquiera otra arma, que pueda ofender y dañar al enemigo; todas las armas del común, y las que tengan los particulares, que por su edad ó inutilidad no vienen comprehendidos en este servicio, deberán entregarse para armar la gente [14].

---

[14]   Mataró, 6 de diciembre de 1809, la Junta Corregimental, Isidro Font y Prats, Secretario Interino.

Junto al reclutamiento de hombres hábiles para su adiestramiento y envío a los campos de batalla había que aprovisionarse de medios con que reducir al enemigo, y entre ellos, de forma principalísima, estaban las armas blancas para la lucha cuerpo a cuerpo, habitual forma de combatir en esta guerra contra Napoleón. Por ello, la Junta Central Suprema Gubernativa se dirigió a las demás Juntas de Gobierno radicadas en las provincias para que adquirieran sables y cuantas armas y efectos sean de utilidad para servicio de la tropa e incluso «del paisanaje en caso necesario» [15].

La Junta Suprema del Principado de Cataluña, en el Reglamento de Somatenes de 20 de febrero de 1809, estableció, en su Artículo 19 que los ayuntamientos deberán requisar todas las armas, formar un depósito, registrar a quién pertenecen y conservarlas para cuando fuere menester... «teniendo entendido que si alguno de los alistados tubiese arma propia, se le dexará para que use de ella en este servicio». En el Artículo 23 se puede leer:

> Aquel que abandonase su arma, no solo la pagará, sino que se le castigará y se le impondrá la nota de cobarde, mal servidor del Rey y de la Patria.

Y en el Artículo 30

> Estas compañías honradas se armaran... (en caso de insuficiencia) con los chuzos que haya en los pueblos o qualquiera otra arma con que se pueda contener a los malvados.

En el *Registro para partidas de guerrilla*, se dispone:

> Cuando tomen al enemigo armas y caballos, conservarán las que necesiten para su uso, y las demás las entregarán al Exército, recibiendo... veinte y cinco (reales) por cada espada, sable o lanza... util para el Exército [16].

---

[15]   Real Alcázar de Sevilla, 29 de diciembre de 1808.
[16]   Artículo 4.°, Capítulo 4.° del Reglamento; Cádiz, 11 de julio de 1812.

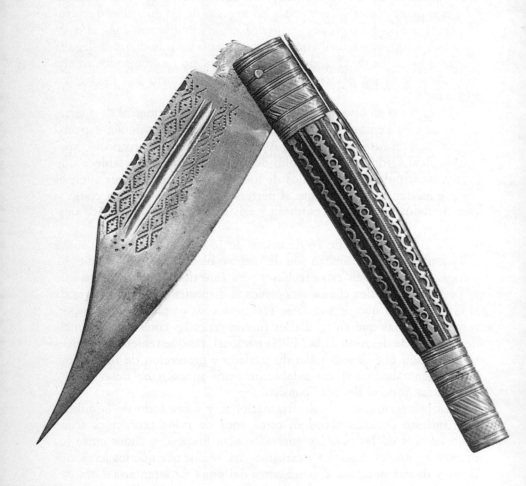

Figura 30. Navaja del siglo xix (Colección particular).

Muy graves debieron ser los daños y pérdidas causados por los ataques y emboscadas de los guerrilleros españoles al ejército regular francés, cuando el General Gobernador de Castilla la Vieja, «considerando que es urgente poner un término a los excesos de las guerrillas que asolan estas provincias» ordena se ponga en el campanario más alto de cada población, un vigilante que toque a rebato cuando divise la llegada de una «quadrilla de forajidos ó vergantes» a fin de que todos tomen sus armas de fuego, blancas o las que tuvieran a mano y se opongan a su entrada [17].

Dentro del ámbito militar, aunque fuera de la normativa de guerra, existe en esta centuria una serie de disposiciones que tienen especial interés para el *ius gladii ferendi*. Así, en el campo del protocolo, aparece la Real Orden de 30 de julio de 1805 en la que se establece que en los actos públicos o privados de los ayuntamientos u otros cuerpos en que asistan militares, tanto si pertenecen a la corporación como si son invitados a ella, éstos entrarán y asistirán con espada en cada ocasión.

En la Real Orden de 26 de marzo de 1844 nada se concreta sobre si las armas que se autorizan son de fuego o blancas, pero en todo caso, y como lo habitual en estas fechas y para este tipo de guardas era que se llevaran de las dos clases, recogemos la disposición del Ministerio de la Guerra, en la que se manda se restituya a los empleados de los portazgos las armas que en su día les fueron retiradas como consecuencia de la orden de desarme de la Milicia nacional, porque teniendo en cuenta la función que desempeñan de traslado y protección de fondos públicos, generalmente desde establecimientos situados en descampado, se les hace preciso llevarlas consigo.

La protección de la industria nacional, y sobre todo de la militar, se manifestó decididamente en estos años de ruina económica como consecuencia de las pasadas guerras contra Francia, y ahora entre los propios españoles, liberales y carlistas. Así, se dispone que los jefes, oficiales y demás personas dependientes del arma de infantería

---

[17] Valladolid, 8 de febrero de 1810, Kellerman, publicada en la *Gaceta de Madrid* el 22 de febrero de 1810. Curiosamente se dice en este edicto que además de ser fijado en la puerta de la iglesia principal y del concejo de cada pueblo, se leerá en el ofertorio de la misa mayor por tres domingos consecutivos.

se provean indispensablemente de las hojas de sable o espada que necesiten para el uniforme, de las construídas en la fábrica de armas blancas de Toledo [18].

De este mismo Ministerio de la Guerra procede la norma por la que los soldados, cuando salen de sus cuarteles a su libre recreo, deberán llevar puestos el cinturón y la bayoneta [19].

Resulta curioso observar cómo la propia Inspección General de la Guardia Civil recomienda el uso de las armas blancas, y no las de fuego, en los casos de persecución y captura de criminales, pues afirma, ello «dará mayores resultados al servicio y será más honorífico para el Cuerpo» [20].

ÁMBITO CABALLERESCO

Las nuevas ideas filosóficas y morales imperantes durante esta centuria en Europa, las consecuencias prácticas, políticas y sociales de la Revolución Francesa y las normas reformadoras dictadas por las Cortes de Cádiz, cambiaron de forma muy importante ese mundo caballeresco y de honor que imperaba en ciertos estratos de la sociedad española. Las ideas de libertad individual y de comercio e industria, la igualdad de todos ante la ley, la abolición de los mayorazgos y señoríos y de ciertos privilegios de la clase noble y otras varias medidas democratizadoras, tenían necesariamente que influir en el comportamiento de las gentes, especialmente de los situados en las capas sociales superiores.

No obstante lo expuesto, quedaban todavía vestigios de ideas y concepciones de la vida, que si tuvieron su importancia en el pasado, en este siglo XIX estaban plenamente trasnochadas. Estoy hablando del duelo. En el capítulo anterior se vieron las disposiciones que los reyes promulgaron para erradicar tan nefasta costumbre. Las mismas normas seguían ahora plenamente vigentes. Por ello, recogeré unos comentarios del marqués de Cabriñana, que explica a la perfección cuál era el sentir de la Iglesia hacia esta manera de resolver las disputas.

---

[18]   Real Orden de 19 de octubre de 1850, Guerra, L. O'Donnell.
[19]   Real Orden de 18 de agosto de 1853, Guerra, el capitán general Lersundi.
[20]   Circular de 15 de octubre de 1852, duque de Ahumada.

La bula *Apostolicae Sedis* de Pío IX (1846-1878) dice:

> Están sometidos a la excomunión reservada al Soberano Pontífice los que se baten en duelo; los que provocan el duelo ó aceptan la provocación; todo cómplice y toda persona que coopere a él ó le favorezca; los que asisten á él á sabiendas; los que lo permitan ó no lo impidan con todo su poder, de cualquier dignidad que sean, incluso la dignidad real y la imperial.

Se hallan comprendidos en esta excomunión, explica el marqués de Cabriñana, los duelistas, aunque el lance no se verifique, siempre que se haya aceptado o provocado, aun concertándolo a primera sangre; los padrinos y testigos del lance; los médicos que asistan al combate, y hasta el mismo sacerdote que va dispuesto a prestar los auxilios espirituales; el armero que carga las pistolas sabiendo que han de utilizarse para un duelo; los propietarios y guardas de la finca que proporcionan el sitio para el encuentro o autorizan que el lance se verifique y, finalmente, todas las autoridades políticas, civiles y militares que teniendo noticia de que va a realizarse un lance, no lo impiden.

El papa Benedicto XIV ya había condenado a la privación de sepultura eclesiástica a los combatientes muertos en el terreno o a consecuencia de las heridas recibidas en el duelo, aunque antes de su muerte se hubiera arrepentido y recibido la absolución de sus pecados (*Detestabilem*, 20 de noviembre de 1752). León XIII, el 11 de septiembre de 1891, confirmó lo acordado por sus antecesores, refiriéndose principalmente a los duelos entre militares [21].

ÁMBITO INDIANO

De las Indias españolas en el siglo XIX poco se puede decir sobre el ordenamiento jurídico de las armas blancas, pues en los seis años que van de 1816 a 1822 obtienen su independencia prácticamente todos los territorios que hoy componen Hispanoamérica. Y estas nuevas naciones se abren a la vida ilusionadas y orgullosas, deseosas de demostrar a la

---

[21] J. Urbina y Ceballos-Escalera, marqués de Cabriñana, *Lances entre caballeros*, Madrid, 1900, capítulo VIII.

Figura 31.   Bandolero. Dibujo a tinta (Biblioteca Nacional).

Metrópoli, al mundo y a ellas mismas, su plena capacidad para gobernarse y vivir en paz y plenitud.

Si en el campo del derecho público las normas legales habían de cambiar, en el mundo del derecho privado subsiste en gran medida todo un ordenamiento jurídico anterior, que era imposible de sustituir de la noche a la mañana, que, por otra parte, no había porqué crearlo *ex novo*, pues el substrato social en que se apoyaba seguía siendo el mismo.

Cuando Agustín Itúrbide se hace coronar emperador y precisa dictar normas que mantengan la paz y el orden, recurre a la ley española diciendo:

> También seran juzgados militarmente en el mismo Consejo de Guerra, con arreglo a la Ley 10, Tit. 10, Lib. 12 de la Novísima Recopilación, los reos de esta clase que con arma de fuego o blanca, o con cualquier otro instrumento ofensivo hicieren resistencia a la tropa que los aprehenda [22].

Sólo Cuba y Puerto Rico siguen dentro de España; por ello no es de extrañar que cuando el Capitán General de Cataluña consulta si puede

> permitir el embarque para la isla de Cuba de mil ciento cincuenta hojas sueltas de sables y machetes que han introducido por la Aduana de Barcelona con pago de derechos para remitirlos á la referida isla como artículo de comercio,

S.M. siguiendo el dictamen de su Consejo resuelve que:

> no pudiendo servir para nuestro Ejército las mencionadas hojas y machetes, por proveerse éste de la Real Fábrica de Toledo, quede prohibida su salida... [23].

[22]   Bando de 30 de diciembre de 1822 por el que se hace público un Decreto Imperial relativo a la aprehensión y enjuiciamiento de delincuentes, de don José Antonio de Andrade, capitán general y jefe político superior.
[23]   Circular de Aduanas, 10 de junio de 1829.

De todo punto interesante es el Bando de buen gobierno y policía, publicado en La Habana el 14 de noviembre de 1842, que en sus Artículos 143 a 149, dice cosas como éstas:

> Ninguno venderá, construirá, comprará ni portará armas prohibidas... y para que no se pueda alegar ignorancia, se advierte que son prohibidas las siguientes:... los estoques y toda otra clase de hoja oculta en el bastón, cualesquiera que sean su configuración y medida; los rejones, almaradas, jiferos y puñales de todas especies; las navajas de punta pequeñas o grandes que sean de muelle con golpe, virola con vuelta, reloj ú otro artificio que facilite la firmeza de la hoja armada, en términos de no poderse cerrar sin separar el muelle, revolver la virola, ó en fin remover el artifico que mantenga la hoja en firme; la bayoneta llevada sin fusil ó escopeta... la daga sola y cualquier especie de sable ó cuchillo de monte, menor de cuatro palmos en hoja y guarnición, y por último todo cuchillo de punta chico o grande, aunque sea de cocina ó de moda de faltriquera. Los artesanos no podrán sacar de su taller las herramientas cortantes y punzantes de su oficio, sino en una jaba ó esportilla, pena de un mes de obras públicas por la primera vez que se les aprehendiere llevándolas por la calle de otro modo, dos por la segunda y cuatro por la tercera. Se prohibe á las gentes de color la simple portación de las armas permitidas á los hombres blancos, pena de perderlas y sin perjuicio del procedimiento que corresponda. Se exceptúan únicamente de esta regla los individuos de color, que condujeren arrias ó bestias cargadas, y los destinados á espender verduras, á los cuales se les consentirá portar el cuchillo sin punta que acostumbran, cuando vayan con sus cargas ó generos de venta; y los siervos y domésticos que justificasen trasladar las armas de uno a otro punto de órden de sus dueños, ó que yendo en compañía de los mismos amos y á caballo las llevaren para la defensa de aquellos.

El texto del artículo habla por si solo y no necesita mayor explicación; las armas blancas prohibidas son las de siempre, la diferencia de trato a las gentes de color respecto de los blancos es la tradicional en Centroamérica en aquella época, y lo único nuevo es la disposición sobre los artesanos, que si el legislador así lo estableció, sus razones tendría, aunque ello suponga descender a una casuística poco habitual.

El Artículo 144 no habla de las armas blancas, pero por su brevedad y curiosidad no puedo dejar de mencionarlo:

Nadie portará garrote en poblado ni fuera de él, pena de 4 pesos de multa y de perder el garrote que se hará pedazos. Se entenderá por garrote todo palo o bastón corto o largo, cuyo diámetro esceda de una pulgada.

«Se prohibe á los hombres blancos portar machete dentro de poblado no yendo a caballo, y en todas las reuniones de campo» (Artículo 145) pero «se permite a las personas blancas portar espada de marca en vaina cerrada y bien acondicionada, con la precisa calidad de que yendo á pie la lleven ceñida» (Artículo 147). «Los hacendados, sus arrendatarios y administradores podrán tener en sus fincas y portar para su seguridad por los caminos... armas blancas» (Artículo 148). «Los mayorales y demás operarios blancos de las fincas de campo podrán portar dentro de ellas el machete y otras armas permitidas, pero fuera de las mismas solo deberán llevar el machete ceñido a la cintura» (Artículo 149).

Por último, en relación con las funciones de orden público, el presente Bando establece que

Figura 32. *No se puede saber por qué.* Dibujo de Goya.

los pedáneos y dependientes de policía y demás personas que los acompañen, cuando fueren de ronda en persecución de malhechores ó de negros prófugos, podrán llevar todas las armas de fuego y blancas que necesiten para el cumplimiento de sus deberes (Artículo 146).

ÁMBITO ECONÓMICO

El primer Reglamento de policía sobre fabricación y venta de armas es de 12 de julio de 1812 y en él, su Artículo 1° dice de forma taxativa que se prohibe la fabricación y venta de armas blancas, aunque sean de las permitidas por las leyes, sin estar expresamente autorizado para ello mediante licencia, y que sólo los maestros armeros de profesión, debidamente autorizados, podrán fabricar, componer y vender armas blancas de las permitidas por la ley (Artículo 2°). Tampoco se podrán vender armas más que a aquellas personas que estuvieren en posesión de la debida licencia o cuando se tratase de cabos, sargentos y oficiales de los ejércitos francés o español (Artículo 7°).

Sin embargo, los sables, espadas o espadines de uniforme o para vestido de corte, podrán venderse libremente por los espaderos, armeros o tenderos, con tal de que la hoja de dichas armas blancas cumpla las condiciones prescritas por las leyes, en especial en lo referente a la longitud, y, siempre y cuando el vendedor se asegure de que el adquiriente es persona que por su profesión o clase tiene derecho a usarla (Artículo 12) [24].

En el apartado de lo militar se vio cómo el Ministerio de la Guerra obligó a los jefes, oficiales y demás personas pertenecientes al arma de infantería se proveyeran de hojas de espada de la fábrica de Toledo. La misma finalidad persigue otra disposición del mismo año 1850, en la que se argumenta que

no pudiendo aumentarse las consignaciones de la Fábrica de Armas Blancas de Toledo, y considerándose como de honor nacional su conservación, se ha servido S.M. disponer recomiende á V.E. la adquisición de las hojas de espada que pudieran necesitar los empleados dependientes de ese Ministerio, pues sin hacer mérito de sus inmejo-

---

[24] *Gazeta de Madrid*, 18 de julio de 1812.

rables cualidades se obtienen tanto ó más baratas que las extrangeras, y se conseguirá de esta manera proteger una industria del país, y coadyuvar al sostenimiento de un establecimiento de una reputación universal [25].

ÁMBITO PERSONAL

Quizás porque la espada era un arma más importante y de mayor prestancia que el espadín, quizás porque ésta última —introducida en España por Felipe V— carecía de raigambre en los usos, hábitos y tradiciones de la época, el caso es que determinadas personas que por razón de sus empleos o destinos tenían derecho a usar uniforme con espadín, llevaban con frecuencia una espada al cinto, con lo que se originaba un cierto confusionismo con los empleados de la Casa Real y algunos oficiales del ejército y de la marina; por todo ello, Carlos IV ordena el 10 de julio de 1802 que a excepción de éstos, nadie deberá usar el sable aunque goce del fuero militar o esté empleado en ciertas oficinas.

Respecto a la tenencia de armas blancas por determinados funcionarios, en 1845, el ministro de Gracia y Justicia de Isabel II declara por Real Orden de 25 de enero, que los jefes políticos pueden autorizar el uso de armas blancas, incluso de las prohibidas (citadas en la ley XIX, del Libro XII, del Título XIX de la Novísima Recopilación), a aquellas personas que tuvieren por misión principal el mantenimiento de la seguridad y el orden público, la persecución de malhechores, y la conducción y custodia de caudales públicos (tesoreros, depositarios, estanqueros y peones camineros).

Sin especificación de a qué tipo de armas se refiere, pero entendiendo que la Orden comprende tanto a las armas de fuego como a las blancas —sobre todo pensando que esta concesión se hará luego extensiva a los colonos agrícolas (16 de abril de 1872)—, en el año 1868 se concede con carácter gratuito el uso de armas a los propietarios que viven en las fincas comprendidas en la Ley de fomento de la agricultura y de la población rural, y también a los administradores, mayordomos,

---

[25] Real Orden del Ministerio de la Gobernación, Madrid, 30 de octubre de 1850.

mayorales, capataces y demás personas de la finca que a juicio del propietario y de la autoridad de la población más próxima, inspirasen completa confianza [26].

Resulta curioso observar la escrupulosa atención que los dirigentes y responsables de los establecimientos docentes ponían en la prevención de daños y en el comportamiento de los estudiantes allí instalados. Ello se puso de manifiesto al estudiar los estatutos de las más antiguas universidades españolas, y ahora, en pleno siglo XIX, se insiste en el *Reglamento particular que debe servir para el gobierno interior del Real Colegio de la Purísima Concepción de la Villa de Cabra*, en cuyo Artículo 36 se dice que

> se cuidará escrupulosamente que los colegiales no tengan armas de ninguna clase, e incluso el cortaplumas; pues para el arreglo de éstas lo suministrará el Inspector en el acto mismo de necesitarlo volviendo sin dilación a su poder [27].

---

[26]   Ley de 3 de junio de 1868.
[27]   M.ª S. Rubio Sánchez, *Historia del Real Colegio de Estudios Mayores de la Purísima Concepción de Cabra (Córdoba) 1679-1847*, Publicaciones de la Universidad de Sevilla, p. 254.

APÉNDICE

Si bien el título de este libro, *Las armas blancas en España e Indias. Ordenamiento jurídico* contempla, al menos teóricamente, toda la normativa legal que sobre estas armas específicas se ha dictado en el territorio español y en lo que tradicionalmente se ha dado en llamar Las Indias, y, por otro lado, si en principio habría que incluir, desde el punto de vista cronológico, todas las disposiciones vigentes en su momento desde que España es una unidad nacional con conciencia de sí misma, hasta el momento actual, 1992, ello, sin embargo, resultaría demasiado omnicomprensivo, excesivamente prolongado y quizás un tanto desenfocado de la pretensión de esta colección. Por ello, se comenzó el estudio en la Baja Edad Media y no antes, pese a los muy interesantes precedentes legales que existían en los siglos anteriores, y se termina en el primer tercio del siglo XX, sin entrar a exponer y comentar órdenes dictadas por los dos bandos combatientes durante la Guerra civil de 1936, reglamentos sobre la tenencia de armas blancas en el período subsiguiente, y leyes de la jefatura del Estado, del Ministerio de Gobernación y modificaciones importantes del propio Código penal, que ponen de manifiesto la reacción del legislador ante ciertas conductas humanas y hechos concretos que, de continuar, podrían alterar la pacífica convivencia ciudadana, la seguridad e integridad del Estado, y, la realización de la idea democrática.

ÁMBITO PENAL

Desde una óptica sociológica es especialmente interesante la lectura del preámbulo del Ministerio de Gracia y Justicia a la Real Orden de 14 de septiembre de 1906 dirigida a la Fiscalía del Tribunal Supremo. En él se dice cómo el desbordamiento de las pasiones, típico de nuestro pueblo, obedece sin duda, entre otras razones, a la falta de cultura, que hace confiar en la violencia la reparación del agravio sufrido, y que de este extravío de las gentes ignorantes no están libres las clases más educadas, al acudir al uso de las armas para dirimir sus cuestiones fuera de la acción de las leyes y tribunales.

El Ministerio propone una serie de medidas, entre ellas, las siguientes: una reforma prudente de la legislación sobre duelos, en la que se acudiese en primer lugar a un laudo arbitral; la imperiosa necesidad de acortar y agilizar los trámites procesales para que el agraviado obtenga una pronta satisfacción judicial; que las armas tipificadas como prohibidas no puedan ser fabricadas ni vendidas; que considerando que la vagancia constituye una ocasión próxima de delinquir, la existencia o no de esta actitud debe ser objeto preferente de la investigación judicial y fiscal, aunque señala a continuación:

> Si bien cuidando mucho de distinguir aquella que proceda de la forzosa falta de trabajo con la que se origina de la 'irreductible aversión a éste';

y, la vigilancia especial por la policía de las romerías y bailes,

> tan abonados para la discordia y el choque de las pasiones, y a los que la gente moza concurre generalmente con armas blancas y de fuego, haciendo de ellas hasta ostentoso alarde.

Al final de este prolongado, jugoso y sugerente preámbulo, se aclara que han de ser consideradas como armas blancas prohibidas los puñales, estoques y las navajas de muelle o de grandes dimensiones. En el Artículo 3° de la Real Orden se insiste en que la prohibición abarca tanto a los que las fabrican como a los que las venden.

El Ministerio de la Gobernación, ante las reiteradas consultas que se le formulan sobre cuáles son armas prohibidas y cuáles las permitidas, a fin de evitar errores en el futuro, y pese a que según afirma son infinitas las disposiciones en que se consigna de forma clara cuáles son unas y cuáles son otras, en su Real Orden de 9 de noviembre de 1907, señala en su articulado que son prohibidos los bastones de estoque o con chuzo u otra arma blanca oculta en su interior, así como los puñales de cualquier clase que fueren, las navajas con punta de más de 15 centímetros de longitud comprendido el mango; los cuchillos de monte y caza sólo podrán ser vendidos a quienes presenten licencia, la cual sólo se expedirá a los que realmente la ejerciten; deja libre la fabricación de navajas ««que tengan la punta redondeada y sin filo en ella» [1]; para concluir, esta Real Orden deja al prudente arbitrio de las autoridades

> el apreciar si el portador de cuchillos, herramientas, utensilios o instrumentos precisos en usos domésticos, industria, arte, oficio o profesión tiene o no necesidad de llevarlos consigo, según la ocasión, momento o circunstancias; debiendo en general estimar innecesario e ilícito el que las traigan los concurrentes á las tabernas y establecimientos públicos y lugares de recreo o esparcimiento, sobre todo tratándose de individuos que hubiesen sufrido condena ó corrección por faltas contra las personas y por uso indebido de armas.

La Cartilla de la Guardia Civil de 1845, revisada en 1847, 1852, 1868 y 1879, es de nuevo adaptada a la legislación vigente por Real Orden de 20 de marzo de 1923, y en su Artículo 123, además de mencionar como armas blancas prohibidas a los puñales, estoques y navajas de muelle y grandes dimensiones (más de 11 centímetros de hoja), incluye los cuchillos acanalados, estriados o perforados que no sean de monte o caza.

Seis años más tarde la Fiscalía del Tribunal Supremo, después de reproducir los Artículos 802 y 819 del Código penal, sancionadores del uso ilícito de armas y de la tenencia de las prohibidas, añade que debe tenerse presente que entre éstas están incluídas las armas blancas que no son de aplicación en usos domésticos, señalando que de nada sirven estos preceptos «si no se procura su observancia, cumplimiento y aplicación estricta», por lo que al Ministerio fiscal le corresponde intervenir activa y celosamente para que cuantos casos ocurran de aquellos a que

---

[1]   Muy poco efecto debió de tener esta específica libertad de fabricación, pues el autor de estas líneas, que ha tenido ocasión de contemplar cientos de ellas, no recuerda haber visto nunca una de estas características, que por otra parte desvirtuaría esencialmente el verdadero concepto de navaja.

se refieren los antes citados artículos del Código penal tengan la justa y debida sanción, a cuyo fin interpondrá las acciones procedentes [2].

El Texto refundido para la aplicación de cuanto se ha legislado sobre fabricación, comercio, uso y tenencia de armas [3], en su capítulo XIV, intitulado Armas blancas, establece que quedan excluidas de la necesidad de guía: 1.º

> Las que puedan considerarse o se pruebe que fueron fabricadas hace más de cien años, o que, siendo más modernas, se justifique haber intervenido en sucesos históricos de carácter nacional, siempre que unas y otras se conserven en museos ó casas particulares sin hacer uso de ellas y sin transportarlas de uno a otro punto, sino por razón de cambio de domicilio.
> 2.º Las destinadas a usos domésticos, con aplicación a la mesa, á la cocina y á la repostería; las herramientas é instrumentos propios de arte, oficio, industria ó profesión, y las navajas y cortaplumas puntiagudos, cuyas hojas no pasen de 11 centímetros, medidos desde el reborde del mango que las cubre hasta la punta, y en la inteligencia de que la longitud de éste no pueda exceder del lógicamente necesario para cubrir la hoja.
> 3.º Las que los pastores y obreros del campo utilicen como necesarias para la comida y trabajos en que tomen parte.

Este Texto refundido repite a continuación, palabra por palabra, lo establecido al final de la Real Orden de 9 de noviembre de 1907 relativo a dejar al prudente arbitrio de la autoridad el juzgar la necesidad de llevar consigo determinados instrumentos de trabajo.

> Los sables, espadas, floretes de todas clases, reglamentarios en el Ejército, la Armada y Cuerpos del Estado, y los cuchillos de monte y caza se expenderán a individuos que á ellos pertenezcan. Para la adquisición de cuchillos de monte ó caza será necesaria la presentación de la licencia de uso de armas de caza y para cazar, siguiéndose los mismos trámites que si se tratase de un arma de fuego corta. Estos cuchillos no podrán usarse más que con ocasión del ejercicio de aquel derecho.

---

[2]   Circular de la Fiscalía del Tribunal Supremo de 18 de julio de 1929.
[3]   Aprobado por Real Decreto de 4 de noviembre de 1929.

Los fabricantes que sean á la vez vendedores ambulantes autorizados de armas lícitas podrán llevar consigo libremente hasta 100 armas blancas; los demás vendedores ambulantes solo podrán ser portadores de la mitad.

En el capítulo XV, concretamente en el Artículo 99 se prohíbe la fabricación, importación, venta, uso y tenencia de las armas blancas que no tengan aplicación conocida, bastones-estoques, armas alojadas en el interior de bastones, puñales de cualquier clase que sean, cuchillos acanalados, estriados o perforados que no sean de monte o caza, navajas con mecanismo de arma de fuego y las de hoja puntiaguada en las que ésta exceda de 11 centímetros medidos desde el reborde o tope del mango que la cubre hasta la punta.

Prácticamente idénticos son los Reglamentos de armas y explosivos del Ministerio de la Gobernación de 13 de septiembre de 1935 y el de 30 de diciembre de 1941.

ÁMBITO ECONÓMICO

Se recogen en este apartado una serie de disposiciones que no obstante emanan de un órgano esencialmente gubernativo, como es el propio Ministerio de la Gobernación, tiene sin embargo una trascendencia marcadamente económica, pues afecta de manera directa a los fabricantes de armas blancas, a los comerciantes y a la importación y exportación de este tipo de armas.

De la Real Orden de 28 de septiembre de 1907 hay que destacar la insistencia del Ministerio de la Gobernación en

que se prohíba y persiga la fabricación y venta de armas declaradas de uso ilícito, así como la venta ambulante de toda clase de armas, incluso en ferias y mercados.

Si bien la primera parte de este Artículo 5.º es perfectamente comprensible, mucha desconfianza debían tener las autoridades españolas en sus ciudadanos cuando, a continuación, establece la prohibición y persecución de la venta ambulante de toda clase de armas, lo que lógicamente hace pensar que incluso las permitidas no podían ser expendidas en las ferias y mercados que era precisamente a donde más acudía el público comprador [4].

La Real Orden de 11 de octubre de 1920, la más importante sobre la materia en estos años, dispone, entre otras cosas, que la intervención gubernamental en las fábricas y establecimientos de armas blancas se deberá limitar a comprobar que no se producen ni expenden armas prohibidas, citando a continuación cuáles sean éstas (las mismas reseñadas en el ámbito penal); y, añade que las navajas cuya hoja no exceda de 11 centímetros, las de mayores dimensiones con punta redonda, los cuchillos de mesa, cocina, repostería, o para sacrificio y descuartizamiento de reses, las herramientas e instrumentos propios de arte, oficio o industria, sólo requerirán guía cuando hayan de transportarse en cantidades superiores a un centenar. Los guardas jurados y cualesquiera otra persona que desee adquirir sable, espada, florete o cuchillo de monte deberá obtener previamente la oportuna licencia. Los fabricantes que sean también vendedores ambulantes de armas lícitas debidamente autorizados, podrán llevar consigo hasta cien de ellas, no así los que sólo sean vendedores ambulantes, que tan sólo podrán llevar la mitad. Y, por último, y no por ello de menor interés, se establece que si existieran armas en fábricas o en poder de los comerciantes que no reunan las condiciones de licitud previstas por la ley, sólo podrán ser vendidas al extranjero. (Parece claro que aquéllo de que lo que no quieras para tí no lo quieras para el prójimo, no resulta fácil de poner en práctica cuando existen intereses económicos por medio).

El Ministerio de Hacienda, después de enumerar las armas lícitas conforme a la legislación española vigente entonces, dice que, ello no obstante:

> dejarán de considerarse exceptuadas de la guía de posesión, cuando por la ocasión, momento o circunstancias en que se conduzcan ó se usen, se acredite o pueda presumirse que se destinan a la lucha o a la defensa personal [5].

---

[4]   Esta prohibición y las demás disposiciones contenidas en esta Real Orden se repiten en la Real Orden de 22 de febrero de 1914, del mismo departamento ministerial.
[5]   Real Orden de 29 de octubre de 1920.

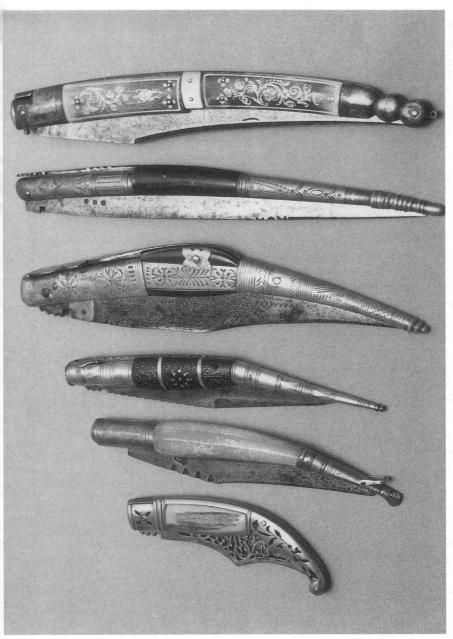

Figura 33. Cinco navajas españolas y una francesa (la última de la derecha) de los siglos XVIII y XIX (Colección particular).

Los cuchilleros, espaderos y armeros de otros siglos no sólo se vieron frecuentemente incomodados y mediatizados por las rigurosas pragmáticas, sino que las desmesuradas medidas punitivas promulgadas por los monarcas españoles obligaron a aquellos a cerrar sus establecimientos artesanales con la consiguiente desaparición de una de las glorias industriales más grandes que tuvo siempre nuestra patria. Ahora —probablemente con razones sobradas— en los años que van hasta el fin del primer cuarto del siglo xx, los controles gubernamentales se hacen tan rigurosos, que los fabricantes se ven en la necesidad de acudir al poder público para pedir el cese de tanta burocracia, control y restricciones, y que las normas de seguridad se limiten a su justa medida; quizás por ello el Ministerio de la Gobernación, en 1921, aun reafirmando el contenido de la Real Orden de 11 de octubre de 1920, aclara que

> han de considerarse libres en absoluto de toda traba, la fabricación, circulación y venta de las armas blancas declaradas lícitas, debiendo en su virtud limitarse la investigación de las autoridades y de la Guardia civíl, en las fábricas, a comprobar que no se producen armas ilícitas, ...debiendo, por consiguiente, expedirse las guías en el acto que se soliciten, para facilitar la rapidez de las transacciones y excluirse en tal caso el cotejo de las expediciones á la llegada á su destino [6].

Para finalizar este epígrafe hay que mencionar la publicación del Registro sobre fabricación, comercio, uso y tenencia de armas [7], aunque no se vaya a entrar en el estudio del mismo, pues, en realidad, lo único que el legislador hace, es reestructurar todo lo dicho en las órdenes anteriores, ya que si bien aparecen sus normas más claramente expuestas, el contenido es idéntico [8].

---

[6] Real Orden del Ministerio de la Gobernación de 7 de enero de 1921.
[7] Aprobado por Orden de 13 de febrero de 1934.
[8] En el Artículo 116, 4.°, al hablar de las navajas, insiste en algo ya mencionado con anterioridad, es a saber, que el mango o cabo de éstas «no puede exceder del lógicamente necesario para cubrir la hoja», medida que convertiría a la navaja en un arma blanca que estando dentro de las medidas legales, adquiriría, sin embargo, una capacidad ofensiva muy superior. Quien desee profundizar en estos temas puede consultar: P. Serrano de la Fuente, «Armas de caza y para la defensa personal», *Revista Técnica de la Guardia Civil*, 1921; V. García García, *Intervención de armas. Recopilación legislativa teórico y práctica*, Madrid, 1926; y, P. Martínez Delgado, *Recopilación y legislación sobre armas con treinta y dos modelos y cincuenta y dos formularios*, Madrid, 1924.

ÁMBITO PERSONAL

De igual manera que se ha hecho bajo este título en los capítulos anteriores, me voy a referir aquí y ahora, brevísimamente, a algunos casos muy concretos que han merecido un tratamiento legal específico.

El cuerpo de Correos, encargado de trasladar de un lugar de España a otro no sólo la correspondencia de quienes deseaban comunicarse con otra persona o entidad sino de valores y dinero, era objeto frecuente de asaltos y robos que el poder público tenía necesariamente que atajar. Por ello la Real Orden Circular de 27 de enero de 1909 establece que los

> funcionarios del Cuerpo de Correos deben usar las armas blancas... necesarias para la defensa de sus personas y la garantía de la correspondencia encomendada a su custodia exclusivamente en los actos de servicio que hayan de verificar fuera de las Administraciones principales de Correos.

Según el derecho canónico vigente en estos años [9], los clérigos debían abstenerse en absoluto de todas aquellas cosas que podían desdecir de su estado, y entre ellas menciona el llevar armas si no existe fundada razón de temer y el entregarse al ejercicio de la caza, puntualizando a continuación que jamás practicarán la clamorosa.

Con un carácter meramente ornamental, la normativa de la marina española había establecido el pasado siglo [10] que formando parte del vestuario de la marinería embarcada, había que llevar una navaja sin punta. En tiempos más modernos, concretamente en 1907 y 1915, al hablar de los uniformes de los marineros menciona la faca con piola y la navaja con piola respectivamente [11].

En vísperas de la Guerra Civil de 1936, un decreto de ese año reconoce en su preámbulo la existencia de perturbaciones en la vida universitaria, causadas por la pasión política que en estos tiempos estaba adquiriendo extrema gravedad, lo que obliga al poder público a tomar las medidas pertinentes a fin de poner término a esta nefasta actitud

[9] Canon 138 del Código de 27 de mayo de 1917.
[10] Real Orden de 23 de septiembre de 1844.
[11] Reales Ordenes de 30 de julio de 1907 y 29 de enero de 1915.

que impide la convivencia normal y pacífica, imprescindible en la vida académica, y por ello, tras decretar que las sanciones universitarias son ejecutivas tan pronto sean acordadas, establece que

> los individuos a quienes, fuera de la Universidad, se ocuparen armas prohibidas perderán, si son estudiantes matriculados, la condición de tales, siéndoles anulada la matrícula y prohibida la entrada en la Universidad. No podrán volver a matricularse en ningún Centro docente de la Nación hasta transcurrido por lo menos un plazo de dos años y previo informe instruído y favorable de la Universidad. Si no fueren estudiantes matriculados no podrán matricularse en ningún Centro docente hasta pasado por lo menos un plazo de tres años [12].

---

[12] Decreto de 18 de marzo de 1936, Ministerio de Instrucción Pública y Bellas Artes.

ANEXO

El presente anexo es un breve resumen del estudio sobre el gremio de cuchilleros y espaderos mencionado en la nota 1 del capítulo I, totalmente reelaborado y actualizado en aquellos aspectos de mayor interés al objetivo que aquí nos ocupa.

EL GREMIO

El siglo XIII, que es el siglo de las catedrales y de la *Suma Teológica*, es también el siglo del nacimiento de los gremios. El preboste de París, Étienne Boileau, por inspiración de San Luis, escribe el *Libro de los oficios*, en el que aparece con claridad meridiana todo lo que habrían de ser los gremios.

Los gremios son unas corporaciones profesionales constituidas por artesanos de una localidad, dedicados a un oficio determinado, que se unen con el fin de organizar y regular su propia actividad.

El gremio tiene un fin primordial y egoísta: mantener el exclusivismo en el trabajo. No puede trabajar en un determinado oficio sino aquél que está agremiado. Así, en alguna ordenanza se llegó a decir:

> Si alguien posee tienda de telas, carpintería, ebanistería o tundidoría sin pertenecer a nuestro gremio, vayamos, y por la fuerza, por la violencia, quememos la tienda y castiguémosle duramente [1].

---

[1] Marqués de Lozoya, *Los gremios españoles*, Escuela Social de Madrid (Ministerio de Trabajo), Madrid, 1944, pp. 7 y 8.

Y las Ordenanzas de los cuchilleros de Sevilla, recopiladas en 1632, dicen textualmente:

> Y en adelante ninguna persona que no fuere maestro examinado del dicho oficio de cuchillería, ni pueda tener obrero ninguno que labre en su casa, so pena, que el que lo contrario fiziere, por la primera vez, el que tal obrero tuuiere en su casa, pague seyscientos marauedis; y por la segunda, la dicha pena y tres días en la cárcel; y por la tercera, la pena doblada y sea traydo a la verguença, publicamente.

El trabajo gremial, como la vida de entonces, era radicalmente distinto al de nuestra época. En las Edades Media y Moderna, el tiempo y el afán desmesurado de lucro no contaban. Sólo interesaba la perfección de la obra hecha, que enaltecía al gremio. En este sentido, el marqués de Lozoya se pregunta:

> ¿Cómo es posible que sin ser matemático se haya podido calcular una catedral gótica?. ¿Cómo es posible que unos canteros, no dirigidos por un ingeniero, hayan hecho una obra que hoy, en la ingeniería, sería muy difícil de calcular?. Pues a fuerza de maestría y de perfección en el oficio; a fuerza de haber recogido, desde niño, la herencia de muchas generaciones; a fuerza de haber aprendido un trabajo perfecto. De este modo, un cantero, cuyo nombre no conocemos muchas veces, y si lo conocemos, sabemos que no tenía más prestigio social que tiene un albañil de nuestros días, hacía, por ejemplo, la lonja de Valencia, la catedral de Sevilla, la de Burgos, a fuerza simplemente de esto: de sabiduría en el oficio, sabiduría recogida en un largo aprendizaje, madurada en el tiempo de oficialía, probada por el examen y después ejercida siempre bajo una vigilancia del gremio. De aquí esos hierros admirables y esa orfebrería que nos sorprende y esas telas prodigiosas y todo lo que es artesanía medieval [2].

Pero antes de seguir adelante con los diversos aspectos que los gremios ofrecen, muchos de ellos complejos pero siempre de gran interés, conviene dar un concepto preciso de en qué consisten éstos.

Juan Regla da una definición breve de los mismos diciendo que se trata de «corporaciones sujetas a un estatuto que garantiza la vida de

---

[2]   Marqués de Lozoya, *op. cit.*, p. 11.

los artesanos como clase social autónoma»[3], y García Valdeavellano[4] concibe el gremio como una corporación profesional, constituida con arreglo a un estatuto escrito, reconocida como tal por el municipio de la ciudad que ejerce la inspección sobre la misma y que supone una organización del oficio correspondiente, jerarquizada en diversos grados, integrada por un cuerpo de trabajadores unidos para el perfeccionamiento técnico de su arte y para defenderse de la competencia, investida de jurisdicción y de facultades de policía y vigilancia sobre la propia actividad.

En cuanto al origen de los gremios, existen múltiples y muy variadas teorías sobre cuyo fondo no vamos, naturalmente, a entrar ahora; las más importantes se resumen en los que opinan que los gremios son una continuación o resurrección de los *collegia* de Roma, asociaciones profesionales que no tuvieron el carácter cerrado y jerárquico de que gozaron luego aquéllos; los que acercan su origen a las *gildas* germanas; otros que piensan que su origen está precisamente en la mezcla de ambos, *collegia* y *gildas*; como dice José María Font[5], en realidad se trata más bien de precedentes o formas análogas que de una verdadera génesis institucional, aunque ésta puede admitirse en algún caso singular (Italia, Alemania). En nuestra Península, sigue diciendo, la organización gremial parece delinearse ya a principios del siglo XIII como una transformación o evolución de las cofradías (asociaciones con finalidad religioso-benéfica integradas por trabajadores de un mismo oficio). De esta misma opinión participa Lozoya[6], quien señala cómo la cofradía suele ser más antigua que el gremio, pues los trabajadores de la Edad Media se agrupan primero por razones religiosas, para celebrar la fiesta de su patrón, y después, muchas veces, las cofradías toman características gremiales; más tarde, los gremios se secularizan y queda a un lado la cofradía, encargada de las funciones religiosas y de la asistencia so-

---

[3] J. Regla Campistol, *Historia general del trabajo. La época del artesanado*, Apéndice: «La época del artesanado en España (siglos V-XVIII)», tomo II, Ed. Grijalbo, Barcelona, 1965, p. 435.

[4] L. García Valdeavellano, *Curso de historia de las instituciones españolas*, 5.ª ed., Ed. Revista de Occidente, Madrid, 1973, pp. 285 y ss.

[5] J. M. Font, *Diccionario de historia de España*, tomo II, 2.ª ed., Ed. Revista de Occidente, Madrid, 1968, p. 248.

[6] Marqués de Lozoya, *op. cit.*, p. 12.

cial; otras veces es tal la íntima unión entre los mismos, que resulta casi imposible distinguir el gremio de la cofradía.

Redondo [7] se muestra inclinado por la teoría de la espontaneidad, consistente esencialmente en estimar que la agremiación nacería en el momento en que se dieran unas determinadas circunstancias fácticas y partiendo del principio de que el espíritu de asociación es de todas las épocas, y así se tendría que el «hecho y la forma» de asociarse sería siempre la misma, mientras que el «fondo y el contenido», es decir, los componentes económicos, culturales y jurídicos, cambiarían de un lugar y época determinados a otras.

Cualquiera que sea la teoría más ajustada a la realidad sobre el origen de los gremios, lo cierto es que, como siempre, existen no una, sino varias razones o causas que hicieron necesaria la institución gremial. Font [8], siguiendo a von Below, menciona las siguientes: la necesidad de limitar el número de personas dedicadas a un oficio determinado (lo que se podía conseguir fácilmente estableciendo la obligatoriedad de pertenencia al gremio e implantando un examen con elevados derechos), la manifiesta conveniencia de alejar competencias molestas (mediante trabas a los trabajadores extranjeros y limitación de la producción a los agremiados), la lucha contra la gran industria (prohibiendo el excesivo número de máquinas o de materias primas), mayores facilidades para la venta, control de los productos elaborados a fin de acreditar la industria local, necesidad de procurarse materias primas a precio razonable, evitando el acaparamiento, y la conveniencia de adquirir una cierta fuerza política ante la autoridad y comunidad local.

En España, el gremio más antiguo fue el de los pelaires de Tarazona, al cual Jaime I otorgó la merced de poder ostentar las reales armas en los pendones del gremio. En 1137 existían ya en Zaragoza tres calles, denominadas de la Pellicería, Borzaría y Corregería, hecho sin duda muy significativo y demostrativo de una realidad. En 1200 se conocían en Barcelona los gremios de zapateros y chapineros; en 1211, los de canteros y albañiles; en 1255, el de fustaneros o tejedores de cotonía, y en 1257 entran a formar parte del concejo municipal de los

---

[7]   G. Redondo Veintemillas, *Las corporaciones de artesanos de Zaragoza en el siglo XVII*, Instituto Fernando el Católico, Zaragoza, 1982, p. 45.
[8]   J. M. Font, *op. cit.*, p. 249.

cien prohombres, profesionales de los oficios que tenían cuerpo y matrícula formal [9]. Para María del Carmen Heredia, las primeras noticias de reglamentación datan del siglo XII, siendo el gremio de labradores de La Coruña uno de los más antiguos. En la centuria siguiente se establecen los tenderos, tejedores y arrieros de Soria, que unían ya a los fines meramente religiosos otros de carácter económico y profesional. Por la misma época los encontramos también en Cataluña, aunque sin el hermetismo y reglamentación posteriores [10].

Los gremios estaban plenamente establecidos en el siglo XIV en Cataluña y poco a poco «se conviertirían en el elemento más activo de la vida urbana» [11], como lo demuestra el hecho de que, en el siglo XVI, eran 37 las calles que en Barcelona tenían el nombre de un antiguo oficio, y entre ellas el de la Daguería [12]. Y ello no sólo en la Península, sino también en el mismo Méjico los gremios iban adquiriendo auténtica carta de naturaleza, como lo prueba el texto de Carranca cuando dice:

> El doctor Francisco Cervantes Salazar, en uno de sus *Tres diálogos latinos*, impresos por primera vez en México en 1554, hace a Zuazo describir una parte de la ciudad de México con estas palabras dirigidas a su interlocutor: «Desde esta calle, que como ves atraviesa la de Tacuba, ocupan ambas aceras, hasta la plaza, toda clase de artesanos y menestrales, como son carpinteros, herreros, cerrajeros, zapateros, tejedores, barberos, panaderos, pintores, cinceladores, sastres, borceguineros, armeros, cereros, ballesteros, espaderos, bizcocheros, pulperos, torneros, etc., sin que sea admitido hombre alguno de otra condición u oficio» (Reimpresión de Joaquín García Icazbalceta, México, 1875, pág. 93) [13].

---

[9]   A. del Campo y de Echevarría, *Los gremios en España* (Discurso), Madrid, 1904, p. 8.

[10]   M. del C. Heredia Moreno, *Estudio de los contratos de aprendizaje artístico en Sevilla a comienzos del siglo XVIII*, Diputación Provincial de Sevilla, Sevilla, 1974, p. 9. Según esta misma autora, los gremios europeos más antiguos con estatutos definidos son los panaderos de Pontoise y los curtidores de Ruan, de 1162 y 1163 (J. Jacques, *Las luchas sociales en los gremios*, Madrid, 1972, p. 18), aunque reconoce que es posible que existieran otros anteriores en Flandes y Alemania.

[11]   E. Pedraza, «Espaderos toledanos», en *Fábrica Nacional de Armas de Toledo*, Fábrica Nacional de Armas, Toledo, 1982, p. 166.

[12]   E. Segarra, *Los gremios*, Barcelona, 1911, p. 246.

[13]   R. Carranca y Trujillo, «Las ordenanzas de gremios de Nueva España», separata de la revista *Crisol*, México, 1932, p. 4.

El estudio de los gremios, como se dijo antes, es materia compleja y confusa por falta de ese mínimo de uniformidad y homologabilidad en el tiempo y en el espacio, que tanto ayudaría a su investigación y conocimiento [14]. Pese a ello, y como prueba confirmatoria de la importancia vital que tuvo esta institución en los reinos españoles, se recogen aquí los gremios que existieron en el pasado y que hoy han desaparecido [15], excluyendo de los mismos los que eran simples oficios, sin haber adquirido auténtica configuración gremial, tales como aguadores, albarqueros, alfayates, alforjeros, algodoneros, aljeceros, aluderos, amasadores, aprensadores, arneseros, arqueadores, arrieros, arroberos, aserradores, bancaleros, barraganeros, barqueros, baqueteadores, barrenadores, bolicheros, broqueladores, canilleros, canteros, coleteros, colmeneros, coraleros, cordeleros, criberos, emborradores, empedradores, escribanos, esmoladores, estambreros, estañeros, fustaneros, gaiteros, hacheros, lacayos, lanceros, martineteros, moleros, oropeleros, palmeros, perchadores, pergamineros, pregoneros, rastrilleros, salitreros, sirvientes, tejeros, terreros, tinajeros, urdidores, vareadores de lana, yelmeros y zurzidores, entre otros.

Así, pues, con las salvedades expuestas, se puede afirmar que los gremios más importantes a lo largo de los siglos en nuestra patria fueron los de abaniqueros, abejeros, aguardenteros, agujeros, aladreros, alambradores, alarifes, albarderos, albardoneros, albéitares, albujaqueros, alfamareros, alfareros, aljeceros, alojeros, alpargateros, altareros, ancoreros, anzoleros, aparejeros, arcabuceros, arcadores, argenteros, arme-

---

[14]   El siguiente párrafo es altamente significativo del confusionismo general reinante: «En el siglo XVIII, los gremios, cofradías, hermandades y congregaciones aumentaron; además, no sólo contaban las que podían ostentar reglamentación escrita, sino que, dada la tendencia de exacerbación de las reglas de cierre y defensa de privativas exclusivas en los gremios del siglo anterior, muchos oficios que no contaban sino con reglas y normas manuscritas o de tradición oral actuaban como gremios, y la tradición les había hecho ser admitidos como tales por la comunidad y en ocasiones incluso por el municipio zaragozano» (J. F. Fornies Casals, *La Real Sociedad Económica Aragonesa de Amigos del País*, Confederación Española de Cajas de Ahorros, Madrid, 1978, p. 55).

[15]   No se incluyen, por tanto, las profesiones actualmente vigentes, como son las de albañiles, almacenistas, alpargateros, botoneros, cabreros, carniceros, carpinteros, cerrajeros, cirujanos, cocineros, confiteros, curtidores, doradores, ebanistas, encuadernadores, escultores, esquiladores, grabadores, herreros, hortelanos, labradores, marineros, molineros, panaderos, pastores, pescadores, pintores, plateros, ropavejeros, sastres, sombrereros, tapiceros, torneros, etc.

ros, atahoneros, balancistas, ballesteros, bañadores, barquineros, bataneros, batifullas, bayonetistas, belluteros, blanqueros, bodegoneros, bolseros, boneteros, borceguineros, boteros, botilleros, brosladores, buidadores, cabestreros, cajeros, calceteros, caldereros, cambiadores, campaneros, campanilleros, candeleros, cañonistas, capelleros, cardadores de lana, carruajeros, cedaceros, cereros, cesteros, ciegos, cinteros, cobreros, cocheros, colcheros, coleteros, comediantes, coraceros, corcheros, cordoneros, corredores de bestias, corredores de oreja, correeros, cotamalleros, cribadores, cuberos, cuchilleros, curadores, chalanes, chapineros, chisperos, chocolateros, dagueros, doradores, drogueros, embaldosadores, ensambladores, entalladores, escopeteros, esgremidores, espaderos, esparteneros, especieros, estereros, feligraneros, figoneros, flamencos, freneros, fundidores, fusteros, gorreros, guadamacileros, herradores, herreros, hilanderos, hoceros, jaboneros, jalmeros, jubeteros, juboneros, ladrilleros, laneros, latoneros, lineros, linterneros, loceros, llaveros, manguiteros, manteros, mantilleros, maromeros, marragueros, medieros, menuderos, mercaderes de vara, merceros, mesoneros, montereros, mulateros, mureros, naiperos, odreros, oracioneros, organeros, orilleros, pañeros, parcheros, pasamaneros, pedreros, peinadores de lana, peineteros, pelaires, peloteros, pellejeros, pergamineros, picheleros, plateros, polvoristas, pregoneros, puñaleros, relicarieros, romaneros, roperos, saqueros, sarrieros, sayaleros, serradores, silleros, silleteros, sogueros, sucreros, tablajeros, tafetaneros, tañeros, tejeros, tejedores, terciopeleros, tijereros, tintoreros, tiradores de oro, tiradores de plata, toneleros, toqueros, torcedores de seda, trajineros, tundidores, vaxadores, veleros, velluteros, vidrieros, xervilleros, yeseros, zapateros de obra anciana, zapateros de obra prima, zaranderos y zurradores.

En principio, todos estos gremios contaban con su propia normativa escrita, ordenanzas (u ordinaciones) que reglamentaban la vida de la corporación, y que al ser aprobadas por el municipio o el monarca —el Consejo de Castilla e incluso la audiencia o la capitanía general— quedaban plena y formalmente constituídos.

Las ordenanzas abarcaban todo el contenido de la vida gremial, y unas veces de forma más sucinta y otras *in extenso*, normaban cuestiones tales como la advocación a cuya protección se acogían, la prohibición de manufacturar y comerciar los objetos de competencia del gremio a quienes no perteneciesen al mismo, la limitación de ciertos instrumentos de trabajo, las jerarquías existentes y sus cometidos, las reuniones que se debían celebrar, los exámenes a realizar y los derechos que tenían que abonar los aspirantes, así como las piezas que preceptivamente debían fabricar éstos, las inspecciones de los obradores, las comprobaciones de las obras producidas, la ayuda asistencial, las contribuciones de los agremiados, las penas y multas, el monopolio, la adquisición y distribución de las materias primas, la prohibición de entrada en la ciudad de manufacturas semejantes a las elaboradas por el gremio, la fijación del número de maestros que podía tener la corporación, el registro de las marcas de los maestros, las prohibiciones y autorizaciones para poseer taller y tienda al público, disposiciones sobre las características técnicas de la obra producida, etc. Dentro de la mentalidad de la época, es prueba de gran honradez y belleza de miras el texto que ordenaba:

> Que ningún oficial ni maestro del dicho oficio, ponga en su casa ni tienda, ni venda en ella espada quebrada por sana, sino cada cosa por lo que es o fuere, ni de vna ley por otra, ni vayna de carnero por de becerro, sino cada cosa por lo que fuere, porque dello vendra muy gran daño a la republica [16].

El gremio, cualquiera que sea la época y lugar en que se contemple, estaba estructurado en tres categorías: aprendiz, oficial y maestro, y controlaba el ingreso y ascenso a cada una de las mismas. En términos generales, puede decirse que el aprendizaje abarcaba un plazo de duración de dos a cuatro años, no pudiendo ingresar antes de los dieciséis. El contrato de aprendizaje consignaba las condiciones de enseñanza, alimentación y alojamiento, establecía los deberes mutuos de aprendiz y maestro y era intervenido por los jerarcas de la corporación; transcurrido el plazo reglamentario y habiendo conseguido la suficiente pericia en el oficio a juicio del respectivo maestro, el aprendiz era inscrito por el gremio en la categoría de oficial, donde tenía que permanecer un mínimo de dos años. Transcurrido este tiempo, si el oficial deseaba ascender a la categoría de maestro, debía superar un examen, previo abono de unos derechos económicos, consistente en realizar ante

---

[16]   Ordenanzas para el buen régimen y gobierno de la muy noble, muy leal e imperial ciudad de Toledo, de 22 de diciembre de 1590, título sesenta y tres.

las autoridades de su gremio una o varias obras determinadas («obras maestras»), que si a juicio de los examinadores eran correctas, le capacitaban para obtener el título de maestro, abrir taller propio y poseer empleados y punzón de marca. Los gremios procuraron siempre restringir el acceso a la categoría de maestría, en especial tratándose de forasteros y más aún cuando eran extranjeros, exigiendo unos derechos de examen más elevados y favoreciendo, por el contrario, la admisión de parientes e incluso de convecinos [17].

Así, en las Ordenanzas de Sevilla, en el epígrafe referente a los cuchilleros, se dice:

> Otrosi, ordenamos, y mandamos, que ninguna persona pueda ver ni vse del dicho oficio de oy en adelante, ni de poner ni de assentar tienda, sin que primeramente sea examinado por los dichos veedores, juntamente con otros dos maestros, que para ello con juramento escogieren: y despues assi juntados, examinado, lo traygan y presenten ante Nos, y Nos le confirmaremos en el dicho oficio, y le mandaremos dar nuestro mandamiento para el vso y exercicio del dicho su oficio: so pena que el que de otra manera pusiere tienda, pierda la obra que assi fiziere y tuuiere, y mas pague de pena seyscientos marauedis: y que el tal hombre que se ouiere de examinar pague a cada vno de los dichos examinadores por su trabajo, vn real de plata.

Las Ordenanzas de Toledo, de 1590, mandan que el examinando

> ha de hazer y labrar las piezas susodichas, en toda perfecion, conforme a estas ordenanzas. Y hechas, vistas y examinadas por los dichos veedores y examinadores, declarando ser habil y suficiente para vsar y exercer el dicho oficio de espadero, se le ha de hazer y dar su carta de examen, declarando en ella las cosas de que puede vsar el dicho espadero: lo qual quede en vn libro que este en poder del escrivano mayor del Ayuntamiento desta ciudad, para que se sepa quien se examino, y de las cosas que le dan por habil, y en el firmen los dichos veedores y examinadores [18].

---

[17]   J. M. Font, *op. cit.*, p. 250.
[18]   Ordenanzas de Toledo, *op. cit.*

En Zaragoza, las Ordenanzas de 1591 pedían al aspirante a maestro que fabricara

> una cuchillera con dos cuchillas grandes una roma, y otra de punta caida, y estas piezas debian ser forjadas de baquete, esto es calzadas de cazo, y filo de acero; y à mas otras tres piezas, que eran un tenedor, un cuchillo mediano de trinchar, y otro mas pequeño. Mas: una caxa de fraile con tixeras de gozne, dos cuchillas tingladas con nutias de laton, y cahacados de trasin, con un cortaplumas de lo mismo: una lanceta para cerrar cartas, que salga del mismo cuchillo, y dos pares de tixeras unas de escritorio, y otras de barbero [19].

Finalmente, en los estatutos de la Cofadría de San Eloy, presentados en 1770, para su aprobación, al Consejo de Castilla, se puede leer:

> haran fabricar a la tal persona unas tigeras de tendero de paños, un cortaplumas, dos cuchillos de mesa a la inglesa, haziendo los puños, vulgarmente nombrados ab dolsas, aviendo de asistir los referidos examinadores quando y en la ocasión se fabricaran u trabajaran dichas cosas, pagados y satisfechos de su condecente salario por la tal persona querrá ser examinada. Tasado dicho salario por los priores de dicha cofadría que en dicha ocasión fueren. Otrosí, estatuyen y ordenan que todos los hijos de qualquier maestro daguero de la presente ciudad y cofradía querrán ser examinados por ser maestros dagueros de la misma ciudad y cofradía, los examinadores que para dicho examen serán elegidos y nombrados vistos; a excepción, empero, del hijo primogénito de los tales maestros, que únicamente le harán o deverán hazer fabricar un cortaplumas [20].

Los jerarcas de los gremios eran elegidos —por insaculacion o elección por mayoría— por la propia corporación reunida en capítulo o junta general, y consistían esencialmente en unas autoridades superiores que eran las que de hecho gobernaban— alcaldes en Andalucía, sobreposats en Baleares, clavarios o mayordomos en Aragón, cónsules en Va-

---

[19] I. Jordán de Asso y del Río, *Historia de la economía política de Aragón*, C.S.I.C., Zaragoza, 1947, p. 130.

[20] R. Planes Albets, «L'activitat industrial a Solsona durant el segle XVIII. Una primera aproximació», separata de *Cardener*, núm. 1 (diciembre 1983), p. 119, Institut d'Estudis Locals de Cardona.

lencia y veedores en Castilla—, una junta asesora y el capítulo o cabildo general. De estas autoridades gremiales es de especial interés la institución del veedor, que, en general, tenía entre otras funciones la de examinar a los aspirantes y, sobre todo, la de inspeccionar los talleres artesanos y las tiendas a fin de comprobar si las disposiciones técnicas recogidas en los estatutos eran debidamente cumplidas.

En las Ordenanzas de Sevilla se dice textualmente:

> ordenamos y mandamos que todos los maestros y oficiales del dicho oficio, el día de señor Sant Iuan-Baptista, de cada vn año, se ayunten en su hospital, o en otro lugar que para ello señalen, y de vna vnion y conformidad, elijan entre si dos personas de los mass sabidores y expertos en la dicha arte, y de mejor conciencia, que en el dicho oficio aya, para que estas dichas dos personas sean, el vno Alcalde, el otro veedor del dicho oficio el año, por que assi los eligieren.

Y en otro apartado posterior se fijan las obligaciones de los veedores, al decir que éstos

> con mucha diligencia caten y examinen las dichas tiendas, y las obras tocantes al dicho oficio de cuchilleria, que fallaren en las tiendas de los dichos maestros oficiales del dicho oficio y otras quales quier personas que las tuuieren para vender, o tuuieren colgadas, o puestas en las dichas sus casas y tiendas las vezes todas que quissieren y fueren justo especialmente, que alomenos caten las dichas casas y tiendas, y examinen las dichas obras doze vezes en el mes. Y las obras que fallaren excessiuas, y contra la forma y tenor destas dichas ordenanças, las saquen de poder, o poderes de quien las fallaren, y las traygan ante Nos en el mesmo dia, porque Nos fagamos en el caso lo que sea justicia. E assi mismo mandamos, a todos los oficiales y otras qualesquier personas en cuyo poder fallaren las dichas obras para vender, que cada y quando que los veedores, o alguno dellos les fuere a ver sus obras, fagan sus casas llanas, y sin ningun temor les dexen catar todas las obras de la cuchilleria so pena de dos mill marauedís y nueue dias en la carcel.

A veces, las penalizaciones de la inspección eran benignas, como en el caso de las Ordenanzas de Cartagena, de 1736, donde se dice que siempre que cualquiera pieza u obra de los dichos maestros se hallere falsa, viciada o en otra forma defectuosa según los veedores, deban recurrir al maestro que la ha hecho dando a la parte otra pieza de bondad y calidad a su propia costa [21].

Otras veces el castigo por incumplimiento de la normativa gremial era mucho más riguroso, ya que llevaba aparejado penas pecuniarias y de privación de libertad.

La consideración social y estimación individual del cargo de veedor evolucinó con el transcurso del tiempo, pues, en ocasiones, el carácter de preeminencia social era manifiesto, y en otras, los interesados deseaban liberarse de lo que más que cargo era carga.

Ejemplo del primer caso es el nombramiento por el rey Carlos II de veedor perpetuo a su cuchillero real, cuando dice:

Por cuanto por parte de Don Agustín López, cuchillero de mi Real Casa, me ha sido hecha relación, que es estilo, que los oficiales de ella tengan el privilegio de ser en sus gremios, veedores y examinadores por los días de su vida, como al presente lo gozan el cerrajero... he tenido por bien de benir en ello y en su conformidad mi voluntad es que vos, el dicho Agustín López seais veedor y examinador del Gremio de Cuchilleros de mi Corte por los días de vuestra vida y useis y ejerzais este oficio en la forma según y en la manera que lo ussan y exerzan los demás veedores y examinadores y mando a los alcaldes de mi Casa y Corte reciban de vos juramento en forma... y os guarden y hagan guardar todas las honras y gracias merecidas, franquezas, libertades, exenciones, preheminencias, prerrogativas he inmunidades y todas las otras cossas que por razon de dicho oficio debereis hacer y gozar... a 11 de Mayo de 1695,

según consta en el Archivo Historico Nacional [22].

Por otra parte, como se dijo, existen documentos que afirman lo contrario, pues en los años 1717 y 1733 algunos veedores que ejercen dicho cargo solicitan de las autoridades que, dado que ha transcurrido

---

[21]   *Ordenanzas de cerrajeros, herreros, cuchilleros y escopeteros*, recogidas por E. Cañabate Navarro en *Ordenanzas de los gremios de Cartagena en el siglo XVIII*, Academia Alfonso X el Sabio, Murcia, 1962, p. 26.
[22]   *A.H.N.*, Sala de Alcaldes, año 1695, fol. 123.

con creces el tiempo reglamentario para el ejercicio de dicha función, se convoque junta general a fin de nombrar nuevos veedores que les sustituyan [23].

También tenemos constancia escrita de una petición formulada por los veedores del gremio de cuchilleros de Madrid, para que, en los casos en que existan bienes, se les abonen ciertos derechos por los reconocimientos efectuados, dado que en estas «ocupaciones invierten muchas mañanas con detrimento de sus labores y por consiguiente de sus familias en esta atención» [24].

Los gremios, como toda institución social, precisaban de suficientes medios económicos para subsistir. Estos ingresos podían ser bien ordinarios, como los derechos de examen, las cotizaciones periódicas de los agremiados, las multas por infracciones y los provenientes de la posesión de censos, rentas e inmuebles, o bien extraordinarios, tales como las donaciones y los legados testamentarios. Es difícil saber hasta qué punto estos últimos eran frecuentes e importantes, aunque según Bonnassie [25] hay que pensar que sí lo eran, pues no hay privilegio gremial que no invite a sus miembros a dejar cierta suma a la comunidad en el momento de la muerte: «Item plàcia a cascun confrare en son darrer testament, fer leixa a la dita almoyna segons Déu li metrà en son enteniment, e açò no mete en oblit», según reza un documento de los *daguers* existente en el Archivo Histórico de la Ciudad de Barcelona [26].

Los ingresos por multas no debían ser despreciables, cuando en 1590 las Ordenanzas de espaderos de la ciudad de Toledo, en su último párrafo, dicen textualmente:

> Y los que fueren contra las dichas ordenanzas en lo demas, por cualquier cosa dello caygan en pena de trezientos marauedis, y perdida la obra que se les hallare contra las dichas ordenanzas. Los quales se repartan en esta manera, tercia parte para el reparo de los muros de esta ciudad, y tercia parte para el denunciador, y tercia parte para el juez o juezes que lo sentenciaren [27].

---

[23] *A.H.N.*, Sala de Alcaldes, año 1717, fol. 109, y año 1733, fol. 65.
[24] *A.H.N.*, Sala de Alcaldes, año 1798, fols. 473-474.
[25] P. Bonnassie, *La organización del trabajo en Barcelona a fines del siglo XV*, Universidad de Barcelona-Instituto de Historia Medieval (C.S.I.C.), Barcelona, 1975, p. 50.
[26] Gremios, privilegio en pergamino, sin clasificar.
[27] Ordenanzas de Toledo, título sesenta y tres: «De los espaderos».

Y la Corona misma, siempre tan necesitada de numerario con que
atender a sus empresas, estipula que

> en las Ordenanzas que en lo sucesivo se formaren en esos Pueblos
> para su mejor administración y govierno, sin excepción de las de los
> Gremios, las penas que se impusieren se apliquen a la Cámara en la
> parte que le corresponda, y en las Ordenanzas ya probadas, se apli-
> que una cuarta parte al mismo destino [28].

Un aspecto económico importante del funcionamiento del gremio
de cuchilleros que es de interés mencionar es el de la participación de
todos los maestros del mismo, en proporción a su capacidad de producción, en las materias primas y elementos materiales necesarios para
la elaboración de sus armas blancas. Así, en las Ordenanzas de Toledo
se dice que

> qualquier maestro examinado, que comprase cualquier mercaderia to-
> cante al oficio en junto, sea obligado a dar parte dello a qualquier
> maestro examinado del dicho oficio, que se lo pidiere, por el precio
> que lo huuo, sin lleualle interes ninguno, dentro de tercero dia que
> jurare auello sabido [29],

y las Ordenanzas de Sevilla mandan

> que si algun maestro o oficial del dicho oficio comprare azero o fierro
> o otra obra qualquiera, tocante al dicho oficio de vn quintal arriba,
> assi en la dicha cibdad como fuera della, dentro del termino de las
> cinco leguas, que den parte a los otros oficiales del dicho oficio, rata
> por rata, lo que a cada uno dellos cupiere, por el tanto quanto le ouie-
> re costado, pagando las costas que les cupieren.

En idéntico sentido se manifiesta un documento de 6 de marzo de
1696, en el que Matheo Pérez y Agustín López, veedores y examinadores perpetuos del Gremio de Cuchilleros, y Marcos de Vega y Francisco Imaz, veedores y examinadores también, exponen cómo desde
tiempo inmemorial ha sido estilo en dicho Gremio que viniendo piedras

---

[28]   *A.H.N.*, Consejos, libro 1480, núm. 8.
[29]   Ordenanzas de Toledo, título sesenta y tres: «De los espaderos».

de amolar a esa Corte se dé cuenta a los veedores de dicho Gremio y éstos pasen a ajustarlas con los dueños a los precios de mayor comodidad y a repartirlas conforme sus necesidades, siempre que vengan en abundancia, pues viniendo pocas se sortean entrando todos los maestros en suerte, lo que es muy conveniente para evitar discusiones y disensiones en el Gremio e impedir el alza de los precios de las piedras [30].

Prácticamente lo mismo viene a expresar otro documento del mismo año en el que se dice:

> Notifíquese a Domingo Gonzalez maestro cuchillero que las piedras de amolar que trujere de su cuenta a esta Corte para efecto de venderlas, no lo haga sin dar cuenta a los veedores y examinadores para que estos las repartan entre todos los demás maestros de dicho Gremio que las hubiesen menester con igualdad pagándolas por el coste con tal que se recibieren sin alterar el precio regular de ellas, como ha sido uso y costumbre en dicho Gremio, y que de aquí en adelante se ejecute lo mismo con todas las demas piedras que viniesen de venta. Los Señores Alcaldes de la Casa y Corte de su Magestad lo mandan en Madrid a tres días del mes de Marzo de 1696.

Y Domingo González contesta diciendo que entre él y Thomás Sánchez trajeron 26 piedras de amolar por su cuenta, compradas con su dinero, para el gasto de sus casas y tiendas y no para revenderlas [31].

Una de las características del trabajo gremial era la perfección intrínseca de sus obras. Era preciso hacer las cosas perfectamente bien, había que prestigiarse y conservar esta fama, no sólo por propia satisfacción, sino como medio de subsistir personalmente y desarrollarse como empresa. Para su logro, la función inspectora de los veedores, como se dijo, resultaba fundamental, ya que en la práctica eran los brazos ejecutores de las normas técnicas establecidas en las ordenanzas y el medio de conseguir ese perfeccionismo tan buscado entonces y tan admirado hoy.

---

[30]   *A.H.N.*, Sala de Alcaldes, año 1696, fol. 51.
[31]   *A.H.N.*, Sala de Alcaldes, año 1696, fols. 52 y 53.

Ya se vio cómo las Ordenanzas de Cartagena establecían que ante una obra «falsa, viciada o en otra forma defectuosa» había que ir al maestro que la hizo y exigir la entrega de otra de «bondad y calidad»[32]. Y entre los *spasers* estaba prohibido guarnecer de nuevo espadas rotas, y si se quería repararlas a toda costa, tenían que venderlas en vainas viejas para no engañar al cliente[33].

Uno de los medios más eficaces que el gremio de cuchilleros —y los demás gremios también, naturalmente— tenía para salvaguardar la calidad de sus obras era la grabación del cuño, contraste, punzón o marca sobre las mismas. Su utilización era obligatoria —«en las quales obras los dichos maestros pongan sus señales porque sean conocidas quien las fizo»[34]—, y Sancho Seral observa que el artesano estaba obligado a «sellar con sello de sus armas» la obra que ejecutaba o la mercancía que ofrecía al público; de este modo se impedía, además, que un artesano revendiese como suya la obra hecha por otro. La falta de esta marca, que representaba ya por sí una desobediencia y hacía sospechar de un probable fraude, era castigada con penas pecuniarias a favor de la corporación y, en ocasiones, del municipio, del tesoro real y de las instituciones benéficas. Todavía hoy se conservan bellos y recios arcones en instituciones culturales públicas españolas y extranjeras, en las que se custodiaban las diferentes marcas grabadas en planchas de metal de los artesanos agremiados, cuya tres o más llaves estaban en poder de diferentes jerarcas del gremio, a fin de evitar deshonestas manipulaciones y perjuicios económicos[35].

El punzón —*senyal*, en catalán— es como la firma del artesano y, por tanto, inalienable y hereditario, pues la marca es el signo representativo de una familia o de una casa. Cuando un maestro muere, su marca pasa a ser propiedad del hijo mayor si éste ha superado las pruebas del examen; si no, los cónsules la retienen en depósito hasta el día en que el heredero sea juzgado digno de continuar el trabajo de su padre[36].

[32]   Cfr. nota 21.
[33]   P. Bonnassie, *op. cit.*, p. 143: Archivo Histórico de la Ciudad de Barcelona, Ord. IV, 10, fol. 75; Crides, caja, 17, año 1474.
[34]   Ordenanzas de los cuchilleros de Sevilla.
[35]   R. Martínez del Peral Fortón, *Ciento catorce punzones de navaja*, Ed. Almarabú, Madrid, 1985, p. 11.
[36]   P. Bonnassie, *op. cit.*, p. 67.

Esperanza Pedraza, en una conferencia sobre los espaderos toledanos, recuerda cómo

> en las cortes que se celebran en Madrid el año 1567 acuden los pro-
> curadores de la ciudad de Toledo y se quejan al Rey diciendo que se
> introducen espadas de otros reinos con contrastes de maestros muy
> afamados de Toledo y los que las compran son defraudados por ser
> falsas imitaciones.

Finalmente,

> el Rey manda que no consientan ni den lugar a que se metan espadas
> algunas en estos nuestros reinos, de fuera de ellos, y que las hechas
> en Toledo traigan la marca y señal del maestro que las hubiere hecho
> y fabricado y del lugar donde son hechas, y el que lo contradijere, sea
> tenido por falsario y pierda las dichas espadas [37].

Al hablar del origen del gremio, ya se ha indicado que en la mayoría de los casos había sido la cofradía el auténtico embrión de aquél,
pues el móvil religioso estaba profundamente enraizado en el alma medieval. Este espíritu religioso-gremial perduró a lo largo de los siglos,
aunque debilitándose paulatinamente, y así vemos cómo en 1771

> el Gremio de Cuchilleros, vulgo Dagueros, que tiene privilegio Real,
> haze dos fiestas cada año en la Parroquia Iglesia de San Justo y San
> Pastor a Nuestra Señora de Esperanza, y otra a San Eloy con cua-
> renta horas, para las que gasta unos treinta y seis maravedíes, que se
> recogen de las limosnas que hazen los individuos del mismo Gre-
> mio [38].

Sin embargo, no toda la doctrina está de acuerdo con la idea que
se acaba de exponer de que los móviles puramente religiosos fuesen el

---

[37]   E. Pedraza, *op. cit.*, p. 167.
[38]   *A.H.N.*, Consejos, núm. 7.106, Expediente de la Corona de Aragón sobre el
estado de las Cofradías, Hermandades, Congregaciones y Gremios de la ciudad de Barcelona y demás pueblos del Principado de Cataluña, contestando al Acuerdo de 17 de
Octubre de 1770 del Conde de Aranda.

origen de la cofradía y posteriormente del gremio. Uña y Sarthou [39] considera que el fin esencial de la cofradía no es precisamente el religioso y el piadoso, sino la propia asociación en sí, que obedece a la necesidad de robustecerse como clase para tomar parte activa en la marcha general de la sociedad, y no permanecer inerte o extraña a la vida comunitaria. En la época medieval e incluso después, el hombre como tal hombre no tenía los medios materiales ni jurídicos para el completo desarrollo de su actividad; de ahí nace la necesidad de unirse con los que tiene una inmediata relación y una problemática semejante. La religión es el vínculo que sirve para acercarle a sus compañeros, es la fórmula de la relación; pero lo que ellos persiguen es la unión misma, para hacer frente a lo que se les opone y para perseguir sus propios objetivos. No se unen tanto para rezar a un santo, sino para, ante un santo, perseguir sus fines sociales, económicos y políticos. Por ello, cuando la unión se logra, ésta inquieta al poder público, y algunas veces son objeto de persecución, como ocurrió con Alfonso I en 1330, año en que se ordenó que las cofradías de los menesteres fueran deshechas porque eran «á deservicio del Señor Rey é á daino grant del pueblo».

La función asistencial estaba también incluida dentro de las finalidades del gremio. Había que ayudar a la viuda y a sus hijos menores, sufragar los gastos de funeral y de entierro e incluso colaborar económicamente en caso de enfermedad, etc. Todo ello, con las variaciones propias de lugar y época, estaba reglamentado, a veces minuciosamente, en los estatutos que regían la vida del gremio. En el mismo informe que se acaba de citar de la Corona de Aragón de 1771, al hablar de la labor asistencial del gremio de cuchilleros, se dice que tendrán que pagar «semanalmente seis dineros de cuyo fondo se les asiste cuando están enfermos» [40], y los *daguers* de Barcelona, en 1517, tenían establecido que si un miembro del gremio, en el curso de un viaje por mar, era hecho cautivo, sus cónsules estaban obligados a preocuparse por su rescate y a poner a su disposición la caja común con tal que el interesado hubiese pagado regularmente sus cuotas hasta el momento de su partida [41].

En su época, los gremios cumplieron a la perfección su importante función económica y social, pero en los últimos siglos de la Edad Mo-

---

[39]   J. Uña y Sarthou, *Las asociaciones obreras en España*, Madrid, 1900, pp. 141 y ss.
[40]   Cfr. nota 38.
[41]   P. Bonnassie, *op. cit.*, p. 135.

derna les llegó también su crisis traducida en un estancamiento, decadencia paulatina y desaparición, siendo superados por nuevas tendencias industriales, económicas y sociales y por afanes e ideas muy distintas de las que hasta entonces habían imperado, provenientes de naciones que figuraban a la cabeza del progreso humano [42].

Las verdaderas debilidades de los gremios, como observa Domínguez Ortiz [43], fueron la progresiva rigidez de sus ordenanzas, su inadecuación a los cambios económicos y su absoluta falta de solidaridad que los hacía incapaces para una acción colectiva. Sólo algún gremio —como, por ejemplo, el de los plateros— tenía una organización de ámbito nacional; los demás eran estrictamente locales, y lejos de ayudar al compañero que llegaba de otra población, le ponían todas las dificultades posibles para establecerse. Incluso entre los gremios de una misma ciudad las relaciones eran poco cordiales, con abundantes rivalidades profesionales y frecuentes pleitos. Los obstáculos a todo progreso, a toda mejora en la fabricación, resultaban absurdos cuando en Europa ya se había despertado la fiebre de los inventos mecánicos. Las leyes sobre los títulos de los maestros, exámenes, obra maestra, inspección y tasa de productos que en principio se habían creado para defensa de los derechos del consumidor, se habían convertido en armas de estrecho egoísmo gremial.

Las exigencias de limpieza de sangre, buena conducta y determinada edad para la aceptación de aprendices, la limitación del número de maestros, la preferencia de los familiares a los forasteros y extranjeros, la prohibición de utilizar ciertas herramientas o sobrepasar la cantidad máxima autorizada de las mismas, junto con las disposiciones reales a partir de Felipe V, aumentadas con Carlos II y Carlos IV [44],

---

[42] F. Torrella Niubo, *Gremios y cofradías*, Cámara Oficial de Comercio e Industria, Tarrasa, 1961, p. 57.

[43] A. Domínguez Ortiz, *La sociedad española en el siglo XVIII*, Instituto Balmes de Sociología. Departamento de Historia Social (C.S.I.C.), Madrid, 1955, p. 207.

[44] En el *A.H.N.*, Sala de Alcaldes, año 1790, fol. 1522, se encuentra un escrito del conde de Campomanes, de 18 de agosto de 1790, que dice: «El Rey se ha dignado havilitar a Raymundo Antonio Santos de nación portugués y establecido en esta Villa (Madrid) para que libremente pueda travajar en su oficio de cuchillero y lo mismo que qualquiera otro que acreditase tener este ejercicio a consulta de la Junta General de Comercio, Moneda y Minas, sin que el Gremio de Cuchilleros le pueda poner impedimento. Lo que participa a V.S. para su inteligencia y que la Sala de Alcaldes disponga su cumplimiento y que no se admita en ella recurso alguno de oposición a este asunto».

tendentes a suprimir la preponderancia sociopolítica que los gremios tenían en los municipios [45], todos estos factores desembocaron en unas apasionadas polémicas sobre la conveniencia o no de mantener los gremios, motivando su supresión en 1813. Si bien en 1815 fueron restablecidos [46], la institución estaba herida de muerte, pues tras diversas modificaciones en los años posteriores, limitando sus atribuciones y categoría, fue de nuevo y definitivamente abolida en 1836, pasando, en general, cada gremio a convertirse en una corporación libre y voluntaria [47]. Sólo quedó su recuerdo en los barrios de rancio sabor añejo de ciertas ciudades, pues son frecuentes los nombres de calles como de Las Armas, de La Navaja, de Las Navajas, de Los Dagueros, de Los Puñaleros, de Los Cuchilleros, de Los Tijereros, de Los Navajeros, o de algún callejón o travesía llamado de La Ferrería o Coltellería.

El gremio de cuchilleros a lo largo de los tiempos

Hasta aquí se ha contemplado sucintamente la trascendencia, estructura, funciones, nacimiento, vida y muerte de los gremios como institución social, refiriéndonos en todo lo que ha sido posible al gremio de cuchilleros con el fin de enmarcar histórica y ambientalmente éste, dedicado a la fabricación de cuchillos, puñales, navajas y tijeras, esen-

---

[45]   Así, el libre establecimiento de los extranjeros en territorio español (1772), el ejercicio de la profesión sin examen previo (1790), la exención de exámenes a los extranjeros, la posibilidad de examinarse para maestro sin haber pasado por los grados inferiores de aprendizaje y oficialía (1798), el ejercicio de dos o más profesiones simultáneamente (1791), etc.

[46]   Circular de 29 de junio de 1815: «Habiendo decretado las Cortes estraordinarias en 8 de Octubre de 1813 que era libre a todos los naturales y estrangeros establecidos y que se estableciesen la facultad de egercer toda la industria ú oficio útil. La necesidad de examen, título ni incorporación á los Gremios respectivos, con cuya ilimitada libertad se ha cortado la policía civil y particular que causaban entre los del Gremio sus respectivas ordenanzas y sabias precauciones que por ellas se establecían en beneficio público y fomento de las artes y de los que las egerciesen; se ha servico el REY nuestro Señor revocar dicho decreto de las Cortes extraordinarias de 8 de Octubre de 1813, y mandar se restablezcan las ordenanzas gremiales...».

[47]   F. Torrella Niubo, *op. cit.*, p. 60.

cialmente. A continuación se procederá al estudio —en la medida en que los datos históricos lo permitan— de la historia del gremio de cuchilleros considerado de forma unívoca, y para ello parece que de los varios sistemas posibles que brinda la metodología científica, el más idóneo en el presente caso es el cronológico, por lo que se van a enumerar sucesivamente las informaciones y datos cuya veracidad histórica no ofrece duda, para que por primera vez queden aunados y sacados a la luz pública los exclusivamente referidos al gremio de cuchilleros.

Esta metodología obliga a ir saltando de una región a otra, de un tema concreto a otro, que quizá poco tenga que ver con él, y a pasar de algo completo y unitario, como son unas ordenanzas, a un simple dato histórico como pueda ser la existencia de cierto maestro cuchillero en un lugar determinado. Si la documentación que ha llegado a nosotros fuera suficientemente amplia, se podría hilvanar un estudio por temas concretos o por regiones españolas, pero la manifiesta escasez de estos datos, no permite otro tipo de exposición.

1283   Iniciamos este estudio histórico con Pedro II, que el 1 de diciembre de 1283, al confirmar por carta los Fueros de Valencia, habla por primera vez de los *cultellarii et baynarii*[48].

1366   En Zaragoza, en la *Cuchillería* de la parroquia de Santiago, existen buenos cuchilleros que dan nombre a una zona de ese barrio, entre los que se encuentra Pascual Martínez de Lérida, muerto en 1366, y el mangador Antón de Manresa, que trabaja en 1378[49].

1392   En Valencia, el gremio de cuchilleros figura en las procesiones públicas organizadas por la ciudad para la conmemoración de algún suceso memorable o para recibir a los reyes y magnates en sus entradas solemnes, tal y como fue el caso de don Juan I y doña Violante, en que *coltellers* y *bayners*, que figuraban en quin-

[48]   Archivo de la Corona de Aragón, Colección de documentos inéditos, t. VIII, p. 156; según J. M. Ibarra y Folgado, *Los gremios del metal en Valencia* (Tesis), Facultad de Filosofía y Letras, Sección de Historia, 1919, p. 17.
[49]   A. Canellas López, «Zaragoza medieval (1162-1479)», en *Historia de Zaragoza*, tomo I, Ayuntamiento de Zaragoza, Zaragoza, 1976, p. 333.

to lugar, llevaran «liurea de drap vermell sembrat de roselles de lata dor» [50].

1393　Entre las artesanías que existían en Zaragoza en 1393 se encontraba la de la cuchillería con Pedro Jijón de la Cueva [51].

1412　El gremio de cuchilleros entra a formar parte del Consejo General de Valencia (órgano deliberante y popular, semejante al Consejo de Ciento de Barcelona) en 1412 [52].

1413　Zaragoza, en 1413, ya contaba con cofradía de cuchilleros. Resulta curioso observar que tres historiadores aragoneses: Ximénez de Embún [53], Canellas [54] y Sancho Seral [55], mencionan este hecho en sus escritos.

1420　El 19 de julio de 1420 son aprobadas las Ordenanzas de los *coltellers* y *bayners* en el reino de Valencia [56].

1423　En Zaragoza, el gremio de cuchilleros logró la aprobación de sus primeros estatutos en 1423 por la reina María, esposa de Alfonso V el Magnánimo, quedando la corporación bajo la advocación de San Antonio. Se trataba de combatir la decadencia de sus manufacturas, pues se cometían fraudes empleando aceros de Génova y Lombardía en vez del navarro, que era el usado tradicionalmente; se prohibió la venta de ferruzas doradas de zazo y mosquero, que se vendían por otras tierras, anunciadas como de fabricación zaragozana, y se señalaron las características técnicas

[50]　Archivo Municipal de Valencia; según V. Ferrán Salvador, *Capillas y casas gremiales de la ciudad de Valencia*, Valencia, 1922, p. 44.

[51]　A. Canellas López, *op. cit.*, p. 364.

[52]　L. Tramoyeres Blasco, *Instituciones gremiales, su origen y organización en Valencia*, Ayuntamiento de Valencia, 1889, p. 323.

[53]　T. Ximénez de Embún, *Descripción histórica de la antigua Zaragoza y sus términos municipales*, p. 23.

[54]　A. Canellas López, en *Historia del España*, dirigida por Menéndez Pidal, tomo XV, p. 517.

[55]　M. L. Sancho Seral, *El gremio zaragozano del siglo XVI. Datos para la historia de la organización corporativa del trabajo en España* (Tesis), ed. Tipografía la Academia, Zaragoza, 1925, p. 33.

[56]　Archivo Municipal de Valencia, *Manual de Consells y Establiments*, A 27 (1418-1423), fols. 237-238.

para la fabricación de cuchillos y la cantidad máxima de ellos que podía hacer cada oficial al día [57].

1457 El 17 de mayo de 1457, el gremio de cuchilleros de Valencia establece que el aprendiz no puede pasar a otro amo sin haber cumplido el contrato con el primero y mediante licencia que éste debe darle; en el caso en que el amo se resistiese a darla, se puede acudir a los mayorales, quienes darán el permiso [58]. Asimismo, se acuerda que los oficiales de este gremio deberán permanecer cuatro años practicando [59], y que el pago en concepto de derechos de examen ascienda a una libra, y ello tanto para los de Valencia como para los de fuera [60].

1477 Los *coltellers* de Valencia determinaron el 31 de julio de 1477 que el oficial forastero pagase cuatro sueldos de entrada y cuatro al año, de cuyo pago sería responsable el maestro [61].
Se puede concluir este siglo XV diciendo con orgullo, y siguiendo al conde de Cedillo en su discurso de ingreso en la Real Academia de la Historia, que «de los talleres de nuestros armeros salían también hermosos productos de cuchillería y tijería fina, que fueron muy estimados» [62].

1512 Los estatutos de los *daguers* de Barcelona, de 1512, no consentían, bajo pena de 25 ducados, el acaparamiento que podía conseguir un maestro que por su cuenta hiciese trabajar a otros poniendo en la obra realizada el punzón del maestro empresario, pues con ello éste usurpaba el derecho a la notoriedad y buena fama de los demás maestros, fundamento de la propiedad artística [63].

[57]   A. Canellas López, Zaragoza medieval (1162-1479), *op. cit.*, p. 404.
[58]   Archivo Municipal de Valencia, *Manual de Consells y Establiments*, núm. 37 (36 A), fol. 179; según J. M. Ibarra y Folgado, *op. cit.*, p. 28.
[59]   *Ibidem*, p. 34.
[60]   *Ibidem*, p. 40.
[61]   Archivo Municipal de Valencia, *Manual de Consells y Establiments*, núm 43 (41 A), fol. 28; según J. M. Ibarra y Folgado, *op. cit.*, p. 34.
[62]   J. López de Ayala y Álvarez de Toledo, *Toledo en el siglo XVI después del vencimiento de las comunidades*, Madrid, 1901, p. 139, nota 134.
[63]   E. Segarra, *Los gremios*, Barcelona, 1911, p. 93.

Con el correr de los años, los oficios se fueron especializando y desmembrando del gremio a que pertenecían, y éste es el caso de «los cuchilleros de Barcelona, conocidos con el nombre de dagueros, que estaban agregados como oficio de fabricantes en hierro á los cerrajeros del barrio de Regomí. Pero á 12 de mayo de 1512 el Consejo Municipal dividió estos dos oficios á instancia de los mismos cuchilleros, atendida la notable diferencia que hay entre las dos profesiones, y quanto conviene para la perfección de las artes el subdividir alguna vez los ramos de la industria; y les dio facultad para formar su cofradía baxo la invocación de San Eloy en la Iglesia Parroquial de San Justo y Pastor de aquella Capital. Aprobáronseles ciertos cuerpos de estatutos con los que se han gobernado hasta hoy; y se reducen á lo siguiente. Que se elijan todos los años tres Prohombres para el régimen del gremio; que estos tengan facultad por sí de juntar los vocales siempre que lo juzguen conveniente; que no puedan resolver de su propia autoridad caso alguno árduo ó extraordinario, y sí sólo los comunes, según la práctica del gremio y el tenor de sus ordenanzas; que los que hayan sido una vez Prohombres ú oficiales del gremio, no pueden volver á obtener cargo alguno sin haber mediado dos años; que cada individuo pague anualmente quatro sueldos y quatro dineros que se han de exigir por semanas para los gastos de la fiesta del Santo tutelar; que ningún maestro pueda prestar su nombre á otro só pena de veinte y cinco ducados; que para la buena harmonía de los gremiales, y perfección del oficio, en la casa de las juntas se guarde un libro en que estén estampadas las marcas con que cada individuo señala las piezas de su fábrica; que a fin de evitar la proporción con que los demás fabricantes de fuera de Barcelona podían introducir fraudulentamente en ella artefactos con marcas contrahechas, se rompan aquellos que se encuentren con semejantes engaños; que para que el público y el extrangero queden bien servidos en el surtimiento de piezas de fábrica barcelonesa, debían los maestros traher toda la obra concluída á la casa del gremio para ser allí examinada antes de poderla vender, con la ley de que no hallándose de buena calidad se rompa á presencia de los Prohombres; que los aspirantes á la maestría debían haber hecho quatro años de aprendizage, y dos de oficialía en casa de maestro aprobado con obrador propio y corriente, sujetándose á pagar por la recepción veinte y quatro ducados» [64].

1531 El 21 de febrero de 1531, reunidos conjuntamente el cabildo y el ayuntamiento de la ciudad de Granada, se aprobaron las *Ordenanzas de espaderos y de lo que han de hazer, y guardar*, cuyos títulos a los capítulos son altamente expresivos de su contenido: «Qve en principio de cada vn año se junten ante el Escrivano mayor del Cabildo, y elijan dos Alcaldes para el oficio», «Qve no pongan tienda sin ser examinados», «Como han de gvarnecer», «Qve no tengan dos tiendas», «Qve antes qve assiente tienda, dé fianças», «Qve no compren nada de lo tocante al oficio, sin qve primero lo hagan saber à los dichos Alcaldes», «Qve no den vaynas de cvero de badana por bezerro», «Qve no vendan espada qvebrada, ni añadida, ni con pelo», «Qve no den a vender espadas à pregoneros, ni aprendices», «Qve no siendo oficial examinado, no use el oficio», «Qve los alcaldes visiten», «Qve no vendan para fvera» y «Como se han de repartir las penas» [65].

De aproximadamente este mismo año son las normas que rigen el examen de los espaderos de Toledo, de entre las que destacan las siguientes: El que el examinando debe «saber amolar vna espada refrendada, y sacar vnas mellas, y acecalalla, y azelle vna vayna de cuero liso, y vn puño de hilo», guarnecer un montante, un estoque de tres esquinas, una espada con vaina de terciopelo y una daga con puño de seda, un cuchillo cazudo de monte y una espada gineta. Se establece igualmente, que la persona que desee ser examinada debe antes solicitarlo de los regidores sobreveedores para que al menos uno esté presente en la casa donde ha de realizar el examen «haziendo y labrando las piezas su-

---

[64]   A. Capmany y de Montpalau, *Memorias históricas sobre la marina, comercio y artes de la antigua ciudad de Barcelona*, tomo I, Madrid, 1779, parte tercera, cap. IV, p. 66.

[65]   *Ordenanzas que los muy ilustres, y muy magníficos señores Granada mandaron guardar, para la buena governacion de su Republica, impresas año de 1552. Que se han buelto a imprimir... año 1670. Añadiendo otras que no estan impresas.* F. de Ochoa, Granada, 1672.

sodichas, en toda perfecion». Superada la prueba, recibirá el correspondiente título que le acreditará como tal y en el que se indicará las piezas para las que está capacitado y autorizado fabricar, quedando reflejado este acto corporativo en el correspondiente libro del ayuntamiento, que está a cargo del escribano mayor. Finalmente, se establece que el examinado deberá pagar doce reales para la fiesta del día de Santiago y para los examinadores, dos reales al escribano por su presencia durante las pruebas, y 100 maravedís por la carta de examen [66].

1532   Entre los aranceles adoptados por el concejo de Carmona el 22 de abril de 1532 figura la disposición siguiente: «Que los espaderos no vendan cada vayna de becerro o tapetado a mas presçio de a real e medio, dandola limpia e barnizada el espada; y la vayna sola, quarenta» [67].

1535   El primer arancel de Lima es de 1535, y en él, junto a los precios fijados, para otros oficios, se establece el de los espaderos, que autoriza cobrar: por guarnecer una espada de vaina y limpiarla, tres pesos y cuatro reales; por acicalar una espada, un ducado, pero si la barnizare y pusiere puño, seis pesos; por acicalar un puñal, barnizarlo y ponerle vaina, un peso; por amolar una caja de cuchillos, dos reales; y por aderezar una lanza y limpiar el hierro, un peso. El presente arancel termina diciendo. «Todo lo qual que dicho es, los señores justicia e regidores desta dicha cibdad de los Reyes mandan que los susodichos oficiales lleven, y que no lleven mas, so pena de medio marco de oro a cada uno por la primera vez, e por la segunda, el doble, e por la tercera, cien pesos; en la qual dicha pena les mandamos que husen sus oficios e no los dejen de husar e llevar los suso dichos derechos» [68].

1538   El emperador Carlos I confirma en Valladolid, el 13 de julio de 1538, las Ordenanzas de los espaderos (y de los asteros) de Sa-

---

[66]   J. L. Díez G. O'Neil, *Los gremios de la España imperial*, Ed. Aldecoa, Madrid, 1941, p. 227.
[67]   M. González Jiménez, *Ordenanzas del Concejo de Carmona*, 1525-1535, p. 167.
[68]   C. Bayle, *Los cabildos seculares en la América española*, Ed. Sapientia S.A. de Ediciones, Madrid, 1952, p. 513.

lamanca con el firme mandato de que sean guardadas «para syempre jamas». En las mismas se establece que cada año, la víspera de Santa Águeda, los pertenecientes al gremio de espaderos, se reunan en la iglesia de San Martín para que nombren a cuatro oficiales de la profesión, «los mas aviles e suficientes que les paresciere para esamynadores», los cuales después serán presentados a los miembros del concejo y regidores reunidos en consistorio, para que de ellos elijan dos, quienes ejercerán efectivamente este cargo. Se ordena que el que desease poner tienda, deberá previamente superar un examen, en el que, se dice, tendrá que demostrar que conoce las técnicas y destrezas de los viejos maestros; deberá saber «amolar vna espada nueva acicalalla e guarnecerla con bayna e puño acabada en perfecion», guarnecer un cuchillo de cazo, un estoque y una espada de dos manos. Finalmente, se manda que «nyngun obrero ny oficial ny otra persona no trueque ny benda nynguna espada fuera de su tienda por las plaças ny mercados ny ascondidamente por que en esto se hazen muchos engaños, saluo syno fuere pregonero o corredor publico».

1556 El 15 de julio de 1556 fueron confirmadas en Nueva España las primeras ordenanzas de espaderos por don Luis de Velasco, y en ellas, al hablar del examen que debían superar los aspirantes, se decía textualmente: «Que el examen ha de ser de una vaina de terciopelo con correas y puño de seda; otra de un montante, de un puñal, otra de cuchillo con puño vayo, y de una espada de una mano; y ha de amolar una espada, azicalarla y bruñirla; y una vaina con cuchillos de lustre, y un puño entorchado, todo lo haga delante de los veedores, y ha de pagar el examinando a los veedores dos pesos» [69].

1567 Don Pedro Sánchez de la Torre, en nombre de todos los espaderos de la ciudad de Toledo, el 9 de mayo de 1567, eleva al rey Felipe II un escrito diciendo que la ciudad ha hecho unas ordenanzas del oficio de espaderos que les son muy útiles y pro-

[69] F. S. Cruz, *Las artes y los gremios en la Nueva España*, Ed. Jus, S.A., Méjico, 1960.

vechosas. El rey les contesta proponiéndoles que se junten en consejo abierto los regidores, jurados y oficiales de la ciudad, con cualquier otra persona que desee participar, para que dialoguen («platiqueis») acerca de estas ordenanzas, y una vez discutidas, conclusiones y contradicciones sean mandadas cerradas y selladas al Rey para su confirmación [70].

Se llama después a Juan de Roa, Francisco Hernández y Alfonso Sánchez, famosos maestros, quienes, tras haber jurado, son interrogados con el cuestionario de rigor sobre si conocen dichas ordenanzas. Contestan que las conocen, que saben que son útiles y provechosas, y por ello confirman que a nadie harán daño; por el contario, serán de gran utilidad, y añaden que las penas previstas son justas y no excesivas, firmando todo ello bajo juramento. Visto este requisito, el rey las confirma el año de 1572 [71].

Esta mención a las ordenanzas de los espaderos se debe al hecho de que en aquellos años, en esa ciudad, el gremio de cuchilleros no había adquirido todavía, al parecer, auténtica carta de naturaleza; ese *status* se lograría más adelante con la ratificación de las ordenanzas en 1689 [72]. Prueba de lo expuesto es que al referirse aquellas ordenanzas de espaderos a las pruebas que habían de superar los futuros maestros, el artículo séptimo dispone que el examinando «sepa guarnecer vn cuchillo cazudo de monte, con tres cuchillos, y vn martillo, y lo demas que perteneciere. Y en la tal pieza vaya puño de redezilla y fluecos».

1591   A los aspirantes a maestros del gremio de cuchilleros de Zaragoza, según las nuevas ordenanzas de 1591, se les exigía la fabricación de «una cuchillera con dos cuchillas grandes, una roma

[70] E. Pedraza, *op. cit.*, p. 159.

[71] *Ibidem*, p. 159.

[72] A. Martín Gamero, En las *Ordenanzas para el buen régimen y gobierno de la muy noble, muy leal e imperial ciudad de Toledo*, Discurso preliminar, página XIV, nota 1, dice: «Guárdanse en nuestro archivo las Ordenanzas de los cuchilleros de 1689...». Pero según nos confirma la secretaria de la Real Academia de Bellas Artes y Ciencias Históricas de Toledo y directora del Archivo del Ayuntamiento de esta ciudad el 7 de enero de 1985, lamentablemente estas ordenanzas no aparecen, temiéndose lo peor.

y otra de punta caída, y estas piezas debian ser forjadas de baquete, esto es calzadas de cazo, y filo de acero, y à mas otras tres piezas; que eran un tenedor, un cuchillo mediano de trinchar, y otro mas pequeño. Mas: una caxa de fraile con tixeras de gozne, dos cuchillas tingladas con nutias de latón, y cahacados de trasin, con un cortaplumas de lo mismo: una lanceta para cerrar cartas, que salga del mismo cuchillo, y dos pares de tixeras unas de escritorio, y otras de barbero» [73].

1598 En Madrid, los cuchilleros consiguen que sus ordenanzas gremiales sean aprobadas en 1598 [74].

Para concluir el siglo XVI, se puede afirmar que durante esta centuria los gremios de cuchilleros están, en general, plenamente consolidados en nuestra patria y que las herramientas de trabajo, los utensilios domésticos y las armas blancas cortas que salen de sus talleres artesanos gozan de una calidad técnica y de una belleza que les dará justa fama y prestigio internacional. Así, incluso en una pequeña ciudad del norte de Cataluña como era Solsona, «els ganivets produits pel daguers solsonins eren força apreciats» [75].

1602 En 1602, los integrantes del gremio de cuchilleros de Teruel presentan una petición sobre franquicias a los jurados de esta ciudad; los muchos firmantes que aparecen citados en el documento hacen pensar a Jordán de Asso [76] lo numeroso que era este gremio a principios del siglo XVII.

1606 José López, cuchillero de Madrid, formula una petición en forma a fin de que le sean concedidos cuatro meses de plazo para examinarse, dado que ahora se encuentra muy pobre, enfermo y ausente de la corte [77].

---

[73] I. Jordán de Asso y del Río, *op. cit.*, p. 130.

[74] A. Rumeu de Armas, *Historia de la previsión social en España. Cofradías, gremios, hermandades y montepíos*, Ed. Revista de Derecho Privado, Madrid, 1944, p. 185.

[75] M. Riu, «Geografía de Catalunya», en *El Solsonès* (Barcelona, 1964), p. 508; según R. Planes y Albets, *op. cit.*, p. 94.

[76] I. Jordán de Asso y del Río, *op. cit.*, p. 158.

[77] *A.H.N.*, Sala de Alcaldes, año 1606, tomo I, fol, 450.

1611   En las Ordenanças de la muy noble y muy leal Ciudad de Malaga, en el capítulo encabezado con la expresión «Cuchilleros
guarden lo siguiente», se relacionan una serie de normas de comportamiento muy semejantes a las de las otras ordenanzas del
mismo gremio, de las que destacan las siguientes: la obligatoriedad de que los veedores una vez elegidos, juren su cargo en la
debida forma; la conveniencia de que éstos, semanalmente, re-
corran los talleres de los artesanos y las tiendas de los comerciantes con el fin de que si encontraran piezas falsas o defectuosas las destruyan y castiguen a los culpables; y, finalmente,
que «hagan las cuchillas e caxas de cuchillos de mesa calçados
con buen azero, e de buena tabla, segu que cada vna dellas pertenece para ser buenas en perfecion»[78].

1615   Diego de Sosa, cuchillero del rey nuestro señor, el 10 de agosto
de 1615, solicita autorización para adquirir determinados materiales que precisa para el ejercicio de su oficio[79].

1616   El Regimiento de Pamplona, el 3 de septiembre de 1616, apro-
bó las Ordenanzas del gremio de cuchilleros, que, entre otras disposiciones habituales establece: que nadie pueda abrir una tienda de cuchillería sin antes haber sido examinado, aprobado y
ejercido de aprendiz durante cinco años; que la mujer que que-
dase viuda de un oficial de cuchillería, podrá continuar con la
tienda durante un año, a fin de que pueda dar salida a toda la
mercancia obrante en su poder; que las cachas de los puñales
no podrán ser de madera sino de cuerno y todas las piezas deberán ser trabajadas y terminadas a base de torno; que todos los
profesionales tienen la obligación de poner su marca «zierta y
conocida y diferente de la de los demás, en toda la obra que hicieren, para que se sepa cuia es»[80].

1622   El rey Felipe III, el 3 de octubre de 1622, a petición del corregidor don Diego Hurtado de Mendoza, confirma las Ordenan-

---

[78]   Biblioteca Nacional, 2/24565, p. 47 r.
[79]   *A.H.N.*, Sala de Alcaldes, año 1617, fol. 29.
[80]   M. Núñez de Cepeda y Ortega, *Los antiguos gremios y cofradías de Pamplona*,
p. 122.

zas de Toledo de 1572. Más adelante, en 1776, serán reformadas de nuevo [81].

1628 La pragmática [82] de 13 de septiembre de 1628 establece la «tasa de los precios a que se han de vender las mercaderías y otras cosas de que no se hizo mención en la primera tasa, y reformación que ahora se ha hecho por los señores del Consejo en algunos precios que se pusieron en ella. Así:
Cuchillos para mesa, finos, grandes: 1 real
Cuchillos para mesa, finos, medianos: 1 cuarto de real
Cuchillos para escribanía: 20 mrs.
Cuchillos ordinarios, dos, con su caja: 1 real y cuartillo
Navajas ordinarias: 20 mrs.
Navajas finas, de todas suertes: 1 real y medio
Las pequeñas: 1 real».

1632 En 1632 tuvo lugar la «Recopilación de las Ordenanzas de la muy noble y muy leal cibdad de Sevilla: de todas las leyes y ordenamientos antiguos y modernos; cartas y prouisiones Reales, para la buena gouernación del bien publico y pacifico regimiento de Sevilla y su tierra. Fecha por mandado de los muy altos y muy poderosos Catholicos Reyes y señores, don Fernando y doña Isabel, de gloriosa memoria, y por su Real prouision», y entre los muchos estatutos que en esta recopilación se incluye está el «de los Cochilleros», que tenía una recia e intensa tradición, como lo confirma el hecho de que en la última disposición de esta ordenanza se diga que «en este oficio de cuchillero no ha de hauer Alcaldes, porque en quanto a este se revoco por el Cabildo y Regimiento de Seuilla, en seys dias del mes de setiembre de mill y quinientos y veynte y cinco años». A mayor abundamiento, ya en el año de 1488 (o quizás con anterioridad a esta fecha) existían unas «hordenanças de los cochilleros» en las que, entre otras disposiciones, se regulaba cómo tenían que ser calzados los cuchillos, cómo el día de San Juan había que elegir en-

[81]   E. Pedraza, *op. cit.*, p. 162.
[82]   C. Viñas y Mey, «Cuadro económico-social de la España de 1627-1628. Pragmática sobre tasas de las mercaderías y mantenimientos, jornales y salarios», en Anuario de Historia Económica y Social, año I, núm. 1 (enero-diciembre 1968), pp. 745 y 757.

tre los maestros a dos veedores, quienes, entre sus obligaciones, figuraba la de examinar «las obras del dicho oficio que a esta cibdad de fuera parte se traxeren», y que los autores de piezas mal fabricadas deberían ser llevados a los fieles para que les «penen e castiguen» [83].

1668   Las ordenanzas de cuchilleros de la ciudad de Teruel datan de 1668, y al parecer sus artífices fueron famosos por los cuchillos, navajas y puñales que elaboraron [84].

1680   Según la «Memoria de los precios a que han de vender los Maestros Cuchilleros en esta Corte», los mismos quedaban fijados en la siguiente relación:
Un cuchillo de fraile tinglado: 7 reales
Un cuchillo de plumas, de cabo de cuerno: 2 reales y medio
Un cuchillo de plumas, de cabo de hierro: 2 reales
Un puñal de monte, de vna tercia, con cuchillo pequeño, lima ralpa y aguja: 20 reales
Dichos cuchillos de monte de media vara: 35 reales
Un cuchillo de mesa, con chapeta arriba, fino: 3 reales y medio
Dicho cuchillo fino, sin chapeta: 2 reales y medio
Un cuchillo de trinchar: 5 reales
Cada hoja de daga de dos tercias: 10 reales
Puñal de cinta con cuchillo y bayna: 15 reales [85]
Resulta curioso observar este intervencionismo estatal al establecer unos precios invariables hasta para artículos de uso corriente y menor valor. Ello se produjo por abusos cometidos en todos los órdenes —pues la medida no se limitó al ámbito de la cuchillería, sino que contempló todo el comercio en general—, y con ello se pretendía conseguir una estabilidad económica, una cierta confianza en el consumidor y la desaparición de la competencia dentro del mismo gremio.

---

[83]   Archivo Municipal de Sevilla, Sec. 16, Diversos, n.° 17, fol. 119 r.
[84]   I. Jordán de Asso y del Río, *op. cit.*, p. 158.
[85]   A.H.N., Sala de Alcaldes, año 1680, fols. 315 y 362; *Cédula Real en que su Magestad manda se observe y guarde la moderación de alquileres de casas y precios de todos géneros comerciables...*, p. 46.

1689 El día 29 de abril de 1689, la Alcaldía de Casa y Corte estableció ciertas medidas contra la introducción de armas blancas falsamente fabricadas, al decir: «Por cuanto se ha experimentado que de las ciudades de Robledo, Guadalajara, Mora, Alcalá y otras de Castilla se trae a esta Corte géneros tocantes al Gremio de cuchilleros como son puñales, cuchillos, texeras de mala calidad y falsamente fabricadas contra ordenanza en perjuicio de las personas que las compran por parecerles ser obra de Puerta Zerrada en que son engañados... mandamos se publique en esta Corte que de aquí en adelante todas las personas que introduxeren en ella herrramientas destas calidad,; antes de venderlas o destruirlas sea de su obligación acudir a los veedores y examinadores del Gremio de cuchilleros de esta Corte para que vean y reconozcan las dichas herramientas y si están o no fabricadas conforme a la ordenanza y si no lo estuviese la persona que las tuviere las vuelva a sacar sin poderlas vender en la Corte por mayor ni por menor a otra ninguna. Pena de cien ducados y la obra perdida...» [86].

Tal y como se expuso en los párrafos finales del capítulo I, la general decadencia de los gremios a fines del siglo XVII es manifiesta; pero ello no obstante, algunos de ellos, como ocurrió en Toledo con el de cuchilleros, piden y obtienen la aprobación de sus ordenanzas en 1689 [87], que según San Román [88], éstas no eran otras que las de la ciudad de Sevilla de 1525 [89].

1695 En las Ordenanzas de Murcia de 1695 se dice que el ayuntamiento de esta ciudad acordó el 15 de junio de 1619 el que todos los espaderos podían ejercer de pavonadores y doradores sin que fuese necesario superar ningún otro examen [90].

---

[86] *A.H.N.*, Sala de Alcaldes, año 1689, fol. 49.
[87] Cfr. nota 72.
[88] F. de Borja San Román y Fernández, *Los gremios toledanos en el siglo XVII*, Publicaciones de la Delegación Provincial de Educación Nacional de F.E.T. y de las J.O.N.S., Toledo, 1970, p. 19.
[89] Cfr. lo expuesto sobre las Ordenanzas de Sevilla de 1632.
[90] Ordenanzas de Murcia, p. 72.

1696   Al hablar del aspecto económico de los gremios, ya se expuso la
       obligación existente de que cuando se traían a la ciudad materias
       primas o elementos imprescindibles para la fabricación de los cu-
       chillos y navajas, había la obligación de dar cuenta a los veedores
       para que éstos procedieran al reparto entre los agremiados de for-
       ma equitativa. Esta norma de procedimiento se tuvo presente
       cuando Domingo González y Thomas Sánchez, el 3 de mayo de
       1696, trajeron a Madrid 26 piedras de amolar [91].
       Se pueden concluir las referencias documentales de este siglo XVII
       afirmando, a modo de resumen, que la vida corporativa del gre-
       mio de cuchilleros en general continúa su auge y esplendor, aun-
       que en algunas poblaciones se empiece a detectar síntomas de cri-
       sis y estancamiento de su funcionamiento y evolución económica.
       Prueba del vigor del gremio de cuchilleros a lo largo de esta cen-
       turia es la autorización por el municipio y la corona de algunas
       ordenanzas, la reforma, recopilación y confirmación de otras y la
       constante preocupación del gremio por la pureza de las obras que
       fabricaba, adoptanto toda clase de rigurosas medidas disciplina-
       rias contra cualquier clase de acción que pudiera perjudicar el
       buen nombre y la justa fama de la artesanía local de los cuchillos,
       las navajas, los puñales y las tijeras, que eran, en gran medida,
       el sustento de sus habitantes y la gloria de su industria.

1701   La ciudad de Toledo había perdido a finales del siglo XVII gran
       parte de su esplendor; el traslado de la corte a Madrid, la
       depresión general de la economía española, el descenso demo-
       gráfico, la expulsión de los moriscos y la importación de armas
       blancas, principalmente, motivaron que el gremio de cuchilleros
       quedara reducido a su mínima expresión, como lo prueba el he-
       cho de que en el censo realizado con motivo del reclutamiento
       para la guerra de Sucesión solamente quedaran en Toledo cua-
       tro maestros cuchilleros y dos aprendices [92].

1713   La conducta de los veedores y examinadores del gremio de cu-
       chilleros no siempre fue ejemplar, pues en algunas ocasiones

---

[91]   *A.H.N.*, Sala de Alcaldes, año 1696, fols. 52 y 53.
[92]   E. Pedraza, *op. cit.*, p. 124.

eran negligentes con sus quehaceres corporativos y evadían sus obligaciones de examinar, como un tal Juan Tejero afirma que sucedió con su representado, el oficial cuchillero José Rallón, que tuvo que recurrir a la autoridad municipal para que le nombraran otros veedores, quienes le examinaron y encontraron capacitado, dándole, el 17 de marzo de 1713, carta de examen, según la costumbre [93].

1718   El censo profesional realizado en Solsona el año 1718 demuestra que el *art de foc* —que en esta ciudad y época era prácticamente lo mismo que decir el arte de la cuchillería— ocupaba el 6,68 por 100 de la población, lo que suponía una parte importante de la misma, dado que entre *payeses*, *pobres e inválidos*, *otros* y *no consta*, se alcanzaba el 59 por 100 de los solsoneses en ese año [94].

1736   No muy desarrollado debío de estar el gremio de cuchilleros en Cartagena durante el primer tercio del siglo XVIII, cuando las ordenanzas de noviembre de 1736 recogen de forma unitaria los oficios de cerrajeros, herreros, escopeteros y cuchilleros. Su breve contenido se limita a fijar las cantidades que los examinandos debían pagar, haciendo distinción en la cuantía según se fuera o no hijo de maestro y natural de la ciudad o forastero, así como el destino de estos fondos. Por otra parte, se dejaba la puerta abierta a la posibilidad de independizarse si crecía suficientemente el número de miembros. Se establecía la obligación de retirar los bancos y mesas de trabajo en el caso de que la ciudad formada pasase por las calles donde estos gremios estaban establecidos, como señal y demostración de respeto, bajo pena de 600 maravedís. Se manda «que el maestro de dichos oficios que no asistiese en las ocasiones de salir el Gremio con su pendón a acompañarle en la forma que los demás, sea penado en cuatro reales de vellón y en dos reales el oficial que faltare a la propia asistencia, los que se aplicarán a el arca de los fondos, entendiéndose cuando no teniendo excusa o arbitrio de los maestros

[93]   *A.H.N.*, Sala de Alcaldes, año 1713, fol. 73.
[94]   R. Planes y Albets, *op. cit.*, p. 95.

veedores de cada oficio». Finalmente, añadía «que siempre que cualquiera pieza u obra de dichos maestros se hallare falsa, viciada o en otra forma defectuosa según los veedores, deben recurrir al maestro que la ha hecho dando a la parte otra pieza de bondad y calidad a su propia costa», medida ésta muy representativa del esmero que el gremio ponía siempre en la perfección de la obra manufacturada [95].

1750 El catastro del marqués de la Ensenada —base fundamental para el establecimiento de la «única contribución»—, que abarcaba, como es sabido, las 22 provincias de Castilla y León, y por ello quedaban fuera del informe Vascongadas, Cataluña, Valencia y Aragón, tiene especialísimo interés para este estudio, pues en él se observa, en primer lugar, que en la mitad de las provincias —Ávila, Burgos, Ciudad Real, Córdoba, Cuenca, Granada, Madrid (sin el casco de la villa), Salamanca, Sevilla, Soria y Zamora— el gremio de cuchilleros no se menciona en absoluto, lo cual es un hecho a constatar, dada la importancia de esta artesanía en alguna de las ciudades contempladas, de manera especial en Sevilla [96]. En segundo lugar, en el cuadro que se presenta a continuación, que recoge las provincias donde existían cuchilleros, se observa:

— Que el gremio más citado por provincias de entre los herreros, cerrajeros, armeros y cuchilleros con los que en la mayoría de las provincias aparece citado es el de cuchilleros, que representan el 40 por 100 de éstos.

— Que si este 40 por 100 se aplica a los totales obtenidos, observamos que al gremio de cuchilleros corresponden en estos años y provincias: 2.686 trabajadores, de los que 1.845 eran maestros, 596 oficiales, y 244 aprendices.

— Que las provincias (o regiones) que contaban con más cuchilleros eran León (2.206), Galicia (1.997) y Extremadura

---

[95]   E. Cañabate Navarro, *op. cit.*, p. 25.
[96]   Para lo que se refiere al catastro de Ensenada, se ha seguido a A. Matilla Tascon, «La única contribución y el catastro de Ensenada», Madrid, 1947, *passim*, y «El primer catastro de la villa de Madrid», en *Revista de Archivos, Bibliotecas y Museos*, tomo LXIX, vol. 2 (1961), pp. 464-525.

PROVINCIAS	GREMIOS			
	Herreros	Cerrajeros	Cuchilleros	Armeros
Extremadura	*	*	*	*
Galicia	*	*	*	
Guadalajara			*	
Jaén	*	*	*	*
León	*	*	*	
Murcia	*	*	*	Otros, 2
Palencia		*	*	
Segovia	*	*	*	
Toledo			*	
Toro		*	*	
Valladolid			*	
Madrid (capital)			*	
Totales	6	8	12	4

PROVINCIAS	NÚMERO DE TRABAJADORES POR NIVELES LABORALES			
	Maestros	Oficiales	Aprendices	Totales
Extremadura	810	134	41	985
Galicia	1.823	174	—	1.997
Guadalajara	1	—	—	1
Jaén	138	96	—	234
León	1.365	502	239	2.106
Murcia	302	365	127	794
Palencia	23	9	14	46
Segovia	78	172	148	398
Toledo	4	—	—	4
Toro	12	—	3	15
Valladolid	15	3	—	18
Madrid (capital)	43	36	40	119
Totales	4.614	1.491	612	6.717
40 % Totales	1.845	596	244	2.686

(985), y las que menos, Valladolid (18), Toro (15) [97], Toledo (4) y Guadalajara (1).

En tercer lugar, en el cuadro siguiente se recogen, en reales de vellón, las cantidades totales, por provincias y niveles laborales, a las que ascendían los jornales anuales de los trabajadores del gremio de cerrajeros, herreros, armeros y cuchilleros en aquellas provincias que contaban con estos últimos durante los años 1750 a 1756.

Provincias	Maestros	Oficiales	Aprendices	Totales
Extremadura	691.200	68.220	10.444	796.860
Galicia	1.226.700	64.530	—	1.291.230
Guadalajara	540	—	—	540
Jaén	116.280	47.880	—	164.160
León	867.060	204.750	60.480	1.132.290
Murcia	376.830	273.510	40.050	690.390
Palencia	15.660	3.780	3.150	22.590
Segovia	81.000	128.340	75.105	284.445
Toledo	4.320	—	—	4.320
Toro	10.620	—	900	11.520
Valladolid	11.430	1.080	—	12.510
Madrid	5.858	—	42.600	48.458
Totales	3.407.498	792.090	232.725	4.432.313
40 % Totales	1.362.999	316.836	93.090	1.772.925

1760　Carlos III, deseoso de restaurar la fabricación de armas blancas en España, pidió información sobre el estado de esta industria en Toledo, enviando un cuestionario, que fue contestado por Francisco Santiago Palomares el 17 de octubre de 1760, y que

[97] La provincia de Toro fue una demarcación administrativa un tanto artificial, que duró unos setenta años, y que discurría en forma de lengua desde Santander al norte de Extremadura, teniendo como razón de ser el evitar el pago de puertos en la transhumancia de los ganados.

motivó una reunión en la que se discutió ampliamente el tema en presencia del intendente general de Hacienda y Guerra, que dio lugar a un informe del coronel Luis de Urbina el 22 de ese mismo mes, en el que, entre otras cosas, confirma la existencia de cuchilleros —no de espaderos— en la imperial ciudad, diciendo: «Se me asegura que estos cuchilleros dan buen temple a sus cuchillos, navajas y tijeras, y entre ellos los llamados Felipe Luis, Juan Muñoz, Juan Antonio e Ignacio Fernández... que conservan algunos de los instrumentos que usaban los antiguos... que han conservado el secreto de padres a hijos... que saben el agua de que se ha de usar y en que tiempos...»[98].

La Real Fábrica de Espadas de Corte, que así se llamó primero, empezó a funcionar en 1761, pero fue el 23 de junio de 1781 cuando los operarios comenzaron a trabajar en la Fábrica Nacional de Armas, sita en su actual emplazamiento.

1761 Del 12 de junio de 1761 son las *Instrucciones o Providencias que parecen necesarias para el aumento y buen régimen de la nueva Fabrica de Espadas de Toledo*, en las cuales se establece que: Todo cuchillero que quiera tener tienda abierta en Toledo ha de trabajar para la fábrica de su Magestad y ser examinado por el maestro Luis Calixto o por su sucesor en el cargo; y viceversa, todo maestro asalariado de la fábrica puede vender de su fragua o tienda a particulares, hojas de espada, espadines, cuchillos, tijeras, etc.; la prohibición de utilizar acero traído de Milán, que se estima de baja calidad, y la conveniencia de usar el de Mondragón; y, que los asuntos laborales y los relativos a la calidad de los productos es algo que pertenece en exclusiva al director de la fábrica, sin que el encargado de la Real Hacienda tenga que intervenir en ellos[99].

1767 Según una relación catastral realizada en 1767, existían en Solsona en este año 16 maestros cuchilleros, que concretamente eran: Joan Busquets, Francesc Fábrega, Josep Figueres, Josep

[98] E. Pedraza, *op. cit.*, p. 172.
[99] Archivo General de Simancas, Secretaría y Superintendencia de Hacienda, Leg. 806, primer pliego.

Isanta, Agustí Capdevila, Francesc Closa, Antón Closa, Francesc
Elies, Salvador Canal, Pere Mártir Blanch, Rafael Rodamilans,
Miquel Montells, Josep Robert, Francesc Isanta, Francesc Llord
(el viejo) y Francesc Llord (el mozo). En los años siguientes,
este gremio se desarrolló muy notablemente, contabilizándose
hasta 24 talleres, con un número de «mancebos» cada uno que
oscilaba entre cuatro y diez. Sus navajas, cuchillos y puñales eran
enviados a toda Cataluña, a Castilla e incluso a Indias [100].

1770   Es en 1770 cuando tiene lugar la presentación al Consejo de
Castilla, para su aprobación, de los estatutos del *art de foc* de
Solsona, entre los que se encuentra el del gremio de cuchilleros,
en el que, entre otras cuestiones, se establece:
— Que el que desee ser maestro deberá haber practicado en
este oficio durante cuatro años, presentando además una cer-
tificación jurada del maestro con el que se ha adiestrado durante esos cuatro años.
— Que cuando haya que proceder a examinar a un aspirante habrá que elegir a dos maestros, que deberán asistir «quando
y en la ocasión se fabricaran u trabajaran dichas cosas», abo-
nándoseles por el examinando un salario suficiente cuyo importe será fijado por los priores del gremio.
— Que si los aspirantes fuesen hijos de maestros dagueros de
la ciudad solamente se les hará fabricar «un cortaplumas u
otras piexas a aquellos bien vistas, a excepción, empero, del
hijo primogénito de tales maestros, que únicamente le harán
o deverán hazer fabricar un cortaplumas».

1771   En el informe redactado por Juan Cervera, titulado *Zaragoza. Estado de las cofradías de la ciudad de Zaragoza y pueblos de su partido*, de 1771, se dice que en la iglesia del Temple de la Religión
de Caballeros de Malta figura el gremio de puñaleros, cuyo ti-
tular es San Martín, que tiene ordinaciones y que celebra una
misa cantada, una fiesta solemne y trece sufragios [101].

---

[100]   Archivo de Protocolos de Solsona, *Instrumenta per Dominicum Aguilar nota-
rium publicum Coelsonae uti substitutum discreti Thomae Llorens*, recogido por R. Planes
i Albets, *op. cit.*, pp. 100 y 102.
[101]   A.H.N., Consejos, leg. 7.105, exp. 64, núm. 132.

1772 El 30 de septiembre de 1772 es el día en que Francisco Santiago Palomares da a la luz pública su *Noticia de la Fábrica de
espadas de Toledo que por tantos siglos existió hasta fines del siglo
XVII en que acabó y del método que tenían aquellos artífices armeros para forjarlas y templarlas, aceros que usaban, y otras particularidades que las hicieron tan famosas en todo el Mundo como
apetecidas al presente y de la que por el Rey N.S. que Dios guarde
se estableció en esta Ciudad año de 1760 por Francisco de Santiago
Palomares escribano mayor de primeros remates de rentas decimales
de Toledo y su Arzobispado.* Se cita aquí esta obra y autor por
dos razones fundamentales: la primera, porque aunque en principio parece habría de referirse exclusivamente a la espadería, la
realidad es muy otra, pues de los 99 punzones que aparecen dibujados e identificados, muchos de ellos se encuentran acuñados en bellas hojas de cuchillos, puñales y navajas, lo que indica
que estos «espaderos» se dedicaban igualmente a la fabricación
de armas blancas cortas y utensilios domésticos de cierta categoría, y la segunda, porque las investigaciones de Santiago
Palomares y lo que dejó escrito ha sido la fuente en la que ha
bebido la mayoría de los estudiosos posteriores de esta apasionante rama de la historia de España.

1775 Poco vigor debió de tener la vida gremial de los cuchilleros
toledanos en el último tercio del siglo XVIII cuando ellos, que tenían ordenanzas desde 1689, solicitaron otras nuevas en 1775,
como lo atestigua Larruga [102] en 1791 —y, por tanto, habiendo
tenido ocasión de comprobarlo personalmente— y lo confirma
Pérez Bueno [103] siendo lo peor, según este último, que la autoridad contestó a su pretensión diciendo «que ponían reparos,
porque los que solicitaban las Ordenanzas no tenían los conocimientos que convienen para merecerlas».

1781 Era tradicional en la vida gremial española que los extranjeros
encontraran ciertas dificultades a la hora de instalarse y ejercer

---

[102] E. Larruga, *Memorias políticas y económicas, sobre los frutos, comercio, fábricas
y minas de España*, tomo X, Madrid, 1791, p. 102.
[103] L. Perez Bueno, *Indice de oficios artesanos*, Obra Sindical de Artesanía, Delegación Nacional de Sindicatos, Madrid, 1950, cap. «Arte del hierro y metales y similares».

su profesión en nuestro país. Como testimonio de ello se recoge
a continuación un caso ocurrido en San Sebastián en el que se
tiene que recurrir a los tribunales de justicia para que el extranjero, en este caso francés, goce de los derechos profesionales
que la ley española le reconocía.

«Don Pedro Flores Manzano, del Concejo de S.M., su oidor en
la Real Chancillería de Valladolid, y Corregidor de esta Provincia. Hago saber a la Justicia de la ciudad de San Sebastián y a
cualquier escribano de S.M., que ante mi se presentó una petición cuyo tenor y de un auto es como sigue «Gerónimo de Cin-
cunegui en nombre de Carlos Douset Maestro cuchillero residente en la ciudad de San Sebastián, pero de nación francés,
cuyo poder especial presento, acepto y juro, ante V.M. parezco
por el recurso o queja que más haya lugar en derecho me presento, y hallándome como despojado de mi tienda y poder trabajar en ella, mediante los atropellados procedimientos de la Justicia, escribano y Ministro de dicha ciudad, digo que hace ocho
días que el Alcalde de dicha ciudad por medio del Escribano y
Alguacil intimó a mi parte con pena de prisión y otras, cerrase
luego a punto la tienda y no trabajase en su oficio de cuchillería
ni otro, con el pretexto que no estaba examinado conforme al
Capítulo cuarto de las ordenanzas confirmadas de la Cofradía
de San Eloy... De estos autos consta que el año de setenta y dos
cuando era recién venido mi parte a dicha ciudad, se presentó
al mayordomo, que era entonces de dicha cofradía D. Juan Francisco de Cardaberaz, quien inmediatamente para ser examinado,
mi parte, le encargó seis hojas de cuchillos, enviándole él mismo
mangos de plata, y por cuanto en este intermedio experimentó
la novedad extraña de que si no pagaba treinta y seis ducados
de vellón había de cerrar la tienda, acudió en dicho año mi parte
a este tribunal por el remedio en la misma conformidad que lo
hace ahora, y con efecto interín se le informase al caballero
Corregidor de lo ocurrido, se mandó no se le impidiese a dicha
mi parte el uso de su oficio, en vista de esta providencia en estos nueve años ha estado mi parte con tienda abierta, usando
su oficio, sin que se le haya puesto embarazo alguno hasta el presente lance, y sólo por esa posesión pacífica en que ha estado

mi parte de usar su oficio en virtud del citado auto... «Se manda
que la Justicia de la Ciudad de San Sebastián ponga a Carlos
Douset, maestro cuchillero, residente en ella, en posesión y uso
de su oficio y nadie le impida en el ejercicio de su arte... El Señor Corregidor de esta Provincia lo mandó en Audiencia de veinte y uno de Mayo de mil setecientos ochenta y uno...» [104].

En el Libro de Gobierno de 1781, concretamente el 26 de abril
de este año, al hablar de las costas, hay una demostración más
de la necesidad de abonar el ejercicio de determinadas funciones gremiales cuando se dice: «A Manuel de Castro y Juan Es-
teban de Marcos, Maestros veedores del gremio de cuchilleros,
por los reconocimientos que hicieron, se consideran cuatro» [105].

1788   La importante función de los veedores se pone de manifiesto en
el siguiente documento, que dice así: «Oficio de los Directores
Generales de Rentas remitiendo a la Sala tres navajas distintas...
que llegaron a la Aduana a fin de que se declarasen si eran o
no de las prohibidas. Trece de Febrero de 1788». Tras el examen que bajo juramento hicieron los veedores del gremio de cuchilleros de Madrid, éstos manifestaron: «Que las tres referidas
navajas son para el uso de los pastores y arrieros, que no son
de las prohibidas por no hallarse en ellas golpe seguro, abuge-
tilla, ni virola que se ande alrededor, lo que hace que no tengan
firmeza alguna y que aunque se hallan con punta, son necesarias
para el uso de los pastores y arrieros, lo cual declaran con arreglo a la pericia de su oficio e inteligencia que en ello tienen y
conforme a la Real Pragmática de 26 de abril de 1761 y Bando
publicado en 9 de Octubre de 1780» [106].

Jorge Aragoneses [107], en un breve trabajo publicado a propósito
de unas bellas tijeras albacetenses de 1771, cita una serie de

---

[104]   Archivo Provincial de Guipúzcoa, sec. 2.ª, neg. 21, año 1781, leg. 84, recogido
por J. Garmendia Larrañaga, *Gremios, oficios y cofradías en el País Vasco*, Ed. Caja de
Ahorros Provincial de Guipúzcoa, San Sebastián, 1979, p. 190.

[105]   *A.H.N.*, Sala de Alcaldes, Consejos, Libro de Gobierno, año 1781, fol. 565.

[106]   *A.H.N.*, Sala de Alcaldes, Consejos, Libro de Gobierno, año 1788, fols. 707
a 715.

[107]   M. J. Aragoneses, «Contribución al inventario provincial de artes industriales», en *Monteagudo*, núm. 25 (1959), p. 7.

maestros cuchilleros que parece interesante recoger aquí. Son los siguientes: de Albacete, Pedro Díaz (autor de unas tijeras de 1733), Gutiérrez (años 1737 y 1751), Arcos (años 1746), Castellanos (año 1756) y Miguel León (año 1771), y de Lorca (Murcia), Martínez y José Serrano (año 1708).

Se puede concluir este siglo XVIII observando cómo la vida gremial en España estaba en plena decadencia y el gremio de cuchilleros no tenía motivo alguno para ser una excepción. Hubo, como siempre sucede con el acontecer humano, atisbos de florecimiento en alguna población (Solsona y Albacete, hasta la mitad del siglo), pero ello no fue sino la excepción de una regla general irreversible; el catastro del marqués de la Ensenada lo muestra bien a las claras. Toledo, ciudad cumbre de la cuchillería, no es ni sombra de lo que fue. De Aragón y el Levante español no contamos con datos documentales, lo que es ciertamente significativo, pues de las épocas de auge y gloria siempre quedan obras o al menos vestigios. Todo parece conducir indefectiblemente hacia la extinción general del gremio de cuchilleros.

1823   El 21 de noviembre de 1823, el maestro cuchillero Benito Yévenes, por sí y por otro «que no save firmar», contestó al corregidor de la villa de Madrid diciendo que, en la actualidad, los maestros cuchilleros existentes son: Pedro Sevillano, Benito Yévenes, Juan Cafio, Juan Jeta, Valentín Rueda, Cristóbal Carrasco, Alfonso Rodríguez, Pedro de los Ríos, Inocencio Navarro, Juan Bautista Maseras, Pedro Pasqual Marcos y Juan García del Villar, advirtiéndole que de estos maestros algunos no tienen tienda abierta y otros, sin estar examinados, se titulan maestros y sí tienen tienda abierta [108].

1827   Pedro Pasqual Marcos, Cristóbal Carrasco y Pedro de los Ríos, maestros cuchilleros de Madrid, se dirigen, el 3 de noviembre de 1827, al corregidor comunicándole que fueron nombrados veedores en 1824, y por haber transcurrido con creces los tres

---

[108]   E. Pastor Mateos, *Archivo Municipal de Madrid, Catálogo de gremios*, núms. 296-299; Archivo de Corregimiento, núm. 1-206-1.

años que según las ordenanzas debían ejercer dicha función, solicitan ser relevados de este cargo, proponiendo se nombren
otros tres de entre los que sugieren, que concretamente son: Valentín Viloria, Ramón Longa, Inocencio Navarro, Pedro Sevillano y Juan Bautista Maseras, todos ellos maestros de este gremio.
El 6 de noviembre de 1827, el corregidor de Madrid escribe al
alguacil mayor diciéndole: «Para proceder con el debido conocimiento y acierto a la elección de veedores del Gremio de Maestros cuchilleros, necesito que a la posible brevedad y con toda
la reserva me informe U. cuanto le conste y pueda averiguar
acerca de la conducta y circunstancias de los individuos que a
continuación se expresan, así como de sus conocimientos y suficiencia, proponiendo los que crea más a propósito para el desempeño de estos cargos».
Dos días más tarde, el alguacil mayor contesta informando que
el primero, segundo y cuarto de los citados gozan «de buena conducta y son suficientes para el desempeño»; pero Inocencio Navarro y Juan Bautista Maseras fueron «milicianos constitucionales» —«adictos al ominoso sistema constitucional», se dice en
otro párrafo—, aunque «capaces al desempeño si no les es obstáculo su conducta política» [109]. Como puede observarse, en estos años las tendencias ideológicas y actuaciones políticas contaban tanto como los conocimientos y experiencia profesionales
a la hora de ser nombrado para un cargo corporativo.
Pedro Pasqual Marcos, el 24 de noviembre de 1827, informa al
corregidor de Madrid sobre el estado del gremio de cuchilleros
en esta ciudad, diciendo que éste «se halla en la mayor decadencia; que los maestros que lo componen son nueve, de éstos
tres sin poder travajar por causas físicas, y los demás tienen muy
poco que elavorar; y carezen de ordenanzas para su govierno» [110].

1829 Otro caso de petición de sustitución en el cargo de veedor es
el formulado por Valentín Viloria y Ramón Longa el 12 de octubre de 1829, en Madrid, en que por haber transcurrido el pla-

[109] E. Pastor Mateos, *op. cit.*, núm. 1-48-1.
[110] *Ibidem*.

zo para el que fueron nombrados, sugieren se nombre a otros
en su lugar. Hechas las averiguaciones de rigor sobre «la conducta moral y política y sus conocimientos en el oficio» tal y
como se pide, se contestó informando sobre los nombres suge-
ridos [111], con observaciones tan curiosas como las siguientes:
«de inteligencia, pero vinoso», «constitucional», «de mucha em-
briaguez», «pero fue miliciano», «voluntario realista», «poca
ciencia en su profesión», «fue miliciano, pero tiene inteligencia
y prudencia», «sin suficiencia». Las calificaciones reseñadas son
tan elocuentes, que no vale la pena mayor comentario; únicamente señalar que el beber en exceso, en aquellos años, no debía de juzgarse como demasiado grave, pues uno de los tres artesanos elegidos adolecía de este defecto, o más bien diríamos,
con el sentir de la época, tenía esta costumbre [112].

1831   Don Domingo María Barrafón y Viñals de Fox, corregidor de la
villa de Madrid, «en uso de las facultades que S.M. (Dios le
guarde) se ha servido concederme... para que nombre interina-
mente los Oficiales y Empleados que con arreglo a las Ordenanzas gremiales deban gobernar los mismos, y debiendo proce-
derse a la elección de Veedores y Examinadores del Gremio
de cuchilleros en grueso y menudo de esta Corte, he venido en
nombrar como por el presente nombro para Veedores y Examinadores del citado Gremio a Alfonso Rodriguez, Pedro Pascual
Marcos y Pablo Geta, los que desempeñarán las funciones que
les son anexas, y celebrarán las Juntas que prebienen sus Ordenanzas... y para que se les reconozca por tales entre los individuos de que se compone el referido Gremio, y desempeñen
cuantas atribuciones les son anexas; les doy el presente título en
Madrid a seis de Mayo de mil ochocientos treinta y uno» [113].

---

[111]   Juan García del Villar, Juan Geta, Pedro Pasqual Marcos, Cristóval Carrasco,
Faustino Liviero (?), Fermín del Rey, Pedro de los Ríos, Alfonso Rodríguez, Juan Bau-
tista Maseras, Nicolás García del Villar, Pablo Francisco Geta, Mariano Pascual Marco,
Miguel de Castro, Inocencio Navarro, Juan Eloy Sevillano, Juan Julián Gómez, Benito
Rubio de Iglesias, Pascual Sevilla, Antonio Vidal, Juan Santalla, Francisco Portales y
Francisco Fernández.
[112]   E. Pastor Mateos, *op. cit.*, núm. 1-48-1.
[113]   E. Pastor Mateos, *op. cit.*, núm. 1-167-19.

APÉNDICES

BIBLIOGRAFÍA

Si en el capítulo introductorio del libro afirmé que se trataba de un estudio inédito, parece claro y consecuente con ello que no debería haber apenas bibliografía sobre el tema. Esta afirmación es rigurosamente cierta. Ahora bien, lo que sí existe son fuentes, textos de los que se ha podido extraer la normativa jurídica sobre las armas blancas en España e Indias a través de los años, es decir, recopilaciones, colecciones facticias, leyes, pragmáticas, cédulas, ordenanzas, fueros, bandos, etc. Sin embargo, como todo trabajo de investigación científica, precisa necesariamente apoyarse en documentación fehaciente, estas fuentes ya han sido citadas a lo largo del texto, y por ello resulta superfluo recogerlas aquí de nuevo.

Por lo expuesto, no se van a reunir en este capítulo los textos legales, pero sí algunas publicaciones, libros y algún artículo, que de forma puntual se han referido a algún aspecto muy concreto y específico de nuestro interés, o que, y éste es el caso más general, de alguna manera ayudan a comprender y situar mejor la disposición legal en el marco histórico y sociológico en el que se dicta.

Siguiendo un orden alfabético aparecen como de mayor interés las siguientes obras:

Almirante, J., *Diccionario militar, etimológico, histórico, tecnológico, con dos vocabularios francés y alemán*, Madrid, 1869.
Bibliografía militar de España, Madrid, 1876.

Atienza, D. de, *Repertorio de la Nueva Recopilación de las Leyes del Reyno hecho por el Licenciado Diego de Atiença*, Alcalá de Henares, 1571.

Ayala, M. J., *Diccionario de gobierno y legislación de Indias*, t. I, II y III, Ediciones de Cultura Hispánica, Madrid, 1988.

Barrero García, A. M.ª, y Alonso Martín, M.ª L., *Textos de derecho local español en la Edad Media. Catálogo de fueros y costums municipales*, C.S.I.C., Madrid, 1989.

Barrios, C., *Armas reglamentarias en el ejército y la armada*, Madrid, 1877.

Cabriñana del Monte, Marqués de, Urbina y Ceballos-Escalera, J., *Lances entre caballeros*, Madrid, 1900.

Canellas López, A., *Colección Diplomática del Concejo de Zaragoza*, Cátedra Zaragoza, Universidad de Zaragoza, Zaragoza, 1972.

Castillo de Bovadilla, *Política para corregidores y señores de vasallos en tiempo de paz y de guerra y para jueces eclesiásticos y seglares*, t. I y II, Ed. Juan Bautista Verdussen, Amberes, 1704.

Celso, H. de, *Repertorio de las leyes de todos los Reynos de Castilla abreviadas y reduzidas en forma de Repertorio decisivo por la orden del a.b.c.*, Juan de Villagiran, Valladolid, 1547; y, Juan de Brocar, Alcalá de Henares, 1540.

Cruz Aguilar, E. de la, «Los caballeros de sierra en unas ordenanzas del siglo XVI», *Revista de la Facultad de Derecho*, n.º 59, Universidad Complutense, Madrid, 1958.
Ordenanzas del común de la Villa de Segura y su tierra de 1580, Instituto de Estudios Gienenses, Diputación Provincial de Jaén, C.S.I.C., Jaén, 1980.

García González, J., «Traición y alevosía en la alta edad media», *Anuario de Historia del Derecho español*, Madrid, 1962, n.º 32, pp. 323-345.

García de Valdeavellano, L., *Curso de historia de las instituciones españolas. De los orígenes al final de la Edad Media*, 2.ª ed., Ed. Revista de Occidente, Madrid, 1968.

Gil Ayuso, F., *Noticia bibliográfica de textos y disposiciones legales de los reinos de Castilla impresos en los siglos XVI y XVII*, Patronato de la Biblioteca Nacional, Madrid, 1935.

Gómez Imaz, M., *Bandos, manifiestos, proclamas, circulares, noticias, reales cédulas y provisiones y otros documentos oficiales publicados durante el año 1808. Guerra de la Independencia 1808-1814*, Sevilla.

González, T., *Colección de cédulas, cartas-patentes, provisiones, reales órdenes y otros documentos concernientes a las provincias vascongadas, copiadas por orden de S.M. de los registros, minutas y escrituras existentes en el real archivo de Simancas, y en los de las Secretarías de Estado y del despacho y otras oficinas de la corte*, Madrid, 1829.

Grupo 77, *La legislación del Antiguo Régimen*, Departamento de Historia Contemporánea, Universidad Autónoma de Madrid, Madrid, 1982.

Ladero Quesada, M. A., y Galán Parra, I., «Las ordenanzas locales en la corona de Castilla como fuente histórica y tema de investigación: siglos XIII al

XVIII», en *Anales de la Universidad de Alicante; Historia Medieval*, n.° 1, Alicante, 1982, pp. 221-243.

Larruga y Boneta, E., *Historia de la Real y General Junta de Comercio, Moneda y Minas*, Madrid, 1789.

Leguina y Vidal, E., barón de la Vega de Hoz, *Glosario de voces de armería*, Madrid, 1912.

Martínez, M. S., *Librería de Jueces*, 4 vols., Madrid, 1769.

Martínez Martínez, J. G., *Acerca de la guerra y de la paz, los ejércitos, las estrategias y las armas, según el libro de las Siete Partidas*, Universidad de Extremadura, Cáceres, 1984.

Molina Molina, A. L., *Colección de documentos para la Historia de Murcia*, VII, Documentos de Pedro I, Academia de Alfonso X El Sabio, C.S.I.C., Murcia, 1978.

Muñoz y Romero, T., *Colección de fueros municipales y cartas pueblas*, edición facsímil de la de 1847 realizada en Madrid por José M.ª Alonso, Ediciones Atlas, Madrid, 1972.

Otero Varela, A., «El riepto de los fueros municipales», *Anuario de Historia del Derecho español*, 1959, n.° 29, pp. 153-173.

Peláez Valle, J. M.ª, «La espada ropera española en los siglos XVI y XVII», *Gladius*, t. XVI, 1983, pp. 147-199.

Pérez López, A. X., *Teatro de la legislación universal de España e Indias*, Madrid, 1792-1798.

Salas, A. M., *Las armas de la conquista de América*, Col. V Centenario, 2.ª ed., Ed. Plus Ultra, Buenos Aires, 1986.

Sánchez, S., *Extracto puntual de todas las pragmáticas, cédulas, provisiones, circulares y autos acordados, publicados y expedidos por regla general en el reynado del Señor D. Carlos III*, 3 vols., Madrid, 1797.
Colección de documentos inéditos de ultramar. Gobernación espiritual y temporal de las Indias, por Ángel Altolaguirre y Duvale, R.A.H., Madrid, 1932.
Colección de documentos inéditos relativos al descubrimiento, conquista y organización de las antiguas posesiones españolas de ultramar, t. 10, R.A.H., Madrid, 1897.
Decretos del Rey don Fernando VII o de la Junta Provisional o de las Cortes o Colección de leyes, decretos y declaraciones de las Cortes..., Imprenta Real, Madrid, 1819.
Quaderno de las cortes: que en Valladolid tuuo Su magestad el Emperador y rey nuestro Señor el año 1523. En el qual ay muchas leyes y decisiones nueuas: y aprobacion y declaracion de muchas pregmaticas y leyes del reyno Sin el qual ningun Jurisperito: ni administrador de justicia deue estar (Pragmática de las armas), 1566.

Este libro se terminó de imprimir
en los talleres de Mateu Cromo Artes Gráficas, S. A.
en el mes de mayo de 1992.